U0176492

普通高等教育"十四五"系列教材

数据库原理及应用
SQL Server 2014（微课版）

主　编　赵德福

副主编　余红珍　徐照兴　马文静

中国水利水电出版社
www.waterpub.com.cn
·北京·

内 容 提 要

本书融入课程思政元素，全面系统地讲述了数据库技术的基本原理和应用，重建了知识体系结构，内容完整、规范，重点突出，符合读者的认知规律。本书主要讲解数据库概述、关系数据库、设计数据库、数据库的创建及管理、数据表的创建及管理、数据库数据查询、视图和索引的创建及管理、使用 T-SQL 语言编程、存储过程和触发器、数据库的安全管理和维护等知识。

章节及本书后面分别附有习题及测试试卷，从不同角度进一步帮助读者掌握所学的知识点；对重要的知识点和实践操作内容制作了相关的讲解视频（全书共有 32 个视频），读者可以扫描二维码观看。

本书可以作为高等院校计算机及相关专业的教材，也可供从事计算机软件工作的科技人员、工程技术人员以及其他有关人员参考。

本书提供教学大纲、教学进度、教学课件和习题答案，读者可以从中国水利水电出版社网站（www.waterpub.com.cn）或万水书苑网站（www.wsbookshow.com）免费下载。

图书在版编目（ＣＩＰ）数据

数据库原理及应用SQL Server 2014：微课版 / 赵
德福主编. -- 北京：中国水利水电出版社，2022.8
普通高等教育"十四五"系列教材
ISBN 978-7-5226-0903-4

Ⅰ. ①数… Ⅱ. ①赵… Ⅲ. ①关系数据库系统－高等
学校－教材 Ⅳ. ①TP311.138

中国版本图书馆CIP数据核字(2022)第141179号

策划编辑：陈红华　　责任编辑：陈红华　　加工编辑：曲书瑶　　封面设计：梁　燕

书　　名	普通高等教育"十四五"系列教材 **数据库原理及应用 SQL Server 2014（微课版）** SHUJUKU YUANLI JI YINGYONG SQL Server 2014（WEIKE BAN）
作　　者	主　编　赵德福 副主编　余红珍　徐照兴　马文静
出版发行	中国水利水电出版社 （北京市海淀区玉渊潭南路 1 号 D 座　100038） 网址：www.waterpub.com.cn E-mail：mchannel@263.net（万水） 　　　　sales@mwr.gov.cn 电话：（010）68545888（营销中心）、82562819（万水）
经　　售	北京科水图书销售有限公司 电话：（010）68545874、63202643 全国各地新华书店和相关出版物销售网点
排　　版	北京万水电子信息有限公司
印　　刷	三河市航远印刷有限公司
规　　格	184mm×260mm　16 开本　20.5 印张　512 千字
版　　次	2022 年 8 月第 1 版　2022 年 8 月第 1 次印刷
印　　数	0001—3000 册
定　　价	58.00 元

前　　言

本书是江西服装学院在线课程"数据库原理及应用"的配套教材，该课程于2019年被评为省级精品在线开放课程，2021年被评为省级线上线下混合一流课程。在编写过程中，编者深入调查了目前许多高校讲授数据库课程的详细情况，同时参考了国内许多优秀教材的内容。本书有以下几方面的特点：

（1）课程思政。每个章节内容都融入了课程思政目标及课程思政案例。

（2）内容通俗易懂。内容讲解循序渐进、深入浅出，易于读者学习和掌握，比较符合初学者学习数据库课程的认知规律。

（3）条理性及逻辑性强。重构课程知识体系，对章节内容进行了调整，提高了内容的条理性及逻辑性。

（4）课程资源丰富。对重要的知识点和实践操作制作了相关的讲解视频（全书共有32个视频），读者可以扫描二维码下载观看，方便了读者的学习。章节及本书后面分别附有习题及测试试卷，从不同角度进一步帮助读者掌握所学的知识点。

（5）实践性强。采用了SQL Server 2014数据库管理系统平台，融入了实践操作案例，使读者很容易学会利用SQL Server 2014环境进行数据库的管理工作，真正做到学以致用。

本书内容相互衔接，从数据库的设计、创建、管理及维护形成了一个逻辑整体。为方便读者学习和教师授课，本书提供了教学大纲、教学进度、教学课件和习题答案，读者可以到学银在线平台（https://www.xueyinonline.com/detail/223524392）下载。

本书内容循序渐进、深入浅出、概念清晰、图文并茂、条理性强，不仅适合课堂教学，也适合读者自学。如果作为教材，建议总学时为48学时，其中主讲学时32学时，实验学时16学时。如果学时有限，建议采用线上线下混合式教学、课下布置实践作业的方式，以提高学生实践操作能力。

本书由赵德福担任主编，余红珍、徐照兴、马文静担任副主编，并由赵德福修改定稿，参与本书编写的还有野媛，另外夏贤玲、徐艺武对教材的资源建设提供了帮助，在此一并表示感谢。

由于编者水平有限，书中难免存在疏漏和不足之处，恳请读者批评指正。

编　者
2022年5月

目　　录

第 1 章　数据库概述

本章导读

　　本章主要内容包括数据库中的相关概念、数据库系统的体系结构、数据模型、数据管理技术的发展历程，以及 SQL Server 数据库管理系统软件的介绍。本章通过引入数据、信息、数据库、数据库管理系统以及数据库系统等概念，重点介绍了数据库系统的三级模式结构、概念数据模型、结构数据模型、E-R 模型转换为关系模型、SQL Server 软件的安装及管理工具。

　　在介绍数据库技术发展的过程中，同步介绍国产数据库发展现状，并以华为芯片事件为例，强调数据库作为我国信创产业的底层技术之一，解决技术卡脖子问题的紧迫性。

本章要点

- 数据库中的相关概念。
- 数据库系统的体系结构。
- 数据模型。
- 数据管理技术的发展历程。
- SQL Server 介绍。

学习目标

- 理解数据、数据库、数据库管理系统的概念。
- 掌握数据库系统的体系结构。
- 熟悉数据模型及关系模型的区别。
- 掌握 SQL Server 软件的安装。
- 了解数据管理技术的发展历程，培养自主创新的意识。

　　数据库技术是数据管理的最新技术，是计算机软件与理论学科的一个重要分支，是近年来计算机应用学科中一个非常活跃、发展迅速、应用广泛的领域。随着计算机应用的发展，数据库应用领域已从数据处理、信息管理、事务处理扩大到计算机辅助设计、人工智能、办公信息系统等新的应用领域。对于一个国家来说，数据库的建设规模、数据库信息量的大小和使用频度已经成为衡量这个国家信息化程度的重要标志。

1.1　数据库中的相关概念

数据库的相关概念

本节主要介绍数据、数据库、数据库管理系统以及数据库系统等与数据库技术密切相关的概念，使读者理解这些基本概念的含义，为后面进一步深入学习和掌握数据库管理系统的应用奠定基础。

1.1.1　数据、信息与数据库

在数据处理过程中，最常用到的处理对象就是数据与信息，它们之间既有区别又存在联系。

1. 数据（Data）

数据是描述事物的符号记录，它用类型和数值来表示。随着计算机技术的发展，数据的含义更加广泛了，不仅包括数字，还包含文字、图像、声音和视频等多种数据。在数据库技术中，数据是数据库中存储的基本对象。

早期的计算机主要用于科学计算，处理的数据是数值型数据，而现在计算机存储与处理数据的对象比较广泛，表示这些对象的数据形式也多样化。例如，企业员工的信息管理记录、企业货物的运输情况、描述教材征订的信息等都是数据。

说明：仅有数据记录并不能完全表达它代表的含义，需要添加解释。例如，68.5 是一个数据，它可能表示的是图书的单价，也可能是身高、成绩或者体重，这需要对数据进行说明。数据的含义称为数据的语义，数据及其语义是不可分开的，没有语义的数据是没有意义的。

2. 信息（Information）

信息是人脑对现实世界事物的属性及事物之间联系的抽象反映，它是经过加工处理并对人类客观行为产生影响的事物属性的表现形式。信息是客观存在的，人们有意识地对信息进行采集、加工及传递，进而形成有效的消息、数据及指令等。例如，对于员工信息记录，某员工号是"YG1"、姓名是"赵良"、性别是"男"、年龄是"35 岁"、所在部门是"销售部"等，这些都是关于这个员工的具体信息，是该员工当前存在状态的反映。信息具有实效性、实用性和知识性等特性。

信息不同于数据，数据是信息的载体，信息是数据的含义，是一种已经被加工为特定形式的数据，这种数据形式对接受者来说是有意义的，即只有有价值的数据才是信息。

例如，一次"会议通知"，可以用文字（字符）写成，也可用广播方式（声音）传达，还可用闭路电视（图像）来通知，不管用哪种形式，含义都是通知，它们所表达的信息都是"会议通知"，所以"会议通知"就是信息。数据与信息的转化过程如图 1-1 所示。

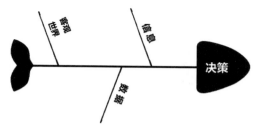

图 1-1　数据与信息的转化过程

3. 数据库（DataBase，DB）

数据库通俗来讲就是数据的仓库，只不过它存储在计算机存储设备上，而且数据是按一定的格式存放的。

严格来讲，数据库是指长期存储在计算机内，按一定数据模型组织存储、可共享的数据集合。

它可以供各种用户共享，具有最小冗余度和较高的数据独立性。数据库中的数据具有三个特点。

（1）永久存储。数据库中的数据需要永久存储，便于用户充分利用这些数据。例如企业员工信息、员工销售信息存储在计算机中，能够为企业提供更高效、更准确的数据支持。

（2）可共享。数据库中的数据可以为多个不同的用户所共享，针对不同的用户可以使用多种不同的语言，为了不同的应用目的，可以同时存取数据库中的同一个数据。

（3）有组织。数据按一定的数据模型组织、描述和存储。数据库中的数据不是独立的，数据与数据之间是相互关联的。在数据库中的数据不仅要能够表示数据本身，还要能够表示数据与数据之间的联系。

1.1.2　数据处理与数据管理

数据处理是指对数据的分类、组织、编码、存储、查询、维护、加工、计算、传播以及打印等一系列的活动。它是将数据转化成信息的过程，其目的就是从大量的数据中提取出有效的信息资源，作为决策的依据。

在数据处理过程中，数据是基础，是入口，而信息是出口，是输出的结果。数据处理的真正作用是产生信息。

在数据处理中，通常数据的计算比较简单，而数据的管理比较复杂。数据管理是数据处理的核心，指数据的收集、整理、组织、存储和查询等操作。数据管理是与数据处理相关的必不可少的环节，它技术的优劣将直接影响数据处理的效果。

1.1.3　数据库管理系统

数据库管理系统（DataBase Management System，DBMS）是用户和操作系统之间的数据管理软件，通过它的支持，用户可以系统、有序、高效地生成用于日常业务与决策的数据，这些数据可以永久性地存储在数据库中，不会被计算机系统的软硬件故障影响，可以方便地进行查询。它使用户方便地定义数据和操纵数据、并能够保证数据的安全性、完整性以及多用户对数据的并发使用及发生故障后的数据回复。常用的数据库管理系统有 SQL Server、Oracle、Sybase、MySQL 等。

数据库管理系统的主要功能包括数据定义功能、数据操纵功能、数据库运行管理功能、数据库建立和维护功能以及其他功能，如图 1-2 所示。

图 1-2　数据库管理系统的主要功能

1. 数据定义功能

数据库管理系统提供数据定义语言（Data Definition Language，DDL），用户通过它可以方便地对数据库中的对象进行定义。例如，创建或修改数据库、数据表、视图等。

2. 数据操纵功能

数据库管理系统提供数据操纵语言（Data Manipulation Language，DML），用户可以使用该语言对 DB 中的数据进行基本操作。例如，数据库中数据的插入、修改、删除及查询等。

按语言级别，DML 分为过程性和非过程性两类。过程性 DML 要求用户编程时不仅要指出做什么，还要解决怎么做的问题；非过程性 DML 只需用户指出做什么，怎么做由系统自动处理。层次 DBMS、网状 DBMS 的 DML 属于过程性的，关系 DBMS 的 DML 属于非过程性的。

3. 数据库运行管理功能

数据库管理系统提供数据控制语言（Data Control Language，DCL）实现对数据库的管理与控制。数据库运行管理是 DBMS 的核心部分，它对数据库的控制主要包括四个方面：数据库的安全性控制、数据的完整性控制、数据并发控制和数据库的恢复。

4. 数据库的建立和维护功能

数据库的建立主要包括数据库的初始数据的装入与数据转化等功能，数据库的维护包括数据库的转储、恢复、重组织与重构造、系统性能检测与分析等。这些功能分别由 DBMS 的实用程序或者管理工具完成。

5. 其他功能

数据库管理系统的其他功能主要包括数据组织、存储、管理以及数据通信接口功能。

总之，数据库管理系统在各种计算机软件中占有极其重要的位置，用户只需通过它就可以实现对数据库的各种操作与管理。

1.1.4　数据库系统

数据库系统（DataBase System，DBS）是指在计算机系统中引入数据库后的系统。它主要由数据库、数据库管理系统及其开发工具、应用系统、数据库管理员和用户构成。数据库系统如图 1-3 所示。其中数据库提供数据的存储功能，数据库管理系统提供数据的组织、存取、管理和维护等基础功能，应用系统根据用户的需求开发，主要由应用程序员开发，数据库管理员参与数据库的设计，负责数据库的运行、管理及维护，用户指使用数据库的各级管理人员、工程技术人员和科研人员等非计算机专业人员。

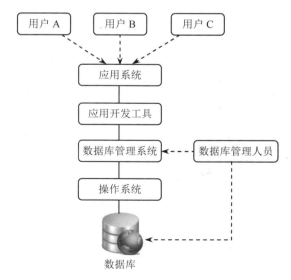

图 1-3　数据库系统的构成

1.2　数据库系统的体系结构

本节主要介绍模式、外模式、内模式以及数据库系统的二级映像，从数据库管理系统的角度，进一步分析数据库系统内部的体系结构。

1.2.1　数据库系统的三级模式结构

为了保障数据与程序之间的独立性，使用户能以简单的逻辑结构操作数据而无需考虑数据的物理结构，简化了应用程序的编制，增强了系统的可靠性。

数据库系统的体系结构分为三级模式：外模式、模式和内模式，如图 1-4 所示。

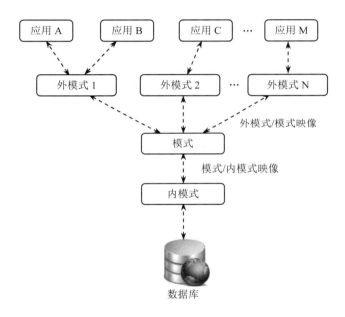

图 1-4　数据库系统的三级模式结构

1. 模式

模式也称概念模式或逻辑模式，是对数据库中全部数据的逻辑结构和特征的描述，是所有用户的公共数据视图。它是数据库系统模式结构的中间层，既不涉及数据的物理存储细节和硬件环境，又与具体的应用程序、所使用的应用开发工具和高级程序设计语言无关。

模式是数据库数据在逻辑级上的一个视图，一个数据库只有一个模式。数据库模式以某一种数据模型为基础，综合地考虑了所有用户的需求，并将这些需求结合成一个逻辑整体。定义模式时，不仅要定义数据的逻辑结构，还要定义数据之间的联系。

2. 外模式

外模式也称子模式或用户模式，它是三级结构的最外层。外模式是对数据库用户能够看见和使用的局部数据的逻辑结构和特征的描述，它是与某一应用有关数据的逻辑表示，是数据库用户的数据视图。

外模式通常是模式的子集，一个数据库可以有多个外模式。根据不同用户的需求，不同用户对应的外模式的描述也不同。同一个外模式可以为多个应用系统使用，每一个用户只能看见和访问对应外模式中的数据，对数据库中的其余数据是不可见的。

3. 内模式

内模式也称存储模式或物理模式，是三级结构的最内层，一个数据库只有一个内模式。内模式是对数据物理结构和存储方式的描述，是数据在数据库内部的表示方式。例如，数据表记录的存储方式采取哪种存储方式，是顺序存储、B 树结构存储还是按 Hash 方法存储；数据是否压缩存储、是否加密等。

数据库的三级模式结构把数据的具体组织（内模式）留给 DBMS 去做，用户只要抽象地处理数据（模式——DBA、外模式——程序员），减轻了用户使用系统的负担。

1.2.2　数据库系统的二级映像与数据独立性

数据库系统的三级模式是对数据的三个抽象级别，它把数据的具体组织留给 DBMS 管理，使用户可以逻辑地、抽象地处理数据，而不必关心数据在计算机中的具体表示方式与存储方式。为了能够在内部实现三个抽象层次的联系和转换，数据库管理系统在这三级模式之间提供了两层映像：外模式/模式映像和模式/内模式映像。正是这两级映像保证了数据库系统中的数据能够具有较高的数据逻辑独立性和物理独立性。

1. 外模式/模式映像

外模式/模式映像定义了外模式与模式之间的映像关系。由于外模式和模式的数据结构可能不一致，即记录类型、字段类型的命名和组成可能不同，需要外模式和模式的映像说明外部记录和概念之间的对应关系。例如，在员工信息表的逻辑结构中添加新的属性"工龄"，员工信息表的逻辑结构发生变化，由数据库管理人员对各个外模式/模式映像做相应改变，这一映像功能保证了数据的局部逻辑结构不变。由于应用程序依据数据的局部逻辑结构编写，对应用程序不必修改，从而保证了数据与程序间的逻辑独立性。

2. 模式/内模式映像

模式/内模式映像定义了模式与内模式之间的映像关系。数据库中的模式与内模式都只有一个，它们之间的映像是唯一的，确定了数据的全局逻辑结构与存储结构之间的对应关系。数据库的存储结构发生改变时，由数据库管理人员对各个模式/内模式映像做相应改变，使模式保持不变，使数据的存储结构和存储方法较独立于应用程序，通过映像功能保证数据存储结构改变时不影响数据的全局逻辑结构的改变，从而不用修改应用程序，确保数据的物理独立性。

1.2.3　数据库系统的特点

从数据库系统的体系结构可以确定数据库系统具有如下特点。

1. 数据结构化

数据库中的数据是公共的，结构是全面的，任何数据都不属于某一个应用。在数据库中，数据文件的个数是有限的，但数据库系统的应用却是无限的。整体数据的结构化可减少乃至消除不必要的数据冗余，因此节约了整体数据的存储空间，避免了数据的不一致性和不相容性。

2. 数据的共享性高

数据库中的数据是面向整个系统的，可以被多个用户、多个应用、由多种不同的语言所共享使用。合法用户都可以方便地访问和使用数据库中的数据，且不用担心出现数据的不一致性和不相容性。数据库中的数据可适应各种合法用户的合理要求以及各种应用的要求，可以方便地扩充新的应用。

3. 数据独立性高

数据的独立性是指数据与应用程序之间的关联性。数据与数据的结构是存储在数据库中的，由 DBMS 统一管理。应用程序既不存储数据，也不存储数据的逻辑结构。数据的独立性分为物理独立性和逻辑独立性。

物理独立性：数据库中数据的物理存储方式改变时，DBMS 可以适当改变转换数据的方式，使用户面对数据的逻辑结构保持不变，从而处理数据的应用程序也保持不变。

逻辑独立性：数据库中数据的逻辑结构发生变化时，DBMS 可以适当改变数据的转换方式，使用户面对数据的逻辑结构保持不变。

数据与程序相互独立，可以方便地编制各种应用程序，大大减少应用程序的维护工作。

4. 数据控制能力强

数据由数据库管理系统统一管理和控制，DBMS 的数据控制功能主要包括：

（1）数据的安全性保护。保护数据以防止非法使用造成数据的泄露和破坏。

（2）数据的完整性。保护数据控制在有效的范围内或者保证数据之间满足一定的关系及约束条件。

（3）并发控制。对多用户的并发操作进行控制和协调，保证并发操作的正确性。

（4）数据库恢复。当计算机系统发生软、硬件故障时，或者由于操作人员的失误造成数据库中的数据丢失，以致影响数据库中数据的正确性时，通过数据库的恢复可以将数据库从错误的状态恢复到某已知的正确状态。

1.3　数据模型

本节主要介绍数据模型三要素、实体—联系模型、结构数据模型以及 E-R 模型向关系模型的转换，从数据库设计的角度，进一步分析将现实世界存在的客观事物进行数据化的过程。

1.3.1　三个世界及其有关概念

信息是对客观事物及其相互关系的表征，同时数据是信息的具体化、形象化，是表示信息的物理符号。在管理信息系统中，要对大量的数据进行处理，首先要弄清楚现实世界中事物与事物间的联系是怎样的，然后再逐步分析、变换，得到系统可以处理的形式。因此对客观世界的认识、描述是一个逐步的过程，有层次之分，可将它们分成三个层次：现实世界、信息世界和数据世界。

1. 现实世界

现实世界是客观存在的事物及其相互的联系，客观存在的事物分为"对象"和"性质"两个方面，同时事物之间有广泛的联系。人们总是选用感兴趣的、最能表现一个事物的若干特征描述该事物。例如，要描述一个员工，常用员工号、姓名、性别、年龄、部门、职务等来描述，有了这些特征就可以区分不同的员工。

现实世界中，事物之间是相互联系的，而这种联系可能是多方面的，但人们只选择那些感兴趣的联系，无需选择所有的联系。如在销售管理系统中，可以选择"员工销售商品"这一联系表示员工和商品之间的关系。

2．信息世界

信息世界是客观存在的现实世界在人们头脑中的反映。人们对客观世界经过一定的认识过程，进入到信息世界形成关于客观事物及其相互联系的信息模型，在信息模型中，客观对象用实体表示，而客观对象的性质用属性表示。

3．数据世界

对信息世界中的有关信息进行加工、编码、格式化等具体处理，便进入了数据世界。数据世界中的数据既能代表和体现信息模型，同时又向机器世界前进了一步，便于用机器进行处理。在这里，每一实体用记录表示，对应实体的属性用数据项（或称字段）表示，现实世界中的事物及其联系就用数据模型来表示。

将现实世界存在的客观事物进行数据化，要经历从现实世界到信息世界，再从信息世界到数据世界三个阶段。现实世界、信息世界和数据世界三者之间的关系如图 1-5 所示。

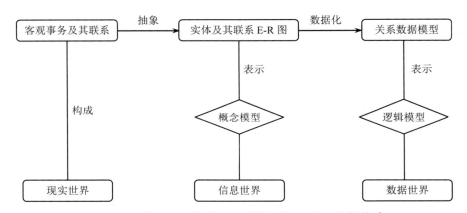

图 1-5　现实世界、信息世界和数据世界三者之间的关系

关系模型

1.3.2　数据模型概述

数据库是某个企业、组织或部门所涉及的数据的综合，它不仅要反映数据本身的内容，而且要反映数据间的联系。由于计算机不可能直接处理现实世界中的具体事物，因此人们必须把具体事物转换成计算机能够处理的数据，在数据库中用数据模型这个工具来抽象、表示和处理现实世界中的数据和信息。通俗地讲，数据模型就是现实世界的模拟。现有的数据库系统均是基于某种数据模型的。

1．数据模型的组成要素

数据库管理系统是按照一定的数据模型组织数据的，数据模型是对客观事物及联系的数据描述，是概念模型的数据化，即数据模型提供表示和组织数据的方法。所谓的数据模型是指数据结构、数据操作和数据的完整性约束，这三方面称为数据模型的三要素。

（1）数据结构。数据结构用于描述系统的静态特性，是所研究对象类型的集合，是数据模型最基本的部分，不同数据模型采用不同的数据结构。数据结构一方面描述的是数据对象的类型、内容和性质等，另一方面描述了数据对象间的联系。

　　例如，在关系模型中，用字段、记录、关系等描述数据对象，并以关系结构的形式进行数据组织。在数据库中，人们通常按照数据结构的类型来命名数据模型。数据结构有层次结构、网状结构和关系结构三种类型，按照这三种结构命名的数据模型分别是层次数据模型、网状数据模型和关系数据模型。

　　（2）数据操作。数据操作能实现对上述数据结构按任意方式组合起来所得数据库的任何部分进行检索、推导和修改等。实际上，上述结构只规定了数据的静态结构，而操作的定义则说明了数据的动态特性。数据库主要有查询和更新（包括插入、修改和删除）两大类操作。数据模型必须定义这些操作的确切含义、操作符号、操作规则以及实现操作的语言。同样的静态结构，由于定义在其上的操作的不同，可以形成不同的数据模型。

　　（3）数据的完整性约束。完整性约束用于给出不破坏数据库完整性、数据相容性等数据关系的限定。为了避免对数据执行某些操作时破坏数据的正常关系，常将那些普遍性的问题归纳起来，形成一组通用的约束规则，只允许在满足该组规则的条件下对数据库进行插入、删除和更新等操作。例如，员工性别只能为"男"或者"女"，学生成绩不能高于 100 等。

　　2.　数据模型的分类

　　一个数据模型实际上给出了一个通用的在计算机上可实现的现实世界的信息结构，并且可以动态地模拟这种结构的变化。因此它是一种抽象方法，为在计算机上实现这种方法，研究者开发和研制了数据库管理系统，DBMS 是数据库系统的主要组成部分。

　　数据模型大体上分为两种类型：一种是独立于计算机系统的数据模型，即概念模型；另一种则是涉及计算机系统和数据库管理系统的数据模型，即数据模型和物理模型。

1.3.3　概念数据模型

绘制 E-R 图

　　概念数据模型也称为信息模型，它从数据的应用语义的角度来抽取模型，并按用户的观点对数据和信息进行建模。这类模型主要用于数据库的设计阶段，它与具体的数据库管理系统无关。实际上，概念模型是现实世界到数据世界的一个中间层次。

　　由于概念模型用于信息世界的建模，它是现实世界到信息世界的第一层抽象，是用户与数据库设计人员之间进行交流的语言。概念模型一方面应该具有较强的语义表达能力，能够方便、直接地表达应用中的各种语义知识；另一方面，它还应该简单、清晰、易于用户理解。

　　1.　信息世界的相关概念

　　（1）实体。客观存在并且可以相互区别的事物称为实体。实体可以是具体的事物，也可以是抽象的事件。例如，员工、商品等属于具体事物，订货、借阅图书等活动是抽象的事件。

　　（2）实体集。同一类实体的集合称为实体集。由于实体集中的个体成千上万，人们不可能也没有必要一一指出每一个属性，因此引入实体型。例如，所有员工、所有商品等。

　　（3）实体型。对同类实体的共有特征的抽象定义，用实体名及其属性名集合来抽象和描述。例如，员工（员工号，姓名，年龄，性别，职称）是一个实体型，它描述的是员工这一类实体。

　　（4）属性。描述实体的特性称为属性。例如，员工实体用员工号、姓名、年龄、性别、职称等属性来描述。属性有"型"和"值"之分，型为属性名，例如，员工号、姓名、性别等都是属性的型；"值"为属性的具体内容，例如，员工（2022001，张明，男，工程师），这些属性值的集合表示了一个员工实体。不同的实体用不同的属性区分。

（5）码。一个实体往往有多个属性，它们构成该实体的属性集合。如果其中有一个属性或属性集能够唯一标识整个属性集合，则称该属性或属性集为该实体的码。例如，员工号是员工实体的码。在同一企业里，不可能有两个员工具有相同的员工号。

（6）域。某一个属性的取值范围称为该属性的域。例如，姓名的域为字符串集合，性别的域为男或女，员工的年龄小于 60 岁，身高低于 3 米等。

（7）联系。实体之间的相互关系称为联系。它反映现实世界事物之间的相互关联。实体之间的联系可以归纳为三种类型。

一对一联系（1∶1）：设 A、B 为两个实体集，如果 A 中的每个实体至多和 B 中的一个实体有联系，反过来，B 中的每个实体至多和 A 中的一个实体有联系，称 A 对 B 或者 B 对 A 是一对一联系。例如，班级和班长这两个实体之间就是一对一联系。

一对多联系（1∶N）：设 A、B 为两个实体集，如果 A 中的每个实体可以和 B 中的多个实体有联系，而 B 中的每个实体至多和 A 中的一个实体有联系，称 A 对 B 是一对多联系，B 对 A 是多对一联系。例如，班级和学生、教师和课桌、省和市等这些实体之间就是一对多联系。

多对多联系（$M∶N$）：设 A、B 为两个实体集，如果 A 中的每个实体可以和 B 中的多个实体有联系，而 B 中的每个实体也可以和 A 中的多个实体有联系，称 A 对 B 或 B 对 A 是多对多联系。例如，学生和课程、教师和学生等这些实体之间就是多对多联系。

实际上，现实世界中的实体都是有联系的，一对一联系是一对多联系的特例，而一对多联系又是多对多联系的特例。实体间的三种联系类型如图 1-6 所示。

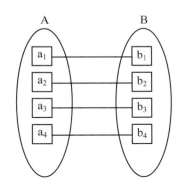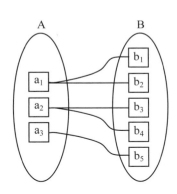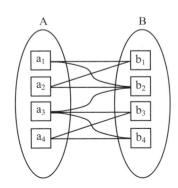

图 1-6　两个实体之间的联系

2. 实体—联系模型

实体—联系模型（Entity Relationship Model），是一种以直观的图示化方式描述实体（集）及其之间联系的语义模型，所以也称为实体—联系图（Entity-Relationship Diagram，E-R 图），它是一种十分有效的数据库概念模型描述工具，由 P.P.Chen 于 1976 年首先提出。由于这种方法简单实用，它是目前描述信息结构最常用的方法。E-R 模型提供了表示实体、联系和属性的方法。E-R 图通用的表示方式如下：

（1）用矩形表示实体，在框内写上实体名。

（2）用椭圆形表示实体的属性，并用无向边把实体和属性连接起来。

（3）用菱形表示实体间的联系，在菱形框内写上联系名，用无向边分别把菱形框与有关实体连接起来，在无向边旁注明联系的类型（1∶1 或 1∶N 或 M∶N），多对多联系本身也有自己的属性。

【例 1-1】部门实体和员工实体联系的 E-R 图如图 1-7 所示。

员工实体的属性：员工号、姓名、性别、年龄。

部门实体的属性：部门号、名称、经理。

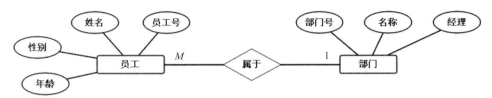

图 1-7　部门和员工实体联系 E-R 图

【例 1-2】员工实体和商品实体联系的 E-R 图如图 1-8 所示。

员工实体的属性：员工号、姓名、性别、年龄。

商品实体的属性：商品号、名称、价格。

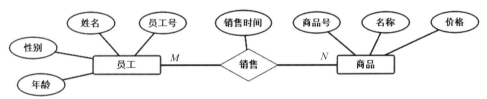

图 1-8　员工和商品实体联系 E-R 图

【例 1-3】部门实体、员工实体和商品实体组成一个简单商品销售信息数据库系统，三个实体联系的 E-R 图如图 1-9 所示。

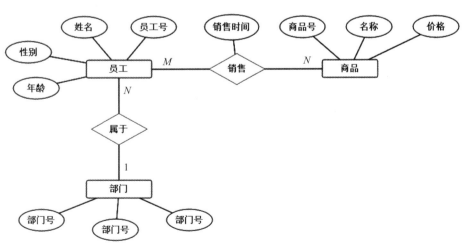

图 1-9　部门、员工和商品实体联系 E-R 图

3. 数据世界的相关概念

数据世界是信息世界中信息的数据化，就是将信息用字符和数值等数据表示，便于存储

在计算机中由计算机进行识别和处理。在数据世界中常用的主要概念有如下几个。

（1）字段（Field）：标记实体属性的命名单位称为字段，也称为数据项。字段名往往和属性名相同。如员工的员工号、姓名、年龄、性别等。

（2）记录（Record）：一个记录描述一个实体，字段的有序集合称为记录，记录也可以定义为能完整地描述一个实体的字段集。如一个员工（20210001，张名，35，男，工程师）为一条记录。

（3）文件（File）：用来描述实体集的，同一类记录的集合称为文件。如所有学生的记录组成一个学生文件。

（4）关键字（Key）：能唯一标识文件中每个记录的字段或字段集称为记录的关键字。例如，在学生文件中，学号可以唯一标识每一个学生的记录，因此，学号可以作为学生记录的关键字。

在数据世界中，信息模型被抽象为数据模型，实体型内部的联系抽象为同一记录内部各字段之间的联系，实体型之间的联系抽象为记录和记录之间的联系。现实世界是信息之源，是设计数据库的出发点，实体模型和数据模型是现实世界事物及其联系的两级抽象。在现实世界、信息世界和数据世界中各术语的对应关系见表 1-1。

表 1-1　三个世界各术语的对应关系

现实世界	信息世界	数据世界
事物总体	实体集	文件
事物个体	实体	记录
特征	属性	字段
事物间联系	实体模型	数据模型

组织层数据模型

1.3.4　结构数据模型

结构数据模型是从数据的组织方式角度来描述信息的，不同的数据模型具有不同的数据结构形式。数据库中的数据是按照一定的逻辑结构存储的，这种结构是用数据模型来表示的。现有的数据库管理系统都是基于某种数据模型的。按照数据库中数据采取的不同联系方式，数据模型可分为三种：层次数据模型、网状数据模型和关系数据模型。

1. 层次数据模型

用树形结构表示实体及其之间联系的模型称为层次数据模型（简称"层次模型"）。在这种模型中，数据被组织成由根开始的、倒置的一棵树，每个实体由根开始沿着不同的分支放在不同的层次上。

层次模型有三个特点：

（1）此模型中有且仅有一个节点没有双亲节点，称为根节点。其层次最高。

（2）根节点以外的其他节点有且仅有一个双亲节点。

（3）使用层次模型可以非常直接、方便地表示 $1:1$ 和 $1:N$ 联系，但不能直接表示 $M:N$ 联系，难以实现对复杂数据关系的描述。

一个层次模型的简单例子如图 1-10 所示。

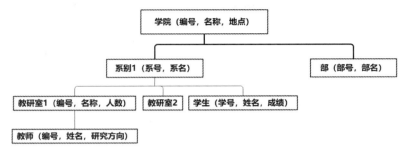

图 1-10　层次模型

该层次数据库具有 6 个记录类型。记录类型学院是根节点，由字段编号、名称、办公地点组成，它有两个子节点：系和部。记录类型教研室 1、教研室 2 和学生是记录类型系别 1 的三个子节点。教师是教研室 1 的子节点。其中，记录类型系别 1 由字段系号和系名组成，记录类型部由字段部号和部名组成，记录类型教研室 1 由教研室编号、名称和教研室人数组成，记录类型学生由学号、姓名和成绩组成。记录类型教师由教师编号、姓名和研究方向组成。

在该层次结构中，部、教研室 2、学生和教师是子节点，它们没有子节点。由学院到系别、部，由系别 1 到教研室、学生均是一对多的联系。

层次模型的优点：层次模型结构简单，层次清晰分明，易于在计算机内实现；节点间联系简单，从根节点到树种任一节点均存在唯一的一条层次路径，当要存取某个节点的记录值时，沿着路径很快可以找到。它适合描述类似家族关系、行政编制及目录结构等信息载体的数据结构。

层次模型的缺点：不能直接表示两个以上的实体型间的复杂联系和实体型间的多对多的联系，只能通过引入冗余数据或创建虚拟节点的方法解决，容易产生不一致性；对数据插入和删除的操作限制太多，查询子节点必须通过双亲节点。

2. 网状数据模型

网状数据模型（简称"网状模型"）是一种比层次模型更具有普遍性的结构，它去掉了层次模型的两个限制，允许多个节点没有双亲节点，允许节点有多个双亲节点，此外它还允许两个节点之间有多种联系。因此网状模型可以更直接地描述现实世界，而层次模型实际上是网状模型的一个特例。

网状结构可以有很多种，如图 1-11 所示。其中（a）是一个简单的网状结构，其记录类型之间都是 $1:N$ 的联系；（b）是一个复杂的网状结构，学生与课程之间是 $M:N$ 的联系，一个学生可以选修多门课程，一门课程可以被多个学生选修；（c）中人和树的联系有多种；（d）中既有父母到子女的联系，又有子女到父母的联系。

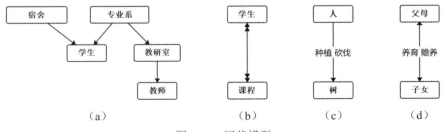

图 1-11　网状模型

网状模型的典型代表是 DBTG 系统（也称 CODASYL 系统），它是 20 世纪 70 年代数据系统语言研究会（Conference On Data Systems Language，CODASYL）下属的数据库任务组（DataBase Task Group，DBTG）提出的一个系统方案。

网状模型的主要优点是在表示数据之间的多对多联系时具有很大的灵活性，但是这种灵活性则是以数据结构的复杂化为代价的。

网状模型的缺点是数据结构复杂，并且随着应用环境的扩大，数据库的结构变得越来越复杂，不便于终端用户掌握；数据定义语言和数据操作语言复杂，不易让用户掌握；由于记录间的联系本质上是通过存取路径实现的，应用程序在访问数据库时要指定存取路径，加重了编写应用程序的负担。

3．关系数据模型

关系数据模型（简称"关系模型"）是目前最重要的一种模型。美国 IBM 公司的研究员 E.F.Codd 于 1970 年发表题为《大型共享系统的关系数据库的关系模型》的论文，文中首次提出了数据库系统的关系模型。20 世纪 80 年代以来，计算机厂商推出的数据库管理系统（DBMS）几乎都支持关系模型。

关系模型与层次和网状模型的理论和风格截然不同，如果说层次和网状模型是用"图"表示实体及其联系的话，那么关系模型则是用"二维表"来表示的。从现实世界中抽象出的实体及其联系都使用关系模型这种二维表表示。而关系模型就是用若干个二维表来表示实体及其联系的，这是关系模型的本质。关系模型见表 1-2。

表 1-2　员工信息表

员工编号	姓名	性别	年龄	职称	籍贯
YG001	张华	男	30	工程师	河北
YG002	刘强	男	39	高级工程师	江苏
YG003	胡玉	女	32	工程师	北京
...	...	...	...	...	...
YG045	李亮	男	36	高级工程师	湖南

（1）关系模型的相关概念。

1）关系与关系实例。一个关系实例对应一张由行和列组成的二维表，通常人们仅用"关系"来代表关系实例。每个实例都有一个名称，称为关系名。

2）元组。元组是二维表格中的一行，如员工信息表中的一个员工即为一个元组。

3）属性。二维表格中的一列，给每个属性起一个名称就是属性名，如员工信息表有六个属性（员工编号，姓名，性别，年龄，职称，籍贯）。属性由名称、类型、长度等构成。

4）域。属性的取值范围，如职称域是{工程师，高级工程师}。

5）候选码。如果一个属性或若干属性的组合，可唯一标识一个关系的元组，且该属性的组合中不包含多余的属性，则该属性或属性的组合为候选码。一个关系可以有多个候选码。在最简单的情况下，候选码只包含一个属性。在极端情况下，候选码由关系中的所有属性组成，此时称为全码。例如，员工信息表中员工编号可以唯一确定一个员工，为员工关系的候选码。

6）主码。当一个关系中有多个候选码时，可以从中选择一个候选码作为主码。一个关系只能有一个主码。

7）主属性与非主属性。关系中，候选码中的属性称为主属性，不包含在任何候选码中的属性称为非主属性。

8）关系模式。关系模式是对关系的描述，一般表示为：关系名（属性 1，属性 2，…，属性 n），关系模式是关系模型的"型"，是关系的框架结构。例如，员工关系的关系模式可表示为：员工（员工编号，姓名，性别，年龄，职称，籍贯）。在关系模型中，实体是用关系来表示的，如：

员工（员工编号，姓名，性别，年龄，职称，籍贯）

商品（商品编号，商品名称，类型，价格）

实体间的联系也是用关系来表示的，如员工和商品之间的联系可表示为

销售（员工编号，商品编号，销售日期）

9）外键和参照关系。设 FR 是关系 R 的一个或一组属性，但不是关系 R 的候选键，如果 FR 与关系 S 的主键 KS 相对应，则称 FR 是关系 R 的外键，关系 R 为参照关系，关系 S 为被参照关系或目标关系。

（2）关系模型的优缺点。

关系模型的优点：建立在严格的数学概念的基础上，概念单一，无论是实体还是实体之间的联系都用关系表示，对数据的检索结果也是关系，其数据结构简单、清晰，用户易懂易用；存取路径对用户透明，从而具有更高的数据独立性、更好的安全保密性，也简化了程序员的编程和减少了数据库开发建立的工作量。

关系模型的缺点：由于存取路径对用户透明，查询效率往往不如非关系模型；为了提高性能，必须对用户的查询要求进行优化，这增加了开发数据库管理系统的难度。

1.3.5　E-R 模型转换为关系模型

E-R 模型转换
为关系模型

将 E-R 图转换为关系模型实际上就是要将实体、实体的属性和实体之间的联系转化为关系模式，这种转换一般遵循如下原则：

（1）一个实体转化为一个关系模式，实体的属性即为关系的属性，实体的关键字就是关系的关键字。

【例 1-4】员工实体的 E-R 图如图 1-12 所示。它转化的关系模式为

员工（员工号，姓名，性别，年龄）

（2）若两个实体之间的联系是一个 1∶1 的联系，可在联系两端的实体关系中的任意一个关系的属性中加入另一个关系的关键字。

图 1-12　员工实体的 E-R 图

【例 1-5】班级和班长两个实体的 E-R 图如图 1-13 所示。它转化的关系模式为

方法一：

班长（学号，姓名，性别，年龄，编号）

班级（编号，名称，院系）

方法二：

班长（学号，姓名，性别，年龄）

班级（编号，名称，院系，学号）

图 1-13   班级和班长两个实体的 E-R 图

（3）若两个实体之间的联系是一个 $1：M$ 的联系，可在 M 端实体转换成的关系中加入 1 端实体关系中的关键字。

【例 1-6】员工和部门两个实体的 E-R 图如图 1-14 所示。它转化的关系模式为

员工（员工号，姓名，性别，年龄，部门号）

部门（部门号，名称，经理）

图 1-14   员工和部门两个实体的 E-R 图

（4）若两个实体之间的联系是一个 $N：M$ 的联系，除了将实体转化为一个关系之外，还要将联系单独转化为一个关系。联系两端各实体关系的关键字组合构成该联系关系的关键字，组成关系的属性中除关键字外，还有联系自有的属性。

【例 1-7】员工和商品两个实体的 E-R 图如图 1-15 所示。它转化的关系模式为

员工（员工号，姓名，性别，年龄）

商品（商品号，名称，价格）

销售（员工号，商品号，销售时间）

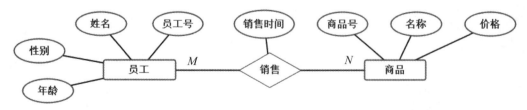

图 1-15   员工和商品两个实体的 E-R 图

1.4   数据管理技术的发展历程

本节主要介绍数据管理的人工管理阶段、文件管理阶段、数据库管理阶段，使读者从数据管理技术的发展历程，进一步了解数据管理的重要性。

数据管理是数据处理的中心问题。数据处理是指数据的收集、整理、组织、存储、维护、检索、传送等操作。数据管理技术的优劣直接影响数据处理的效率。用计算机进行数据管理是

将大量数据有组织地存储在存储介质中，并对数据进行维护、检索、重组和处理。

随着计算机的软、硬件的发展，特别是存储技术的发展水平不断提高，数据管理技术的发展经历了三个阶段：人工管理阶段、文件管理阶段和数据库管理阶段。数据库技术正是应数据管理任务的需要而产生、发展的。

1.4.1　人工管理阶段

人工管理阶段（20 世纪 50 年代中期以前）的计算机主要用于科学计算。数据存储介质只有磁带、纸带和卡片等；软件设计语言只有汇编语言；数据处理方式是批处理。该时期数据管理有四个特点。

1．数据不能长期保存

当时计算机主要用于科学计算，数据不保存在机器中，处理数据时，将纸带中的程序和数据通过输入设备输入到计算机中，数据计算完成后就从内存中消失；如果计算同一个课题还需要重新输入原始的数据和程序。

2．没有专门的管理软件管理数据

数据需要应用程序自己管理数据，没有相应的软件系统负责数据的管理。对应用程序不仅要规定数据的逻辑结构，还要设计数据的物理结构，包括存储结构、存取方法、输入方式等，因此，程序员的负担很重。

3．数据不能实现共享

数据和程序是一个整体，一组数据只能对应一个程序，一个程序中的数据无法被其他程序使用。当多个应用程序涉及某些相同的数据时，各个程序必须各自定义，无法共享数据。因此，程序之间存在大量的数据冗余。

4．数据不具有独立性

数据的逻辑结构或者物理结构发生变化时，程序员必须修改相应的应用程序。数据完全依赖于应用程序，缺乏独立性，这样就加重了程序员的负担。

在人工管理阶段，应用程序和数据之间是一一对应关系，如图 1-16 所示。

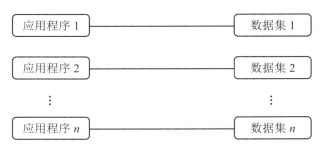

图 1-16　人工管理阶段应用程序与数据之间的对应关系

1.4.2　文件管理阶段

文件管理阶段（20 世纪 50 年代后期至 20 世纪 60 年代中期）的计算机不仅用于科学计算，还用于信息管理。数据结构和数据管理软件迅速发展起来。外存（外存储设备）已有磁盘、磁鼓等直接存取存储设备。软件领域出现了高级语言和操作系统。操作系统中的文件系统是专门管理外存中的数据的数据管理软件。处理数据的方式有批处理，也有联机实时处理。这一阶段数据管理有四个特点。

1. 数据可长期保存

由于计算机开始大量用于数据管理，因此可以在存储设备上反复查询、修改、插入和删除数据等。

2. 由文件系统管理数据

文件系统为程序和数据提供了一个公共接口，使应用程序采用统一的存取方法来存储和操作数据，程序和数据之间不再直接对应，而是有了一定的独立性。文件的逻辑结构和存储结构有一定的区别，数据的存储结构变化，不一定影响程序，因此程序员可以集中精力进行算法设计，大大减少了维护程序的工作量。

3. 数据的冗余度较大，共享性差

数据文件是根据应用程序的需要建立的，一个文件基本上对应一个应用程序，即文件仍然是面向应用的。当不同的应用程序具有部分相同的数据时，各个程序也必须建立各自的文件，而不能共享相同的数据，因此，数据的冗余度较大，浪费存储空间。同时相同数据的重复存储和各自管理容易造成数据的不一致性，从而对各数据的修改和维护造成一定的困难，数据的存储结构和程序之间的依赖关系并未根本改变。

4. 数据的独立性差

文件系统中的文件是为某一特定应用服务的，文件的逻辑结构是针对具体的应用来设计和优化的，要想对文件中的数据再增加一些新的应用会很困难。另外，当数据的逻辑结构发生改变时，应用程序中文件结构的定义也必须修改，应用程序中对数据的使用也要改变。数据依赖于应用程序，缺乏独立性。可见，文件系统仍然是一个不具有弹性的、无结构的数据集合，即文件之间是孤立的，不能反映现实世界事物之间的内在联系。

在文件管理阶段，应用程序和数据之间的关系如图 1-17 所示。

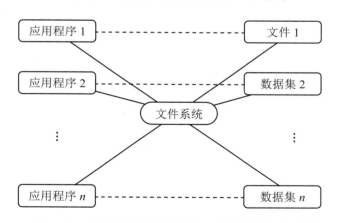

图 1-17　文件管理阶段应用程序与数据之间的对应关系

1.4.3　数据库管理阶段

20 世纪 60 年代末，磁盘技术取得重要进展。具有数百兆容量和快速存取的磁盘陆续进入市场，为数据库技术的产生提供了良好的条件。

数据管理技术进入数据库管理阶段的标志是 20 世纪 60 年代末发生的三件事：①1968 年美国 IBM 公司推出层次模型的 IMS（Information Management System）系统；②1969 年 10 月美国数据系统语言协会（CODASYL）的数据库任务组（DBTG）发表关于网状模型的 DBTG 报告（1971 年通过）；③1970 年美国 IBM 公司的 E.F.Codd 连续发表论文，提出了关系模型，奠定了关系数据库的理论基础。

20 世纪 70 年代以来，数据库技术迅速发展，不断有新的产品投入运行。数据库系统克服了文件系统的缺陷，使数据管理更有效、更安全。这一阶段数据管理有五个特点。

1. 采用复杂的数据模型表示数据结构（Data Structure）

数据不再面向特定的某个或多个应用，而是面向整个应用系统。数据冗余明显减少，实现了数据共享。

2. 有较高的数据独立性（Data Independence）

数据库的结构分为用户的逻辑结构、整体逻辑结构和物理结构三级，使得数据库具有物理数据独立性(当数据的物理结构改变时，不影响整体逻辑结构和用户逻辑结构以及应用程序)和逻辑数据独立性（当数据整体逻辑结构改变时，不影响用户的逻辑结构以及应用程序）。

3. 数据库系统为用户提供方便的用户接口

用户可以使用查询语言或终端命令操作数据库，也可以用程序方式操作数据库。

4. 数据库系统提供数据控制功能

数据库系统提供四个方面的数据控制功能：数据库的恢复、并发控制、数据完整性和数据安全性，以保证数据库中数据的安全、正确和可靠。

5. 数据库的灵活性

对数据的操作不一定以记录为单位，也可以以数据项为单位，增加了系统的灵活性。

在数据库管理阶段，应用程序和数据之间的关系如图 1-18 所示。

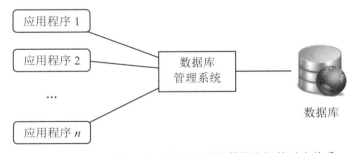

图 1-18　数据库管理阶段应用程序与数据之间的对应关系

从文件系统管理发展到数据库系统管理是信息处理领域的一个重大变化。在文件系统阶段，人们关注的是系统功能的设计，因此，程序设计处于主导地位，数据服从于程序设计；而在数据库系统阶段，数据占据了中心位置，数据的结构设计成为信息系统首先关心的问题。

1.5　认知 SQL Server

本节主要介绍 SQL Server 的产品组件、SQL Server 的管理工具、SQL Server 软件的安装，使读者从 SQL Server 数据库管理系统的环境搭建，进一步了解 SQL Server 软件的主要功能。

SQL Server 在 Microsoft 的数据平台上发布，可以组织管理任何数据，可以将结构化、半结构化和非结构化文档的数据直接存储到数据库中，可以对数据进行查询、搜索、同步、报告和分析等操作。数据可以存储在各种设备上，从数据中心最大的服务器一直到桌面计算机和移动设备，它都可以控制数据而不用管数据存储的位置。

1.5.1　SQL Server 的产品组件

SQL Server 允许使用 Microsoft .NET 和 Visual Studio 开发的自定义应用程序中使用数据，在面向服务的架构（SOA）和通过 Microsoft BizTalk Server 进行的业务流程中使用数据。信息工作人员可以通过日常使用的工具直接访问数据。SQL Server 的产品组件是指 SQL Server 的组成部分，以及这些组成部分之间的关系。SQL Server 系统由八个产品组件构成，如图 1-19 所示。

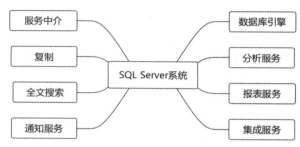

图 1-19　SQL Server 管理系统的产品组件

1. 数据库引擎（Database Engine）

数据库引擎负责完成数据的存储、处理和安全性管理，是 SQL Server 的核心组件。数据库引擎提供以下服务：

（1）设计并创建数据库，以保存结构化（关系模型）数据和非结构化（XML 文档）数据。

（2）实现应用程序，以访问和更改数据库中存储的数据。

（3）控制访问和快速进行事务处理。

（4）提供日常管理支持，以优化数据库的性能。

通常情况下，用户使用 SQL Server 系统实际上就是在使用数据库引擎。例如，数据定义、数据查询、数据更新、安全控制等操作都是由数据库引擎完成的，数据库引擎如图 1-20 所示。

图 1-20　数据库引擎

2. 分析服务（Analysis Services）

分析服务为企业的商业智能应用程序提供了联机分析处理（On-Line Analysis Processing，OLAP）和数据挖掘功能。

分析服务允许用户设计、创建和管理数据的多维结构，以便对大量和复杂的数据集进行快速高级分析，而且支持数据挖掘模型的设计和应用。例如，分析服务可以完成用户数据的分析挖掘，以便发现更有价值的信息。

3. 报表服务（Reporting Services）

报表服务是一种基于服务器的解决方案，用于生成从多种关系数据源和多维数据源中提取内容的企业报表，发布能以各种格式查看的报表。

报表服务生成的报表既可以通过基于 Web 的连接进行查看，也可以作为 Microsoft Windows 应用程序的一部分进行查看。作为 Microsoft 商务智能框架的一部分，报表服务将 SQL Server、Microsoft Windows Server 的数据管理功能，以及强大的 Microsoft Office System 应用系统相结合，实现信息的实时传递，以支持日常运作和推动决策制定。例如，报表服务可以将数据库中的数据生成 Word、Excel 等格式的报表。

4. 集成服务（Integration Services）

集成服务是一种数据转换和数据集成解决方案，主要用于数据仓库和企业范围内的数据提取、转换和加载（Extraction Transformation Loading，ETL）功能。

集成服务代替了 SQL Server 中的数据传输服务（Data Transformation Services，DTS）。例如，集成服务可以完成各种数据源（SQL Server、XML 文档、Excel 等）数据的导入和导出。

5. 通知服务（Notification Services）

通知服务是一个开发及部署通知应用系统的平台，它是基于数据库引擎和分析服务的。通知服务不但为用户生成并发送个性化的通告信息，而且可以向各种设备传递即时信息。

6. 全文搜索（Full-Text Search）

全文搜索是一种对 SQL Server 表中的纯字符数据进行全文查询的功能，是数据库引擎中的一种技术。全文搜索用于提供企业级搜索功能，可以快速、灵活地为文本数据的基于关键字的查询创建全文索引。

7. 复制（Replication）

数据复制是一种实现数据分发的技术，是数据库引擎中的一种技术。数据复制技术是将一个数据库服务器上的数据库对象和数据，通过网络传输到一个或多个不同地理位置的数据库服务器上，并且使各个数据库同步，以保持数据的一致性。数据复制技术不仅适用于同构系统的数据集成，如 SQL Server 系统之间，而且也适用于异构系统的数据集成，如 SQL Server 系统与 Oracle 系统之间。

8. 服务中介（Service Broker）

服务中介是一种生成数据库应用程序的技术，是数据库引擎中的一种技术。服务中介提供一个基于消息的通信平台，使独立的应用程序组件可以作为一个整体来运行。服务中介包含用于异步编程的基础结构，可用于单个数据库或单个实例中的应用程序，也可用于分布式应用程序。

数据库引擎、分析服务、报表服务和集成服务称为 SQL Server 的基本产品组件，通知服务、全文搜索、复制和服务中介称为 SQL Server 的扩展产品组件。四种基本产品组件构建了 SQL Server 的主要服务功能，因此，又被称为四种服务器类型。

1.5.2　SQL Server 的管理工具

1. SQL Server Management Studio（SSMS）

SQL Server Management Studio 是一个集成环境，用于访问、配置、管理和开发 SQL Server 的组件。Management Studio 使各种技术水平的开发人员和管理员都能使用 SQL Server。Management Studio 的安装需要 Internet Explorer 8 或更高版本。

SQL Server 2014 将服务器管理和业务对象的创建合并到两种集成环境中：SQL Server Management Studio 和 Business Intelligence Development Studio。这两个环境是使用解决方案和项目来对内容进行管理和组织。它们是为使用 SQL Server、SQL Server Mobile、Analysis Services、Integration Services 和 Reporting Services 的商业应用程序开发者设计的。

SQL Server Management Studio 是一个用于访问、配置和管理所有 SQL Server 组件的集成环境。它组合了大量图形工具和丰富的脚本编辑器，使各种技术水平的开发人员和管理员都能访问 SQL Server。SSMS 集成了 SQL Server 早期版本中的企业管理器、查询分析器和分析管理器的功能，是 SQL Server 2014 中最重要的管理工具组件。此外，它还提供了一种环境，用于管理 Analysis Services、Integration Services、Reporting Services 和 XQuery。此环境为开发者提供了一个熟悉的体验环境，为数据库管理人员提供了一个单一的实用工具，使用户能够通过易用的图形工具和丰富的脚本完成任务。

2. SQL Server 配置管理器

SQL Server 配置管理器用于管理与 SQL Server 相关联的服务、配置 SQL Server 使用的网络协议以及 SQL Server 客户端的网络连接配置。SQL Server 配置管理器集成了服务器网络实用工具、客户端网络实用工具和服务管理器的功能。配置管理器操作界面如图 1-21 所示。

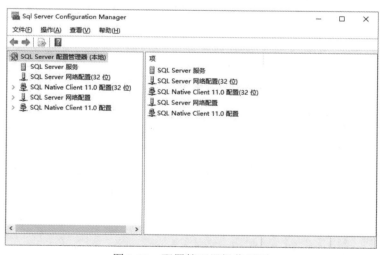

图 1-21　配置管理器操作界面

3. SQL Server Profiler

SQL Server Profiler 提供了图形用户界面，是用于从服务器捕获 SQL Server 2014 事件的工具，用于监视数据库引擎实例或 Analysis Services 实例。SQL Server 中的事件保存在一个跟踪文件中，可在对该文件进行分析或试图诊断某个问题时，用它来重播某一系列的步骤。

　　用户可以使用 SQL Server Profiler 来捕获有关每个事件的数据并将其保存到文件或表中供以后分析。例如，可以对生产环境进行监视，了解哪些存储过程由于执行速度太慢而影响了系统性能。

　　SQL Server Profiler 用于下列活动中：①逐步分析有问题的查询以找到导致问题的原因；②查找并诊断运行慢的查询；③捕获导致某个问题的一系列 T-SQL 语句，用所保存的跟踪信息在某台测试服务器上复制此问题，然后在该测试服务器上诊断问题；④监视 SQL Server 的性能以优化工作负荷；⑤使性能计数器与诊断问题关联。

　　SQL Server Profiler 还支持对 SQL Server 实例上执行的操作进行审核。审核过程将记录与安全相关的操作，供安全管理员以后复查。SQL Server Profiler 操作界面如图 1-22 所示。

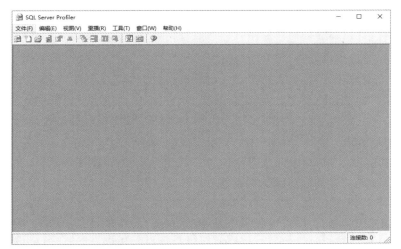

图 1-22　SQL Server Profiler 操作界面

　　4. 数据库引擎优化顾问

　　数据库引擎优化顾问可以协助创建索引、索引视图和分区的最佳组合。数据库引擎优化顾问操作界面如图 1-23 所示。

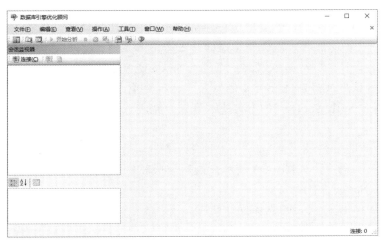

图 1-23　数据库引擎优化顾问操作界面

1.5.3　SQL Server 软件的安装

1. 下载 SQL Server 2014

方法一：百度网盘下载，链接为 https://pan.baidu.com/s/1p3tX0YboKd4hVkdk_jhKvw，提取码为 8888。

方法二：进入微软官网，单击"下载"按钮，下载界面如图 1-24 所示。下载步骤如下：

SQL Server
软件的安装

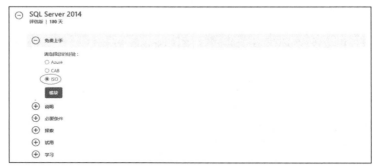

图 1-24　SQL Server 2014 下载界面

（1）根据需求下载安装文件的类型。下载文件的类型可以选择两种：SQL Server 2014 SP3 DVD 映像和 SQL Server 2014 SP3 CAB 文件。

1）可使用此 ISO 映像刻录自己的 DVD。

从评估中心下载以下.iso 文件：SQLServer2014SP3-<architecture>-<language>.iso。

使用自己的 DVD 刻录软件，选择从 ISO 映像刻录 DVD 的选项。当看到选择要使用的文件的提示时，选择要下载的映像文件。DVD 刻录完成后，找到并双击 DVD 上的 Setup.exe 开始安装。

2）从评估中心将以下文件下载到设备上的一个临时目录下：

SQLServer2014SP3-<architecture>-<language>.box

SQLServer2014SP3-<architecture>-<language>.exe

下载完成后，双击 SQLServer2014SP3-<architecture>-<language>.exe 开始安装。

注意：如果在 Windows 10 中使用 Microsoft Edge 下载，将没有"保存"选项，只有"运行"选项。单击"X"退出对话框，然后继续。或者，如果选择了"运行"选项，可能会看到"为提取的文件选择目录"对话框以及一个包含\System32\的默认/建议的路径。如果出现这种情况，请先将此路径更改为系统上的其他位置，然后再单击"确定"按钮。

（2）填写下载 SQL Server 2014 的基本信息。完成下载人员基本信息的填写，如图 1-25 所示。

（3）选择下载的平台及语言，单击"下载"按钮。用户根据自己计算机的系统下载合适的平台，选择相关的语言，如图 1-26 所示，最后完成软件下载。

2. 安装 SQL Server 2014

SQL Server 2014 软件安装的具体操作步骤如下：

（1）打开下载的 SQLEXPRADV_x64_CHS 安装包文件，解压后双击 SETUP.EXE 文件开始安装。安装包文件如图 1-27 所示。

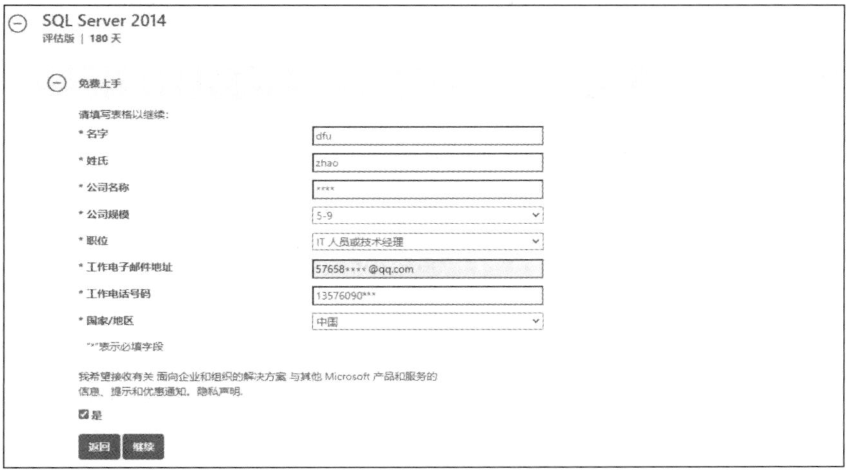

图 1-25 基本信息填写界面

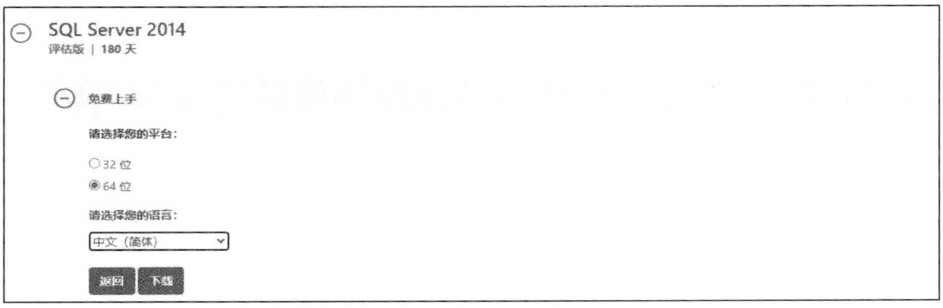

图 1-26 平台选择界面

图 1-27 安装包文件

（2）在安装界面中，选择"全新 SQL Server 独立安装或向现有安装添加功能"选项，如图 1-28 所示。

（3）在"许可条款"窗口，阅读并接受许可条款，单击"下一步"按钮，如图 1-29 所示。

（4）选择 SQL Server 安装功能，在"功能"区域中选择要安装的功能组件，建议全部功能都选择，并设置安装文件路径，单击"下一步"按钮，如图 1-30 所示。

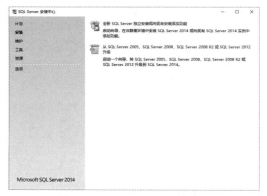

图 1-28　SQL Server 安装中心

图 1-29　设置许可条款

（5）功能规则及实例配置按照默认设置，单击"下一步"按钮，如图 1-31 所示。

图 1-30　安装功能选择

图 1-31　实例配置

（6）服务器配置设置，在"服务账户"选项卡中为每个 SQL Server 服务单独配置用户名和密码及启动类型。"账户名"可以在下拉框中进行选择，也可以单击"对所有 SQL Server 服务器使用相同的账户"按钮，为所有的服务分配一个相同的登录账户，单击"下一步"按钮，如图 1-32 所示。

（7）指定数据库引擎身份验证安全模式、管理员和数据目录，设置混合身份验证模式，输入系统管理员（sa）的密码，单击"下一步"按钮，如图 1-33 所示。

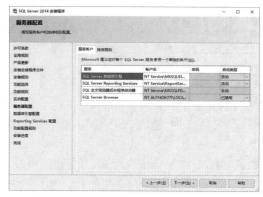

图 1-32　服务器配置

图 1-33　数据库引擎配置

（8）Reporting Services 配置及功能配置规则按照默认设置，单击"下一步"按钮。

（9）软件开始进行安装，安装过程持续时间较长，一般需要 20 分钟甚至更长时间（视硬件配置而定），请耐心等待。安装过程可能会要求重新启动计算机。安装进度如图 1-34 所示。

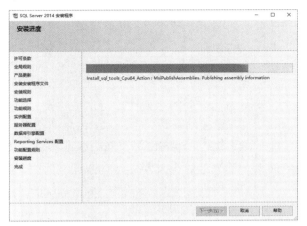

图 1-34　安装进度

（10）软件完成安装，如图 1-35 所示。

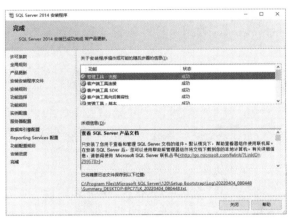

图 1-35　安装完成

课程思政案例

案例主题：华为芯片事件——自主创新是国家、民族进步之魂

为了打击中国通信企业华为，2018 年 8 月，美国总统特朗普签署了一项总统令，宣布美国进入国家紧急状态，以给予美国商务部更大的权力去禁止美国企业使用华为这种会"威胁美国国家安全"的公司的设备。同时，美国商务部工业与安全局（BIS）还将华为列入了一份会威胁美国国家安全的"实体名单"中，从而禁止华为从美国企业那里购买技术或配件。11 月，美国联合德国、意大利、日本等国联合打击华为，弃用所有华为通信设备。随后包括谷歌、高

通、英特尔在内的多家美国企业也暂停与华为合作。由于华为海思康擅长芯片设计，不具备生产芯片的能力，美国封锁了华为制造芯片的所有渠道。此前，TSMC 一直承担着为华为制造芯片的重任，也拥有目前最先进的芯片制造技术。但由于其设备含有美国技术，在封锁下只能与华为切断联系。2019 年 5 月 17 日，华为旗下的芯片公司海思半导体总裁何庭波宣布华为正式启用华为旗下的半导体旗舰海思。目前，麒麟 9000 芯片让华为登上了 5G 芯片的巅峰，它不仅是全球首款 5nm 5G 芯片，还是内置晶体管数量最多的 5nm 芯片。

思政映射

　　华为芯片事件实际上反映了自主创新的重要性，特别是科技方面，如果一味靠技术引进，就永远难以摆脱技术落后的局面。自主创新是一个国家、民族的不竭动力，国家乃至个人都必须始终把独立自主、自立自强、自力更生作为自己发展的根本基点。数据库作为我国信创产业的底层技术之一，我们必须意识到解决技术卡脖子问题的紧迫性，不断提高自主创新的意识，为我国数据库技术的发展贡献自己的一份力量。

小　　结

　　1．数据与信息的联系。信息不同于数据，数据是信息的载体，信息是数据的含义，是一种已经被加工为特定形式的数据。

　　2．数据库系统一般由数据库、数据库管理系统及其开发工具、应用系统、数据库管理员和用户构成。

　　3．DBMS 将数据库的体系结构分为三级模式：外模式、模式和内模式。

　　4．数据库系统的二级映像：外模式/模式映像和模式/内模式映像。

　　5．数据模型通常由数据结构、数据操作和数据的完整性约束三部分组成。

　　6．实体之间的联系类型：一对一联系（$1:1$）、一对多联系（$1:N$）、多对多联系（$M:N$）。

　　7．E-R 图通用的表示方式：

　　（1）用矩形表示实体，在框内写上实体名。

　　（2）用椭圆形表示实体的属性，并用无向边把实体和属性连接起来。

　　（3）用菱形表示实体间的联系，在菱形框内写上联系名，用无向边分别把菱形框与有关实体连接起来，在无向边旁注明联系的类型。

　　8．数据模型分为层次数据模型、网状数据模型和关系数据模型。

习　　题

一、选择题

　　1．数据库系统的核心组成部分是（　　　）。
　　　A．数据模型　　　B．数据库管理系统　　　C．数据库　　　D．数据库管理员
　　2．用树形结构表示实体之间联系的模型是（　　　）。
　　　A．关系模型　　　B．网状模型　　　C．层次模型　　　D．以上三个都是

3．"教师"与"学生"两个实体集之间联系一般是（　　）。

　　A．一对一　　　　　B．一对多　　　　　C．多对一　　　　　D．多对多

4．数据库系统的三级模式结构中，不属于三级模式的是（　　）。

　　A．内模式　　　　　B．抽象模式　　　　C．外模式　　　　　D．概念模式

5．数据库系统的三级模式结构中，描述数据库中全体数据的全局逻辑结构和特征的是
（　　）。

　　A．外模式　　　　　B．内模式　　　　　C．存储模式　　　　D．模式

6．数据库系统的三级模式结构中，表示物理数据库的是（　　）。

　　A．外模式　　　　　B．模式　　　　　　C．用户模式　　　　D．内模式

7．出版社可以出版多种书籍，同一种书籍也可以由多个出版社出版，出版社与书籍之间
的联系类型是（　　）。

　　A．多对多　　　　　B．一对一　　　　　C．多对一　　　　　D．一对多

8．一个数据库系统的外模式（　　）。

　　A．只能有一个　　　　　　　　　B．最多只能有一个

　　C．至少两个　　　　　　　　　　D．可以有多个

9．数据库系统的三级模式结构中，存储在硬盘上的是（　　）。

　　A．外模式　　　　　B．子模式　　　　　C．模式　　　　　　D．内模式

10．在数据库中，数据的物理独立性是指（　　）。

　　A．数据库与数据管理系统的相互独立

　　B．用户程序与 DBMS 的相互独立

　　C．用户的应用程序与存储磁盘上数据的相互独立

　　D．应用程序与数据库中数据的逻辑结果相互独立

二、填空题

1．在关系数据库中，把数据表示成二维表，每一个二维表称为_____。

2．数据库管理系统是位于用户与_____之间的软件系统。

3．一个项目具有一个项目主管，一个项目主管可管理多个项目，则实体"项目主管"与
实体"项目"间的关系属于_____的关系。

4．数据库系统三级模式体系结构的划分有利于保持数据的_____。

5．数据库管理系统常见的数据模型有层次数据模型、网状数据模型和_____三种。

三、简答题

1．数据库系统包括哪几个主要组成部分？各部分的功能是什么？画出整个数据库系统的
层次结构图。

2．简述数据库管理系统的组成和功能。

3．试述数据库系统的三级模式结构，说明三级模式结构的优点是什么。

4．什么是数据库的数据独立性？它包含哪些内容？

5．实体型间的联系有哪几种？其含义是什么？并举例说明。

第2章　关系数据库

关系数据库是支持关系模型的数据库，它是目前应用最广泛、最流行的数据库。本章从五个方面讲述了关系数据库的基本理论，主要包括关系的定义和性质、部分函数依赖和传递函数依赖、关系规范化、关系完整性、传统集合运算和专门关系运算等。

本章通过图灵奖获得者的生平事迹，引导大家树立正确的人生观与价值观，增强探索未知、追求真理、勇攀科学高峰的责任感和使命感。

- 关系模式。
- 函数依赖。
- 关系的规范化。
- 关系的完整性。
- 关系代数。

学习目标

- 理解关系模式的相关概念。
- 掌握关系模式的规范化要求。
- 掌握实体完整性和参照完整性的内容和意义。
- 掌握关系代数的基本运算。

关系数据库是采用关系模型作为数据组织方式的数据库。关系数据库的特点在于将每个具有相同属性的数据独立地存储在一个表中，对任一表而言，用户可以增加、删除和修改表中的数据，而不影响表中的其他数据。关系数据库概念简单清晰，数据库语言易懂易学，它的层次结构分为四级：数据库、表、记录以及字段。

2.1　关系模式

本节主要介绍关系的定义、关系的性质、关系模式以及关系的码，使读者通过举例讲解，进一步掌握关系模式的相关概念。

2.1.1 关系的定义

1. 域（Domain）

域是一组具有相同数据类型的值的集合，又称为值域，用 D 表示。例如，整数、日期时间和字符串的集合都是域。

域中所包含的值的个数称为域的基数，用 n 表示。例如：

D_1={张华，李强，胡玉，赵亮}，n_1=4；

D_2={销售部，生产部}，n_2=2；

D_3={19，21，19，20}，n_3=4。

其中，D_1，D_2，D_3 分别表示员工关系中姓名域、专业域和年龄域的集合。域名无排列次序，如 D_2={销售部，生产部}={生产部，销售部}。

2. 笛卡儿积（Cartesian Product）

给定一组域 D_1，D_2，$\cdots$，D_n（它们可以包含相同的元素，即可以完全不同，也可以部分或全部相同）。D_1，D_2，$\cdots$，D_n 的笛卡儿积为

$D_1 \times D_2 \times \cdots \times D_n$={（$d_1$，$d_2$，$\cdots$，$d_n$）|$d_i \in D_i$，i=1，2，$\cdots$，n}。

由定义可以看出，笛卡儿积也是一个集合。其中：

（1）每一个元素（d_1，d_2，$\cdots$，d_n）中的每一个值 d_i 叫作一个分量（Component），分量来自相应的域（$d_i \in D_i$）。

（2）每一个元素（d_1，d_2，...，d_n）叫作一个 n 元组（n-Tuple），简称元组（Tuple）。但元组是有序的，相同分量 d_i 的不同排序所构成的元组不同。例如，以下三个元组是不同的，（员工号，姓名，性别，职称）≠（姓名，员工号，性别，职称）≠（员工号，性别，姓名，职称）。

（3）若 D_i（i=1，2，$\cdots$，n）为有限集，D_i 中的集合元素个数称为 D_i 的基数，用 m_i（i=1，2，$\cdots$，n）表示，则笛卡儿积 $D_1 \times D_2 \times \cdots \times D_n$ 的基数 M［即元素（d_1，d_2，...，d_n）的个数］为所有域的基数的累乘之积，即 $M=\prod_{i=1}^{n} m_i$。

例如，上述表示员工关系中姓名、性别两个域的笛卡儿积为

$D_1 \times D_2$={（张华，销售部），（张华，生产部），（李强，销售部），（李强，生产部），（胡玉，销售部），（胡玉，生产部），（赵亮，销售部），（赵亮，生产部）}。

其中，张华、李强、胡玉、赵亮、销售部、生产部都是分量，（张华，销售部）、（张华，生产部）等都是元组，其基数 $n=n_1 \times n_2$=8，元组的个数为 8。

笛卡儿积可用二维表的形式表示。例如，上述笛卡儿积 $D_1 \times D_2$ 中的 8 个元组可表示成表 2-1。

表 2-1 D_1 和 D_2 的笛卡儿积

姓名	部门
张华	销售部
张华	生产部
李强	销售部
李强	生产部
胡玉	销售部

续表

姓名	部门
胡玉	生产部
赵亮	销售部
赵亮	生产部

根据实例可以看出，笛卡儿积实际上是一个二维表，表的框架每一列由域构成。表的每一行就是一个元组，表中的每一列可以来自同一个域。

3. 关系（Relation）

笛卡儿积 $D_1 \times D_2 \times \ldots \times D_n$ 的任一子集称为定义在域 D_1，D_2，…，D_n 上的 n 元关系（Relation），可以用 R（D_1，D_2，…，D_n）表示。其中，R 表示关系的名字，n 是关系的目或度。

例如，上例 $D_1 \times D_2$ 笛卡儿积的某个子集可以构成员工关系 T_1，见表 2-2。

表 2-2　D_1 和 D_2 的笛卡儿积的子集

姓名	部门
张华	销售部
李强	销售部
胡玉	生产部
赵亮	销售部

下面是对关系的说明：

（1）在关系 R 中，当 n=1 时，称为单元关系。当 n=2 时，称为二元关系，依此类推。例如，上例中的员工关系 T_1 为二元关系。

（2）关系中的每个元素是关系中的元组，通常用 t 表示，关系中元组的个数是关系的基数。例如，上例中员工关系 T_1 中的四个元素（张华，销售部）、（李强，销售部）、（胡玉，生产部）、（赵亮，销售部）为四个元组，关系 T_1 的基数为 4。

如果一个关系的元组个数是无限的，则称为无限关系；如果一个关系的元组个数是有限的，则称为有限关系。在此我们只考虑有限关系。

（3）由于关系是笛卡儿积的子集，因此，可以把关系看成是一张二维表。其中：

1）表的框架由域 D_i（i=1，2，…，n）构成，即表的每一列对应一个域。

2）表的每一行对应一个元组。

3）由于不同域的取值可以相同，为了加以区别，必须对每个域起一个名字，称为属性，n 元关系必有 n 个属性，属性的名字唯一；属性的取值范围称为值域，等价于对应域的取值范围。

具有相同关系框架的关系为同类关系。例如，有另外一个关系 T_2，见表 2-3，T_1 和 T_2 就是同类关系。

表 2-3　关系 T_2

姓名	部门
刘华	销售部
周志	生产部

（4）在数学上，关系是笛卡儿积的任意子集。但在实际应用中，关系是笛卡儿积中所取的有意义的子集。例如，在表 2-1 中选取一个子集构成见表 2-4 的关系 T_3，表中的关系不太符合实际情况。因此，笛卡儿积的基数大于等于定义在其上的关系的基数。

表 2-4　关系 T_3

姓名	部门
张华	销售部
张华	生产部

2.1.2　关系的性质

尽管关系与二维表和传统的数据文件有类似之处，但它们又有区别。关系是一种规范化的二维表，为了使相应的数据操作简便，关系模型中对关系做了一些规范性限制，使得关系具有以下六个性质。

（1）同一属性的数据具有同质性，指同一属性的数据应当是同质的数据，即同一列中的分量是同一类型的数据，它们来自同一个域。例如，学生选课表的结构为选课（学号，课程号，成绩），其成绩的属性值必须统一语义（比如都用百分制），不能有百分制、五分制或及格、不及格等多种取值法。

（2）同一关系的属性名不能相同，指同一关系中不同属性的数据可出自同一个域，但不同的属性要给予不同的属性名。这是由于关系中的属性名是标识列的，如果在关系中有属性名重复的情况，则会产生列标识混乱问题；在关系数据库中由于关系名也具有标识作用，因此允许不同关系中有相同属性名。例如，表 2-5 所示的关系：工资表={员工号，姓名，基本工资，奖金}，基本工资与奖金两个列，它们来自同一个域，但这两个列是两个不同的属性，必须给它们起不同的名字，即"基本工资"和"奖金"。

表 2-5　两个属性来自一个域

员工号	姓名	基本工资	奖金
yg001	张华	8000	5000
yg002	周志	8500	4600

（3）关系中列的位置可以任意改变，该性质说明关系中列的顺序可任意交换和重新组织，这不影响关系的本质。例如，关系 T_2 对列进行交换时，对关系没有任何影响，见表 2-6。

表 2-6　关系 T_2 的两列交换

部门	姓名
销售部	刘华
生产部	周志

（4）关系具有元组无冗余性，指关系中的任意两个元组不能完全相同。由于关系中的一个元组表示现实世界中的一个实体或一个具体联系，元组重复则说明一个实体重复存储。实体

重复不仅会增加数据量，还会造成数据查询和统计的错误，产生数据不一致的问题，所以数据库中应当绝对避免元组重复，确保实体的唯一性和完整性。

（5）关系中的元组位置具有顺序无关性，指关系元组的顺序可以任意交换。使用中可以按各种排序要求对元组的顺序进行重新排列，例如，对员工表的数据可按员工编号降序、按职称升序等重新调整，由一个关系可派生出多种排序表形式。由于关系数据库技术可使这些排序表在关系操作时完全等效，而且数据排序操作较易实现，因此不必担心关系中元组排列的顺序会影响数据操作或影响数据输出形式。基本表的元组顺序无关性保证了数据库中的关系无冗余性，减少了不必要的重复关系。

（6）关系中的分量具有原子性，指关系中每一个分量都必须是不可分的数据项。关系模型要求关系模式必须满足一定的规范条件（范式），其中最基本的一条就是关系的每一个分量必须是不可分的数据项，即分量是原子量。属性值可以为空值，表示"未知"或"不可用"，但不可以"表中有表"。例如，在表 2-7 中，工资含有基本工资和奖金两项，出现了"表中有表"的现象，则为非规范化关系，应把工资分成基本工资和奖金两列，将其规范化。

表 2-7　两个属性来自一个域

员工号	姓名	工资	
		基本工资	奖金
yg001	张华	8000	5000
yg002	周志	8500	4600

2.1.3　关系模式

在关系数据库中，关系模式是型，关系是值，关系模式是对关系的描述。

1. 关系模式描述内容

（1）因为关系是笛卡儿积的子集，该子集中每一个元素都是一个元组，即关系也是元组的集合。因此，关系模式必须指出这个元组集合的结构，即它由哪些属性构成，每个属性的名称是什么，这些属性来自哪些域，以及属性与域的映像关系。

（2）一个关系通常是由赋予它的元组语义确定的，即笛卡儿积集合中的所有符合元组语义的那些元素的全体构成了该关系模式的关系。现实世界随着时间在不断变化，因此在不同时刻，关系模式的关系也会发生变化。现实世界的许多事实限定了关系模式所有可能的关系必须满足一定的完整性约束条件，关系模式应该刻划出这些完整性的约束条件。

2. 关系模式定义

关系的描述称为关系模式（Relation Schema），它可以表示为 R（U，D，DOM，F），其中：

R 表示关系名。

U 表示属性名集合。

D 表示属性来自的域。

DOM 表示属性域的映像集合。

F 表示属性间数据的依赖关系集合。

在关系模式中，通常用下划线表示关系中的主码，域名 D 及属性域的映像 DOM 常常直接说明为属性的类型、长度。关系模式可以简写为 R（U）或 R（A_1, A_2, …, A_n）。其中：R 表示关系名；U 表示属性名集合 ；A_1, A_2, …, A_n 表示各属性名。

通过定义描述可以看出，关系是关系模式在某一时刻的状态或者内容。关系模式是型，即关系头；而关系是它的值，即关系体。关系模式是关系的框架，是对关系结构的描述，它是静态的、稳定的；而关系是动态的、随时间不断变化的，关系的各种操作在不断地更新着数据库中的数据。在实际应用中，将关系模式和关系统称为关系。

例如，在某销售管理数据库中，它有三个关系，其关系模式可分别表示为

员工（<u>员工号</u>，姓名，性别，年龄，职称）

商品（<u>商品编号</u>，商品名称，价格）

销售（<u>员工号，商品编号</u>，销售日期，销售数量）

在每个关系中，又有相应的实例。例如，与员工关系模式对应的数据库中的实例有如下五个元组，见表 2-8。

表 2-8　员工关系的实例

YG001	张华	女	28	工程师
YG002	李强	男	35	高级工程师
YG003	胡玉	女	29	高级工程师
YG004	赵亮	男	32	工程师
YG005	周志	男	36	高级工程师

3. 关系数据库模式与关系数据库

在关系模型中，实体以及实体间的联系都是用关系来表示的。例如，员工实体、商品实体、两个实体间的多对多联系都可以分别用一个关系来表示。在实际应用中，所有实体以及实体之间的联系所对应的关系的集合构成一个关系数据库。关系数据库也有型和值之分。

关系数据库的型称为关系数据库模式，是对关系数据库的描述，它包括若干域的定义以及这些域上定义的若干关系模式。关系数据库模式是对关系数据库结构的描述，或者说是对关系数据库框架的描述。

而关系数据库的值也称为关系数据库，是这些关系模式在某一时刻对应关系的集合。也就是说，与关系数据库模式对应的数据库中的当前值就是关系数据库的内容，称为关系数据库的实例。例如，销售管理数据库中的三个关系的关系头相对固定，而关系体的内容会随时间而变化。员工的年龄及职称都会随时间而发生变化，销售日期及销售数量也会随时间而不断发生变化。

2.1.4　关系的码

1. 候选码（Candidate Key）

能唯一标识关系中元组的一个属性或属性集，称为候选码，也称为候选关键字。例如，"员工关系"中的员工号能唯一标识每一个员工，则"员工号"为员工关系的候选码。而在实体多对多联系的联系关系中，它的候选码则为两端实体的候选码。例如，在"销售关系"中，只有属性的组合"员工号+商品编号"才能区分每一条销售记录，则"员工号+商品编号"是销售关系的候选码。

假设关系 R 有属性 A_1，A_2，…，A_n，其属性集 K=（A_i，A_j，…，A_k），当且仅当满足下列条件时，K 被称为候选码。

（1）唯一性。关系 R 的任意两个不同元组，其属性集 K 的值是不同的。

（2）最小性。组成关系键的属性集中，任一属性都不能从属性集中删除，否则将破坏唯一性的性质。

例如，"员工关系"中的每个员工的员工号是唯一的，"销售关系"中"员工号+商品编号"的组合也是唯一的。在属性集"员工号+商品编号"满足最小性，从中去掉任一个属性，都无法标识销售记录。

2. 主码（Primary Key）

从多个候选码中选择一个作为查询、插入或删除元组的操作变量，被选用的候选码称为主码，或者称为主键、主关系键、关键字等。

例如，在员工关系中没有重名的员工，则"员工号"和"姓名"都可以作为员工关系的候选码。如果选定员工号作为数据操作的依据，则员工号为主码。如果选定姓名为数据操作的依据，则姓名为主码。

主码是关系模型的一个重要概念，每个关系必须选择一个主码，且不能随意改变。因为关系的元组无重复，关系的所有属性的组合也可以唯一标识每个元组，但一般选择属性数量最少的组合作为主码。

3. 主属性（Prime Attribute）与非主属性（Non-Prime Attribute）

主属性：包含在主码中的各个属性称为主属性。

非主属性：不包含在任何候选码中的属性称为非主属性（或非码属性）。

在最简单的情况下，一个候选码只包含一个属性，例如，员工关系中的"员工号"，商品关系中的"商品编号"。但极端的情况下，候选码可能是所有属性的组合，这时称为全码。

4. 外码（Foreign Key）

外码亦称外部关键字或外键，它由一个表中的一个属性或多个属性所组成，是另一个表的主码。实际上外部关键字本身只是主码的副本，它的值允许为空（NULL）。外部关键字是一个公共关键字。使用主码和外部关键字建立起表和表之间的联系。

例如，在学生数据库中有学生、课程和成绩三个表，其关系模式如下（其中主码用下划线标识）：

学生（<u>学号</u>，姓名，性别，年龄）；

课程（<u>课程号</u>，课程名，学分）；

成绩（<u>学号</u>，<u>课程号</u>，成绩）。

学生表中，学号是主键；课程表中，课程号是主键；成绩表中，学号和课程号一起作为主键。单独的学号或课程号仅为成绩表的主属性，而不是主键。学号和课程号分别为成绩表中的外键，成绩表是参照关系，学生表、课程表为被参照关系（目标关系），它们之间要满足参照完整性规则。

2.2　函数依赖

在关系数据库的设计当中，不是随便一种关系模式设计方案都是可行的，更不是任何一种关系模式都可以投入应用。由于数据库中每一个关系模式的属性之间需要满足某种内在的必然联系,因此,设计一个好的数据库的根本方法是先分析和掌握属性间的语义关联,然后再依据这些关联得到相应的设计方案。本节主要介绍函数依赖的概念、函数依赖的类型、函数依赖的逻辑蕴涵与推理规则以及函数依赖的必要性。

2.2.1 函数依赖的概念

设有关系模式 R(A_1, A_2, …, A_n),简记为 R(U),其中 U={A_1, A_2, …, A_n}。设 X、Y 是 U 的子集,r 是 R 的任一具体关系,若 r 的任意两个元组 r_1、r_2 满足 r_1[X]=r_2[X](元组 r_1、r_2 在 X 上的属性值相等),r_1[Y]=r_2[Y](元组 r_1、r_2 在 Y 上的属性值相等),则称 X 函数决定 Y(或 Y 函数依赖于 X),记为 X→Y,称 X→Y 为 R 的一个函数依赖(简称 FD)。

可以这样理解:X→Y 的意思是在当前值 r 的两个不同元组中,如果 X 值相同,则 Y 值也相同;或者说,对于 X 的每一个具体值,都有 Y 唯一的具体值与之对应,即 Y 值由 X 值决定。

若 X→Y,并且 Y→X,则记为 X←→Y;若 Y 不依赖于 X,则记为 X↛Y。

几点说明:

(1)函数依赖 X→Y 的定义,强调模式 R 的任意具体关系 r 应具有的特性,而不是某个或某几个具体关系具有的特性。

(2)函数依赖 X→Y 的定义,强调具体关系的任意两条记录 r_1、r_2 具有的特性,而不是某两条记录具有的特性。

(3)函数依赖经常是自然产生的。例如,设 R 是一个实体集合,U={A_1, A_2, …, A_n} 是 R 的属性集合,X 是 R 的一个候选键(属性集合),则对任何属性子集 Y⊆U,有 X→Y(即使 X 与 Y 有共同属性),因为 r 是一个实体集合,r 的元组表示实体,而实体由候选键标识,因此,X 属性子集上值相同的两个元组应表示同一实体,从而应是相同的元组。

(4)函数依赖是语义范畴的概念。只能根据语义来确定函数依赖。例如,"姓名→年龄"这个函数依赖仅在没有相同姓名的条件下成立。因此,在关系模式 R 中,要判断 FD 是否成立,唯一的办法是仔细考察属性的含义。从这个意义上说,函数依赖是对现实世界的断言,只要在模式定义时把模式遵守的函数依赖通知 DBMS,则数据库运行时,DBMS 会自动检查关系的合法性。这意味着数据库设计者可对现实世界做出强制规定。例如,规定关系中不允许相同姓名的人出现,从而使"姓名→年龄"成立,插入新元组时必须满足该函数依赖,如果关系中已有与新元组相同姓名的人存在,则拒绝插入该新元组。

例如,设有关系模式 R(SNO, SNAME, CNO, GRADE, CNAME, TNO, TNAME),其中,SNO 为学号,SNAME 为姓名,CNO 为课程号,GRADE 为成绩,CNAME 为课程名。在 R 的关系中,存在如下函数依赖:

SNO→SNAME(每个学号只能有一个学生姓名,SNAME 函数依赖于 SNO)

CNO→CNAME(每个课程号只能对应一门课程名,CNAME 函数依赖于 CNO)

(SNO, CNO)→GRADE(每个学生学习一门课只能有一个最终成绩,GRADE 函数依赖于 SNO 和 CNO)

2.2.2 函数依赖的类型

设有关系模式 R(U),X、Y、Z 分别是 U 的子集,成绩表 r(SNO, CNO, SNAME, SG,

TNO，TNAME）是 R 的一个关系，SNO 和 CNO 构成 r 的主键。

（1）完全函数依赖：若 X→Y，且对于 X 的任一真子集 X_1，X_1→Y 均不成立，则称 Y 完全依赖于 X。

例如，r 中：（SNO，CNO）→SG，SNO$\nrightarrow$SG，CNO$\nrightarrow$SG，所以（SNO，CNO）→SG 是完全函数依赖。

（2）部分函数依赖：若 X→Y，且存在 X 的一个真子集 X_1，使得 X_1→Y，则称 Y 部分依赖于 X。

例如，r 中：（SNO，CNO）→SNAME，SNO→SNAME，所以（SNO，CNO）→SNAME 是部分函数依赖。

（3）传递函数依赖：若 X→Y 且 Y→Z，而 Y$\nrightarrow$X，则有 X→Z，称 Z 传递函数依赖于 X。

例如，r 中：（SNO，CNO）→TNO，TNO→TNAME，且 TNO$\nrightarrow$（SNO，CNO），所以（SNO，CNO）→TNAME 是传递函数依赖。

（4）平凡函数依赖：若 X→Y，且 Y 为 X 的子集，则称 X→Y 是平凡函数依赖。

例如，r 中：SNO 是（SNO，CNO）的子集，所以（SNO，CNO）→SNO 是平凡函数依赖。

（5）非平凡函数依赖：若 X→Y，但 Y 不是 X 的子集，则称 X→Y 是非平凡函数依赖。

例如，r 中：SG 不是（SNO，CNO）的子集，所以（SNO，CNO）→SG 是非平凡函数依赖。

2.2.3　函数依赖的逻辑蕴涵与推理规则

1．函数依赖的逻辑蕴涵

设 U 为关系模式 R（U，F）的所有属性的集合，F 为属性集 U 上的所有函数依赖的集合，X、Y 是 U 的子集，如果从 F 能推出函数依赖 X→Y，则称 F 逻辑蕴涵 X→Y。

2．函数依赖的推理规则

前面提到由函数依赖集可推出另外的函数依赖，那么从一个函数依赖集如何推出另外一个函数依赖，推理依据什么规则呢？函数依赖的推理规则由 W.W.Armstrong 在 1974 年首先提出，称为 Armstrong 公理系统，该系统由三条公理和三条推理规则构成。

设有关系 R（U），U 是 R 属性的集合，F 是 R 上函数依赖的集合。

（1）Armstrong 公理系统的三条公理。

1）自反律：如果 Y⊆X⊆U，则 F 逻辑蕴涵 X→Y。

2）增广律：若 F 逻辑蕴涵 X→Y，且 Z⊆U，则 F 逻辑蕴涵 XZ→YZ。

3）传递律：F 逻辑蕴涵 X→Y、Y→Z，则 F 逻辑蕴涵 X→Z。

（2）Armstrong 公理系统的三条推理规则。

1）合并规则：若 F 逻辑蕴涵 X→Y、X→Z，则 X→YZ。

证明：利用增广律扩充函数依赖 X→Y、X→Z，得 X→XY，XY→YZ；由传递律得 X→YZ。

2）伪传递规则：F 逻辑蕴涵 X→Y、WY→Z，则 XW→Z。

证明：利用增广律扩充函数依赖 X→Y，得 WX→WY；由 WX→WY、WY→Z，根据传递律得 XW→Z。

3）分解规则：F 逻辑蕴涵 X→Y 且 Z⊆Y，则 F 逻辑蕴涵 X→Z。

证明：由 Z⊆Y，根据自反律得 Y→Z；再由 X→Y、Y→Z，根据传递律得 X→Z。

函数依赖 X→Y 逻辑蕴涵于 F 的充要条件是函数依赖 X→Y，可根据 F，由 Armstrong 推理规则推出。即若 F 逻辑蕴涵 X→Y，则 X→Y 一定能根据 F，由 Armstrong 推理规则推出；若 X→Y 能根据 F，由 Armstrong 推理规则推出，则 F 逻辑蕴涵 X→Y。

2.2.4　函数依赖的必要性

现在建立一个学生数据库，数据库中涉及学生表对象，包括学生的学号（sno）、姓名（sname）、所在系（sdept）、系主任姓名（mname）、课程名称（cname）和成绩（grade）。学生对象的关系模式为：学生（学号，姓名，所在系，课程名称，成绩）。

根据数据库的实际应用可以了解下面信息：

（1）一个系有很多学生，但是一个学生只能属于一个系。

（2）一个系正常只有一个系主任。

（3）一个学生可以选修多门课程，每门课程有很多学生选修。

（4）每个学生所学的每门课程都有一个成绩。

通过以上信息我们可以确定，学生所在的系决定学号，学号→所在系；一个系只有一名主任，所在系→系主任姓名；学生的学号和课程名称决定成绩，（学号，课程名称）→成绩。关系模式的函数依赖如图 2-1 所示。

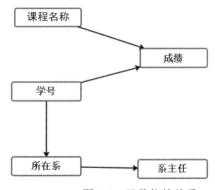

图 2-1　函数依赖关系

根据属性的函数依赖关系，分析学生关系模式存在四个方面的问题。

（1）存在数据冗余。例如，每一个系主任的姓名重复出现，重复次数与该系所有学生的所有课程成绩出现次数相同，这将浪费大量的存储空间。

（2）更新数据异常。因为数据冗余，当更新数据库中的数据时，系统要付出很大的代价来维护数据库的完整性，否则会面临数据不一致的风险。比如，更换系主任后，系统必须修改与该系学生有关的每一个数组。

（3）插入数据异常。如果一个系成立，还没有招学生，就无法把这个系及系主任名字信息存入数据库。

（4）删除数据异常。如果某个系的学生全部毕业了，在删除该系学生信息时，将会把系及系主任的信息全部删除。

通过以上问题，可以得出结论：学生关系模式不是一个规范的关系模式，必须要修改关系模式，消除其中存在的不合适的函数依赖，来解决关系模式的插入异常、删除异常、更新异常和数据冗余问题。

关系的规范化

2.3　关系的规范化

E-R 图转化为关系模式后，要检查关系模式是否符合要求，有没有存在存储异常、数据冗余（即重复）、操作异常、数据不正确及不一致等问题。关系规范化的目的是消除存储异常、减少数据冗余，以保证数据完整性（即数据的正确性、一致性）和存储效率，一般将关系规范到Ⅲ范式即可。本节主要介绍关系模式的范式及关系模式的分解。

关系数据库中的关系要满足一定的规范化要求，对于不同的规范化程度，可以使用"范式"进行衡量，记作 NF。满足最低要求的为 I 范式，简称 1NF。在 I 范式的基础上，进一步满足一些要求的为Ⅱ范式，简称 2NF。同理，还可以进一步规范为Ⅲ范式。各范式存在的联系如下：

$$1NF \supset 2NF \supset 3NF \supset BCNF \supset 4NF \supset 5NF$$

通常将某一关系模式 R 称为第 n 范式，简记为 R∈nNF。在关系模式规范化的过程中，一般将关系规范到Ⅲ范式即可。

2.3.1　关系模式的范式

1. 第一范式（1NF）

如果关系模式 R 的每个属性都是简单属性（不可再细分的简单项，不是属性组合或组属性），则称 R 属于第一范式（First Normal Form），简称为 1NF，记作 R∈1NF。

例如，工资表见表 2-9。

表 2-9　工资表

员工号	姓名	工资		职称
		基本工资	奖金	
yg001	张华	8000	5000	工程师
yg002	周志	8500	6600	高级工程师

工资表中工资由组合数据项基本工资和奖金两列组成，不是简单属性，因此工资表不属于 1NF，是非规范化关系。应当把工资表中的工资分解为基本工资和奖金两个属性，使工资表的每个属性都是简单属性，从而使工资表属于 1NF。

第一范式只要求关系模式的关系是标准的二维表，没有涉及关系模式中所存在的函数依赖关系。这种范式是规范化的关系模式最基本的要求，是所有范式的基础。

2. 第二范式（2NF）

如果关系模式 R∈1NF，且每一个非主属性完全函数依赖于 R 的某个候选键，则称 R 属于第二范式（简称为 2NF），记作 R∈2NF。

2NF 就是不允许关系模式的非主属性与主属性之间的部分函数依赖。

例如，对于学生关系——学生（学号，姓名，性别，课程号，课程名称，成绩），该关系的码：（学号，课程号），因此，学号和课程号是主属性，姓名、性别、课程名称、成绩是非主属性。即

（学号，课程号）→姓名，

（学号，课程号）→性别，

（学号，课程号）→课程名称，

（学号，课程号）→成绩。

但存在部分函数依赖：

学号→姓名，学号→性别，课程号→课程名称。

由于存在非主属性对码的部分函数依赖，因此学生关系不是 2NF。

改进方法：

对该关系进行分解，生成若干关系，以消除部分函数依赖。分解为以下三个关系：

学生基本信息（学号，姓名，性别），

课程（课程号，课程名称），

选修（学号，课程号，成绩）。

可以看出，在这三个关系中不存在部分函数依赖，因此问题得到了解决。

3. 第三范式（3NF）

如果关系模式 R∈2NF，且每一个非主属性都不传递依赖于某个主码，则称 R 属于第三范式（简称为 3NF），记为 R∈3NF。

例如，学生（学号，姓名，年龄，系号，系名）这个关系模式中存在的函数依赖集为

F={学号→姓名，学号→年龄，学号→系号，系号→系名}。

在这个关系模式中，显然学号是关系模式的候选键，且是唯一的候选键，并且非主属性对候选键是完全函数依赖，不存在非主属性对主属性的部分函数依赖。因此，关系模式学生∈2NF。然而学号→系名，由学号→系号、系号→系名两个函数依赖推出，我们称系名传递依赖于学号，因此关系模式学生不属于第三范式。

考察学生关系模式的关系实例，很容易发现这种关系中同样存在着前面提到的数据存储和数据操作的弊端。如果我们将上述关系分解成：

学生 1=（学号，姓名，年龄，系号），

学生 2=（系号，系名）。

则学生 1∈3NF，学生 2∈3NF。它们各自的关系实例克服了存储上的数据冗余和操作上的更新异常、删除异常、插入异常等问题。

说明：还可以从直观的角度来判断一个关系模式是否是 3NF。如果关系模式属于 3NF，那么，不允许关系模式的属性之间存在这样的非平凡函数依赖 X→Y：X 不包含候选键，Y 是非主属性。

4. BCNF 范式

BCNF 由 Boyce 和 E.F.Codd 提出，通常认为是 3NF 的改进形式。

设 R（U，F）是一个关系模式，如果 R∈1NF 且 R 的每个属性都不传递依赖于 R 的候选键，则称 R 满足 BCNF 范式（Boyce-Codd 范式），记作 R∈BCNF。

换句话说：如果 R 的 F 中每一个函数依赖 X→Y，其决定因素 X 都是键，则 R∈BCNF。

由 BCNF 范式的定义可知：

（1）所有非主属性对于每一个键都是完全函数依赖的。

（2）所有主属性对于每一个不含有它的键也是完全函数依赖的。

（3）任何属性都不会完全依赖于非键的任何一组属性。

BCNF 的本质在于其中的每个决定因素都是键。即在 BCNF 中，除了键决定其所有属性之外，没有其他的非平凡函数依赖，特别是没有非主属性作为决定因素的非平凡函数依赖。

由于 BCNF 排除了任何属性对键的传递依赖和部分依赖，因此，如果 R∈BCNF，则必定 R∈3NF；但是，如果 R∈3NF，不一定有 R∈BCNF 成立。因此，BCNF 比 3NF 更为严格。

例如，设关系模式学生选课（学号，教师号，课程号），规定每位教师只教一门课程，每门课程可由多位教师讲授，每位学生的每一门课程只由一位教师授课。因此，对于学生选课有：学号、课程号函数决定教师号；教师号函数依赖于课程号；学号、教师号函数决定课程号。所以，学生选课关系不属于 BCNF。

考虑把学生选课分解为学生选课 1（学号，课程号）和学生选课 2（学号，教师号）两个关系模式，则学生选课 1∈BCNF、学生选课 2∈BCNF。

5. 多值依赖与第四范式（4NF）

（1）多值依赖。

设有关系模式 R（U），U 是属性集，X、Y、Z 是 U 的子集，Z=U-X-Y。如果 R 的任一关系，对于 X 的一个确定值，都存在 Y 的一组值与之对应，且 Y 的这组值又与 Z 中的属性值不相关，则称 Y 多值依赖于 X，或称 X 多值决定 Y，记作 X→→Y。

多值依赖具有以下性质：

- 多值依赖具有对称性，如果 X→→Y，则 X→→Z。
- 多值依赖中，若 X→→Y 且 Z≠φ，则 X→→Y 为非平凡的多值依赖，否则为平凡的多值依赖。
- 函数依赖可以看作多值依赖的特例，如果 X→Y，则 X→→Y。

多值依赖与函数依赖之间存在以下区别：

1）多值依赖的有效性与属性集的范围有关。在关系模式 R 中，函数依赖 X→Y 的有效性仅仅决定于 X、Y 这两个属性集；在多值依赖中，X→→Y 在 U 上是否成立，还要检查 Z 的值。因此，即使 X→→Y 在 V 上成立（V⊂U），但在 U 上不一定成立。

2）多值依赖没有自反律。如果函数依赖 X→Y 在 R 上成立，则对于任何 Y′⊂Y，都有 X→Y′成立；对于多值依赖 X→→Y，如果在 R 上成立，却不一定对于任何 Y′⊂Y 都有 X→→Y′成立。

（2）第四范式。

设 R∈1NF，如果对于 R 的每个非平凡多值依赖 X→→Y（Y⊄X），X 都含有键，则称 R 属于第四范式（简称为 4NF），记作 R∈4NF。

4NF 限制关系模式的属性之间不能有非平凡且非函数依赖的多值依赖。因为 4NF 要求每个非平凡多值依赖 X→→Y，X 都含有键，则必然有 X→Y，所以 4NF 所允许的非平凡多值依赖实际上是函数依赖。显然，如果 R∈4NF，则 R∈BCNF。

例如，设关系模式 SPW（SNO，SPN，SWN）代表学生的娱乐爱好（如足球）和社会兼职（如家教）信息（其中，SNO 为学生学号；SPN 为娱乐爱好；SWN 为社会兼职）。

由于每个学生可以有零个或多个娱乐爱好和社会兼职，故 SNO 与 SPN、SWN 之间是一对多关系，且 SPN 与 SWN 无直接联系[即设 SU=（SNO，SPN，SWN），则 SWN=U-SNO-SPN]，即有 SNO→→SPN、SNO→→SWN，使得 SPW 表中可能有数据冗余，有大量空值存在。显然，SPW 不属于 4NF。

考虑把 SPW 分解为 SP（SNO，SPN）、SW（SNO，SWN）两个关系模式，则 SP∈4NF、SW∈4NF。

第五范式涉及连接依赖，在本章不再讲解，感兴趣的同学可以查阅其他书籍资料。

关系模式的规范化实际上是要求关系模式满足一定条件，从而防止数据存储中出现数据冗余，数据操作时出现操作异常。如果只从函数依赖（单值依赖）的角度出发，关系模式的范式有四类：1NF、2NF、3NF、BCNF。其中，1NF 是对关系模式最基本的要求，其后几种范式都是对前一种范式做进一步的限定，BCNF 范式是其中最高的范式。如果考虑存在多值依赖、连接依赖，则其范式的标准将进一步提高到 4NF、5NF。规范化的过程就是一个不断消除属性依赖关系中某些弊病的过程，实际上就是从 1NF 到 5NF 的逐步递进的过程，如图 2-2 所示。

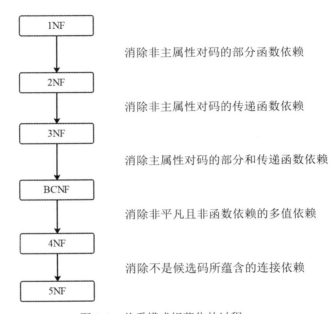

图 2-2　关系模式规范化的过程

2.3.2　关系模式的分解

解决关系模式的冗余、插入异常和删除异常问题的方法是将其分解。在分解中会涉及一些新问题，这些新问题的实质是如何能够通过分解而保持原来关系模式的特性。这些特性就是函数依赖。也即原关系模式的函数依赖通过分解并不丢失。因此要求分解具备无损连接性和保持其原有的函数依赖，这也是评价一个分解是否合理的一个标准。

1. 关系模式分解的概念

设有关系模式 R=A₁A₂…An，R₁、R₂、…、Rk 都是 R 的子集，其中 R = R₁∪R₂∪…∪Rk。关系模式 R₁、R₂、…、Rk 的集合用 ρ 表示，ρ={R₁，R₂，…，Rk}。用 ρ 代替 R 的过程称为关系模式的分解。此处 ρ 称为 R 的一个分解，也称为数据库模式。

其中，关系模式 R 称为泛关系模式，R 的当前值 r 称为一个泛关系。数据库模式 ρ 对应的当前值 σ 称为数据库实例。它由数据库模式中每一个关系模式 Rᵢ 的当前值组成，记作 σ = <r₁，r₂，…，rk>。

关系模式的分解不仅是其属性集的分解，更是对关系模式的函数依赖集及关系模式的当前值的分解。关系模式分解的原则与衡量标准如下：

（1）分解具备无损连接性。

（2）分解要保持函数依赖。

（3）分解既要保持函数依赖，又要具备无损连接性。

2．无损连接

（1）无损连接的定义。

设关系模式 R，它的一个分解是 $\rho=\{R_1, R_2, \cdots, R_k\}$，F 是 R 上的一个函数依赖集。如果对于 R 中满足 F 的每一个关系 r 都有 $r=\pi R_1(r)\bowtie\pi R_2(r)\bowtie\cdots\bowtie\pi R_k(r)$ 成立，则称分解 ρ 相对于 F 是"无损连接分解"（lossless join decomposition），即 r 是它在 R_i 的投影的自然连接，其中 $\pi R_i(r)$ 表示关系 r 在关系模式 R_i 的属性上的投影。

用 $m_\rho(r)$ 表示 r 的投影连接表达式，即：

$$m_\rho(r) =\pi R_1(r)\bowtie\pi R_2(r)\bowtie\cdots\bowtie\pi R_k(r),$$

则称 $m_\rho(r)$ 为 r 的投影连接变换。一般情况下 r 与 $m_\rho(r)$ 是不相等的。

关系模式 R 关于 F 的无损连接条件：任何满足 F 的关系 r，都有 $r= m_\rho(r)$。

上述定义可以这样较为直观地理解：设有关系模式 R，如果把 R 分解为 n 个（n>1）子模式，相应 1 个 R 关系中的数据就要被分成 n 个子表 R_1、R_2、$\cdots$、Rn。如果这 n 个子表自然连接（即进行 $R_1\bowtie R_2\bowtie\cdots\bowtie R_n$）的结果与原来的 R 关系相同（即数据未损失），则称该分解具备无损连接性。

保持关系模式分解的无损连接性是必要的，因为它保证了该模式上的任何一个关系能由它的那些投影通过自然连接而得到恢复。

例如，设 R 是一个关系模式，$\rho=\{R_1, R_2, \cdots, R_k\}$是关系模式 R 的一个分解，r 是 R 的任一关系，$r_i=\pi R_i(R)$（$1\leqslant i\leqslant k$），则有：

1）$r\subseteq m_\rho(r)$。

2）如果 $S = m_\rho(r)$，则 $r_i=\pi R_i(S)$。

3）$m_\rho(m_\rho(r))= m_\rho(r)$。

（2）无损连接的测试。

定理：若 R 的分解 $\rho=\{R_1, R_2\}$，F 为 R 所满足的函数依赖集，分解 ρ 具备无损连接的充分必要条件是 $R_1\cap R_2\rightarrow(R_1-R_2)\in F^+$，或者 $R_1\cap R_2\rightarrow(R_2-R_1)\in F^+$。

$R_1\cap R_2$ 为模式 R_1 和 R_2 的交集，由两模式的公共属性组成；(R_1-R_2)、(R_2-R_1) 表示两模式的差集，分别由 R_1、R_2 中去除两模式的公共属性后的其他属性组成。该定理表明当一个关系模式分解成两个关系模式时，如果两个关系模式的公共属性能够函数决定它们中的其他属性，这样的分解就具备无损连接性。

例如，无损连接的测试算法。

输入：关系模式 $R=A_1A_2\cdots A_n$；R 上的函数依赖集 F；R 的一个分解 $\rho=\{R_i\}$（i=1, 2, $\cdots$, k）。

输出：判断 ρ 相对于 F 是否具备无损连接特性。

方法：

1）构造一张 k 行 n 列的表格，每列对应一个属性 A_j（$1\leqslant j\leqslant n$），每行对应一个分解后的关系模式 R_i（$1\leqslant i\leqslant k$）。如果 A_j 在 R_i 中，则在表格的第 i 行第 j 列上填写上 a_j，否则填上 b_{ij}。

2）反复检查 F 的每一个函数依赖，并修改表格中的元素，其方法为：取 F 的一个函数依赖 X→Y，如果表中有两行在 X 分量上相等，在 Y 分量上不等，则修改 Y，使在这两行上的分量相等。如果 Y 的分量上有一个是 a_j，则另一个也修改为 a_j；如果没有 a_j，则用其中的某一个 b_{ij} 替代另一个符号（尽量将 ij 改成较小的数），一直到表格不能再修改为止。

3）判断。若改到最后表格中有一行全是 a，即 $a_1a_2\cdots a_n$，则认为 ρ 相对于 F 是无损连接。

3. 保持函数依赖的分解

设 F 是属性集 U 上的函数依赖集，Z 是 U 的一个子集，F 在 Z 上的一个投影用 πz(F) 表示，定义为 πz(F)={X→Y|X→Y∈F^+且 XY⊆Z}。

设关系 R 的一个分解 ρ={R_1，R_2，…，R_k}，F 是 R 上的一个函数依赖集，如果 F^+=(πR_1(F)∪πR_2(F)∪…∪πR_k(F))$^+$，则称分解 ρ 保持函数依赖。

关系模式 R 的分解保持函数依赖意味着 R 的函数依赖集 F 在 R 分解后在数据库模式中保持不变，即 R 到 ρ={R_1，R_2，…，R_k}的分解，应使得 F 被 F 在这些 R_i（i=1，2，…，k）上的投影蕴涵。

关系模式 R 的分解保持其函数依赖 F 是必要的，因为 F 是对 R 的完整性约束，故要求 R 分解以后必须保持 F（即 F 对 R 的分解 ρ 也要有效）。如果 F 的投影不蕴涵 F，而我们又用 ρ={R_1，R_2，…，R_k}表达 R，则可能出现一个数据库实例 σ 满足投影后的依赖，但不满足 F（这里不管 ρ 相对于 F 是否具备无损连接性），对 σ 的更新也可能违反函数依赖。

如果分解能保持函数依赖，则在做任何数据更新时，只要每个关系模式本身的函数依赖约束可满足，就可以确保整个数据库中数据的语义完整性不受破坏，显然这是一种很好的特性。

例如，有关系模式 R（CITY，ST，ZIP），其中：CITY 为城市；ST 为街道；ZIP 为邮政编码。有 F={（CITY，ST）→ZIP，ZIP→CITY}。如果将 R 分解成 R_1=（ST，ZIP）、R_2=（CITY，ZIP），检查分解是否具备无损连接和保持函数依赖。

解：

（1）检查无损连接性。

因为 R_1∩R_2={ZIP}，R_1-R_2={CITY}，(ZIP→CITY)∈F^+。

所以该分解具备无损连接性。

（2）检查分解是否保持函数依赖。

因为 πR_1（F）=φ，πR_2（F）={ZIP→CITY}，πR_1(F)∪πR_2（F）={ZIP→CITY}≠F^+。

所以该分解不保持函数依赖。

此例中，由于分解不保持函数依赖性，故数据库管理系统不能保证关系数据的完整性。因为 R_1 在 ST 与 ZIP 之间无函数依赖，所以系统无法检查。

2.4 关系的完整性

为了维护关系数据库中数据与现实世界的一致性，对关系数据库的插入、删除和修改操作必须有一定的约束条件。数据的完整性就是数据的正确性和一致性，它反映了现实世界中实体的本来面貌。如一个人身高为 15 米、年龄为 300 岁等就是完整性受到破坏的例子，因为这样的数据是无意义的，也是不正确的数据。本节主要介绍实体完整性、域完整性和参照完整性。

2.4.1　实体完整性

实体完整性又称为表完整性。它是指表中必须有一个主关键字，且主键值不能为空（NULL）或部分为空。

关系模型中的一个元组对应一个实体，一个关系对应一个实体集。例如，员工记录表中一条记录对应着一个学生，学生关系对应学生的集合。在现实世界中的实体是可以区分的，它们具有某种唯一的标识。与此相对应，关系模型中以主关系键来唯一标识元组。

例如，表 2-10 员工信息表的"员工编号"为主关键字，它的值不允许为空并且要唯一，从而保证员工信息表的完整性。表 2-11 员工销售表以"员工编号，商品编号"为主关键字，它的值不允许为空，意味着员工编号和商品编号的值都不能为空；并且主键的值要唯一，才能保证员工信息表的完整性。

表 2-10　员工信息表

员工编号	姓名	性别	年龄	职称
YG001	张华	男	30	工程师
YG002	刘强	男	39	高级工程师
YG003	胡玉	女	32	工程师
…	…	…	…	…
YG045	李亮	男	36	高级工程师

表 2-11　员工销售表

员工编号	商品编号	数量	销售日期
YG001	SP0001	30	2022.3.15
YG002	SP0001	39	2022.3.15
YG003	SP0002	32	2022.3.16
…	…	…	…
YG045	SP0121	36	2022.3.17

说明：实体完整性可以通过标识列、主键约束、唯一键约束等措施来实现。

2.4.2　域完整性

域完整性也称为列完整性或用户定义完整性。域完整性是指表中任一列的数据类型必须符合用户的定义，或数据必须在规则的有效范围之内。

如表 2-10 员工信息表的员工编号，已定义长度为 5，数据类型为字符型。如果输入"YG00001"（长度为 7），该数据不符合对员工编号属性的定义，则说员工编号列完整性遭到了破坏。再如，员工信息表中的性别属性，只能是"男"或"女"；年龄的有效范围为 0～100 但表中内容只能是 20～58，如果输入"65"，则破坏了年龄属性的域完整性。

说明：域完整性可以通过 CHECK 约束、默认值约束、规则等措施来实现。

2.4.3　参照完整性

参照完整性也称为引用完整性，主要是为了保证表与表之间的数据一致性，它只对外键值进行插入或修改时一定要参照主键的值是否存在。对主键进行修改或删除时，也必须要参照外键的值是否存在。这样才能使得通过公共关键字连接的两个表保证参照完整性，则说两个表的主关键字、外关键字是一致的。

例如，表 2-10 员工信息表的"员工编号"为主关键字，表 2-11 员工销售表的"员工编号"为外关键字。员工销售表的"员工编号"属性值一定要在主表（员工信息表）中存在，如果它在主表中不存在，或者在员工信息表中删除了一个在员工销售表中存在的员工编号，就破坏了参照完整性。

员工信息表与员工销售表一旦确定参照完整性关系，在员工销售表插入记录时，一定要确保员工信息表（主表）中的员工编号存在，否则无法插入；在员工销售表修改员工编号记录时，也要确保员工信息表的员工编号存在。

2.5　关系代数

关系代数

关系模型由关系数据结构、关系操作和关系完整性约束三个部分组成。关系模型中常用的关系操作包括查询操作和更新操作两个部分，关系操作采用集合操作方式，即操作的对象和结果都是集合，而非关系模型的数据操作方式则为一次一记录方式。任何一种运算都是将一定的运算符作用于一定的运算对象上，得到预期的运算结果。所以运算对象、运算符、运算结果是运算的三大要素。本节主要介绍关系代数的分类、传统的集合运算和专门的关系运算。

2.5.1　关系代数的分类及其运算

关系代数是一种抽象的查询语言，是关系数据操纵语言的一种传统表达方式，它用对关系的运算来表达查询。关系代数的运算对象是关系，运算结果亦为关系。关系代数运算用到的运算符包括四类：集合运算符、专门的关系运算符、比较运算符和逻辑运算符，见表 2-12。

表 2-12　关系代数运算符

运算符	符号	含义
集合运算符	∪	并
	−	差
	∩	交
	×	笛卡儿积
专门的关系运算符	σ	选择
	π	投影
	⋈	连接
	÷	除法

运算符	符号	含义
比较运算符	>, ⩾	大于，大于等于
	<, ⩽	小于，小于等于
	=	等于
	≠	不等于
逻辑运算符	¬	非
	∧	与
	∨	或

比较运算符和逻辑运算符是用来辅助专门的关系运算符进行操作的，所以关系代数的运算按运算符的不同可分为传统的集合运算和专门的关系运算两类,其中传统的集合运算把关系看成元组的集合，以元组作为集合中的元素来进行运算，它的运算从关系的"水平"方向即行的角度进行。主要包括：并、差、交、笛卡儿积。专门的关系运算不仅涉及行运算，也涉及列运算，它是为数据库的应用而引进的特殊运算。主要包括：对关系进行垂直分割（投影）和水平分割（选择），关系的结合（连接、自然连接），笛卡儿积的逆运算（除法）等。

2.5.2 传统的集合运算

对两个关系进行的传统的集合运算是二元运算，是在两个关系中进行的。但不是所有的两个关系都能进行这种运算，而是要满足一定条件的两个关系才能进行运算。

1. 并（Union）

设有两个关系 R 和 S 具有相同的关系模式，即它们两个关系有相同的列数，相对应的属性都是来自同一个域，R 和 S 的并是由属于 R 或属于 S 的元组构成的集合，记为 R∪S。形式定义如下：

$$R \cup S \equiv \{t|t \in R \lor t \in S\},$$

其中，"∪"为并运算符，t 是元组变量，"∨"为逻辑或运算符，R 和 S 的元数相同。

例如，设 R、S 为员工实体模式下的两个关系如图 2-3 所示，它们的并运算如图 2-4 所示。

2. 差（Difference）

关系 R 和 S 的差运算结果由属于 R 而不属于 S 的所有元组组成，即 R 中删除与 S 相同的元组，组成一个新的关系，它的结果依然是 n 元关系，记为 R-S。形式定义如下：

$$R-S \equiv \{t|t \in R \land t \notin S\},$$

其中，"-"为差运算符，t 是元组变量，"∧"为逻辑与运算符，R 和 S 的元数相同。

例如，设 R 和 S 的关系如图 2-3 所示，它们的差运算如图 2-5 所示。

3. 交（Intersection）

关系 R 和 S 的交运算结果由属于 R 又属于 S 的元组构成，记为 R∩S，这里要求 R 和 S 定义在相同的关系模式上。形式定义如下：

$$R \cap S \equiv \{t|t \in R \land t \in S\},$$

其中，"∩"为交运算符，t 是元组变量，"∧"为逻辑与运算符，R 和 S 的元数相同。

例如，设 R 和 S 的关系如图 2-3 所示，它们的交运算如图 2-6 所示。

R

员工号	姓名	性别	年龄
YG001	张华	男	30
YG002	刘强	男	39
YG003	胡玉	女	32

S

员工号	姓名	性别	年龄
YG003	胡玉	女	32
YG024	李亮	男	36
YG025	邹英	女	37

图 2-3　R 和 S 的关系

R∪S

员工号	姓名	性别	年龄
YG001	张华	男	30
YG002	刘强	男	39
YG003	胡玉	女	32
YG024	李亮	男	36
YG025	邹英	女	37

图 2-4　关系并运算

R-S

员工号	姓名	性别	年龄
YG001	张华	男	30
YG002	刘强	男	39

图 2-5　关系差运算

R∩S

员工号	姓名	性别	年龄
YG003	胡玉	女	32

图 2-6　关系交运算

4. 笛卡儿积（Cartesian Product）

笛卡儿积是关系集合所特有的一种运算，其运算符号是"×"，是一个二元运算，两个运算对象可为同类型的关系也可为不同类型的关系。两个分别为 n 元和 m 元的关系 R 和 S 的笛卡儿积是一个 m+n 列元组的集合，元组的前 n 列是关系 R 的一个元组，后 m 列是关系 S 的一个元组。若 R 有 k_1 个元组，S 有 k_2 个元组，则关系 R 和关系 S 的笛卡儿积有 $k_1 \times k_2$ 个元组，形式定义如下：

$$R \times S \equiv \{t | t = <t_1, t_2> \wedge t_1 \in R \wedge t_2 \in S\}$$

例如，设关系 R、S 分别为学生信息实体和学生与课程联系两个关系，如图 2-7 所示，则 R×S 的笛卡儿积的结果如图 2-8 所示。

R

学号	姓名	性别	年龄
2021001	刘香	女	19
2021002	张杰	男	20
2021003	周也	女	18

S

学号	课程号	成绩
2021001	KC001	88
2021002	KC002	86
2021003	KC001	85

图 2-7　R 和 S 的关系

R×S

R.学号	姓名	性别	年龄	S.学号	课程号	成绩
2021001	刘香	女	19	2021001	KC001	88
2021001	刘香	女	19	2021002	KC002	86
2021001	刘香	女	19	2021003	KC001	85
2021002	张杰	男	20	2021001	KC001	88
2021002	张杰	男	20	2021002	KC002	86
2021002	张杰	男	20	2021003	KC001	85
2021003	周也	女	18	2021001	KC001	88
2021003	周也	女	18	2021002	KC002	86
2021003	周也	女	18	2021003	KC001	85

图 2-8　关系的笛卡儿积

注：R 与 S 有相同的属性名学号，在学号前面注上相应的关系名，R.学号和 S.学号。

2.5.3　专门的关系运算

由于传统的集合运算只是从行的角度进行，而要灵活地实现关系数据库多样的查询操作，必须引入专门的关系运算。为了更好地理解关系运算操作，这里先引入几个概念。

（1）设关系模式为 R（A_1，A_2，…，A_n），它的一个关系为 R，$t \in R$ 表示 t 是 R 的一个元组，$t[A_i]$ 则表示元组 t 中相应于属性 A_i 的一个分量。

（2）若 A={A_{i1}，A_{i2}，…，A_{ik}}，其中 A_{i1}，A_{i2}，…，A_{ik} 是 A_1，A_2，…，A_n 中的一部分，则 A 称为属性列或域列，$\tilde{A}$ 则表示{A_1，A_2，…，A_n}中去掉{A_{i1}，A_{i2}，…，A_{ik}}后剩余的属性组。$t[A]=\{t[A_{i1}]$，$t[A_{i2}]$，…，$t[A_{ik}]\}$ 表示元组 t 在属性列 A 上诸分量的集合。

（3）R 为 n 元关系，S 为 m 元关系，$t_r \in R$，$t_s \in S$，$\widehat{t_r t_s}$ 称为元组的连接（Concatenation），它是一个 n+m 列的元组，前 n 个分量为 R 的一个 n 元组，后 m 个分量为 S 中的一个 m 元组。

（4）给定一个关系 R（X，Z），X 和 Z 为属性组，定义当 t[X]=x 时，x 在 R 中的像集（Image set）为 $Z_x=\{t[Z]|t \in R$，$t[X]=x\}$，它表示 R 中的属性组 X 上值为 x 的各元组在 Z 上分量的集合。

例如，已知关系 R 如图 2-9 所示，元组在 A 上各个分量值的像集分别如下：

a_1 的像集为{（b_1，c_1，d_1），（b_2，c_1，d_2），（b_2，c_2，d_3）}

a_2 的像集为{（b_1，c_1，d_1），（b_2，c_3，d_2）}

a_3 的像集为{（b_3，c_2，d_3），（b_2，c_1，d_1）}

R

	A	B	C	D
	a_1	b_1	c_1	d_1
	a_1	b_2	c_1	d_2
	a_1	b_2	c_2	d_3
	a_2	b_1	c_1	d_1
	a_2	b_2	c_3	d_2
	a_3	b_3	c_2	d_3
	a_3	b_2	c_1	d_1

图 2-9　关系 R

1. 选择（Selection）

选择［又称为限制（Restriction）］操作是根据某些条件对关系做水平分割，即选取符合条件的元组。条件可用命题公式（即计算机语言中的条件表达式）F 表示。F 中有两种成分：

运算对象：常数（用引号括起来），元组分量（属性名或列的序号）。

运算符：比较运算符（$<$，$\leqslant$，$>$，$\geqslant$，$=$，$\neq$）也称为 θ 符，逻辑运算符（$\wedge$，$\vee$，$\neg$）。

关系 R 关于公式 F 的选择操作用 σ_F（R）表示，形式定义如下：

$$\sigma_F（R）\equiv \{t|t\in R\wedge F（t）=true\}，$$

其中，σ 为选择运算符；σ_F（R）表示从 R 中挑选满足公式 F 为真的元组所构成的关系。

书写时，常量用单引号括起来，属性序号或属性名不要用单引号括起来。例如，$\sigma_{4>'2'}$（R）表示从 R 中挑选第 4 个分量值大于 2 的元组所构成的关系。

【例 2-1】设有一个企业员工关系 YG，关系元组信息见表 2-13，根据要求完成关系选择运算。

表 2-13　员工信息表

员工编号	姓名	性别	年龄	职称
YG001	张华	男	30	工程师
YG002	刘强	男	39	高级工程师
YG003	胡玉	女	32	工程师
YG004	周琴	女	31	工程师
YG005	李响	男	38	高级工程师

（1）查询性别为男的全体员工信息。表达式如下：

$$\sigma_{性别='男'}（YG）\text{ 或 } \sigma_{3='男'}（YG），$$

其中下标 3 为性别的属性序号。运算结果见表 2-14。

表 2-14　选取性别为男的结果

员工编号	姓名	性别	年龄	职称
YG001	张华	男	30	工程师
YG002	刘强	男	39	高级工程师
YG005	李响	男	38	高级工程师

（2）查询职称为工程师的女性员工信息。表达式如下：

$$\sigma_{\text{职称='工程师'} \wedge \text{性别='女'}}(\text{YG})。$$

运算结果见表 2-15。

表 2-15　职称为工程师的女性员工信息

员工编号	姓名	性别	年龄	职称
YG003	胡玉	女	32	工程师
YG004	周琴	女	31	工程师

（3）查询年龄小于 40 岁的高级工程师员工信息。表达式如下：

$$\sigma_{\text{职称='高级工程师'} \wedge \text{年龄<40}}(\text{YG})。$$

运算结果见表 2-16。

表 2-16　年龄小于 40 岁的高级工程师员工信息

员工编号	姓名	性别	年龄	职称
YG002	刘强	男	39	高级工程师
YG005	李响	男	38	高级工程师

2. 投影（Projection）

关系投影运算是对一个关系进行垂直分割，即从关系中选择若干列组成新的关系，并可重新安排列的顺序。投影之后不仅取消了原关系中的某些列，而且还可能取消某些元组（避免重复行）。投影运算是一元运算，新关系的元组由从原关系的元组中选出的若干个分量组成，记为

$$\pi_A(R) \equiv \{t[A] | t \in R\},$$

其中：π 是投影运算的运算符；R 是投影运算的对象；A 为 R 中的属性列。

例如 $\pi_{3,1}(R)$ 表示关系 R 中取第 1、3 列，组成新的关系，新关系中第 1 列为 R 的第 3 列，新关系的第 2 列为 R 的第 1 列。如果 R 的每列标上属性名，那么操作符 π 的下标处也可以用属性名表示。例如，关系 R（A，B，C，D），那么 $\pi_{A,D}(R)$ 与 $\pi_{1,4}(R)$ 是等价的。

从投影的定义可以看出，它是从列的角度进行的运算，选择运算是从关系的水平方向进行运算，投影运算则是从关系的垂直方向进行。

【例 2-2】设有一个企业员工关系 YG，关系元组信息见表 2-11，根据要求完成关系投影运算。

（1）查询员工的姓名和年龄，即求 YG 关系在姓名和年龄两个属性上的投影。表达式如下：

$$\pi_{\text{姓名,年龄}}(\text{YG}) \text{ 或 } \pi_{2,4}(\text{YG})。$$

运算结果见表 2-17。

表 2-17　在姓名和年龄上的投影

姓名	年龄
张华	30
刘强	39

续表

姓名	年龄
胡玉	32
周琴	31
李响	38

（2）查询员工的性别和职称，即求 YG 关系在性别和职称两个属性上的投影。表达式如下：$\pi_{\text{性别},\text{职称}}$（YG）或 $\pi_{3,5}$（YG）。

运算结果见表 2-18。

表 2-18　在性别和职称上的投影

姓名	年龄
男	工程师
男	高级工程师
女	工程师

从运算结果可以看出，投影后取消了某些属性列后，就可以出现重复行，应该取消这些完全相同的行。所以投影运算后不但减少了属性，元组也会减少。

3. 连接（Join）

与投影和选择运算不同，连接运算是将两个关系连接起来形成一个新的关系，是二元运算。实际上，关系的笛卡儿积就是一种连接运算，是两个关系的最大连接，运算结果包含很多无实际意义的记录。连接运算是将两个关系连接起来，得到用户需要的新关系。

设有两个关系 R（A_1，A_2，…，A_n）及 S（B_1，B_2，…，B_m），连接属性集 X 包含于 {A_1，A_2，…，A_n}，Y 包含于 {B_1，B_2，…，B_m}，X 与 Y 中的属性列数目相等，且对应的属性有共同的域。若 Z={A_1，A_2，…，A_n}/X（/X 表示去掉 X 之外的属性）及 V={B_1，B_2，…，B_m}/Y，则 R 和 S 可以表示为 R（Z，X），S（V，Y）；关系 R 和 S 在连接属性 X 和 Y 上的 θ 连接，就是在 R×S 笛卡儿积中，选取 X 属性列上的分量与 Y 属性列上的分量满足 θ 比较条件的那些元组，新关系的列数为 n+m，形式定义为

$$R \underset{X\theta Y}{\bowtie} S = \{ \widehat{t_r t_s} \,|\, t_r \in R \wedge t_s \in S \wedge t_r[X] t_s[Y] \},$$

其中：⋈ 是连接运算符；θ 是比较运算符，也称为 θ 连接。

XθY 为连接条件，其中：θ 为 "=" 时，称为等值连接；θ 为 "<" 时，称为小于连接；θ 为 ">" 时，称为大于连接。

连接运算为非基本运算，可以用选择运算和广义笛卡儿积运算来表示：

$$R \underset{X\theta Y}{\bowtie} S = \sigma_{X\theta Y}（R \times S）$$

在连接运算中，最常见的连接是自然连接。自然连接就是在等值连接的情况下，当连接属性 X 与 Y 具有相同属性组时，把在连接结果中重复的属性列去掉。它是在笛卡儿积 R×S 中选出同名属性上符合相等条件的元组，再进行投影，去掉重复的同名属性，组成新的关系。

（1）条件连接。条件连接运算先将两个关系进行笛卡儿积运算，再对笛卡儿积做选择运

算，是一种复合运算。其选择运算的条件可以是 θ 条件 [θ 是一个比较运算符（≤、≥、<、>、=、≠）]，称为 θ 连接；也可以是 F 条件（F 为一般的条件表达式），称为 F 连接。

设 R（i）是关系 R 的第 i 个分量，S（j）是关系 S 的第 j 个分量。R 的元数为 k。

θ 连接记为 $R \underset{i\theta j}{\bowtie} S$，形式定义为

$$R \underset{i\theta j}{\bowtie} S \equiv \{t|t=<t_r,\ t_s>\wedge t_r \in R \wedge t_s \in S \wedge t_{ri}\theta t_{sj}\}。$$

如果 θ 为 "="，该连接称为 "等值连接"。

F 连接记为 $R \underset{F}{\bowtie} S$，形式定义为

$$R \underset{F}{\bowtie} S \equiv \{t|t=<t_r,\ t_s>\wedge t_r \in R \wedge t_s \in S \wedge F(t)\},$$

其中，F（t）=R（i）θS（j）。

【例 2-3】设有两个关系 R（A，B，C）、S（D，E，F），如图 2-10 所示，求 $R \underset{B<D}{\bowtie} S$、$R \underset{B<D \wedge A \geq E}{\bowtie} S$。

条件连接结果如图 2-11 所示。

R

A	B	C
1	4	5
3	6	7
4	7	8
7	8	9

S

D	E	F
3	4	5
4	5	6
6	2	5
7	2	6

图 2-10　R 和 S 的关系

$R \underset{B<D}{\bowtie} S$

A	B	C	D	E	F
1	4	5	6	2	5
1	4	5	7	2	6
3	6	7	7	2	6

$R \underset{B<D \wedge A \geq E}{\bowtie} S$

A	B	C	D	E	F
3	6	7	7	2	6

图 2-11　条件连接结果

（2）自然连接。自然连接的运算符是 ⋈，是一种特殊的条件连接。它要求进行连接的两个关系具有相同的属性组，连接的条件是两个相同属性组的分量相等，并且在连接的结果中把重复的属性去掉，因此自然连接可以理解为将两个有相同属性的关系，按对应属性值相等的条件进行连接，再对连接的结果进行投影运算。自然连接运算记为

$$R \bowtie S = \pi_{m_1,\ m_2,\ \cdots,\ m_n}[\sigma_{R.A_1=S.A_1 \wedge R.A_2=S.A_2 \cdots \wedge R.A_K=S.A_k}(R \times S)],$$

其中，σ 运算的条件是关系 R 和关系 S 相同的属性（A_1，A_2，…，A_k）对应相等，上式中表示关系 R 和关系 S 有 k 个相同属性，连接的条件是这 k 个属性对应相等，投影的属性 m_1，m_2，…，m_n 是 R 的所有属性和 S 属性中除 $S.A_1$，$S.A_2$，…，$S.A_k$ 之外的所有属性。

【例 2-4】设关系 R、S 分别为学生信息实体和学生与课程联系两个关系，如图 2-12 所示，则 R⋈S 的自然连接的结果如图 2-13 所示。

R

学号	姓名	性别	年龄
2021001	刘香	女	19
2021002	张杰	男	20
2021003	周也	女	18

S

学号	课程号	成绩
2021001	KC001	88
2021002	KC002	86
2021003	KC001	85

图 2-12　学生信息实体和学生与课程联系的关系

R⋈S

学号	姓名	性别	年龄	课程号	成绩
2021001	刘香	女	19	KC001	88
2021002	张杰	男	20	KC002	86
2021003	周也	女	18	KC001	85

图 2-13　关系的自然连接

一般的连接操作是从行的角度进行运算。但自然连接还需取消重复列，所以是同时从行和列的角度运算。如果对没有相同属性的两个关系进行自然连接操作，则该自然连接操作将转化为笛卡儿积操作。

4. 除法（Division）

除法运算是二元运算，运算符号是÷。设有关系 R（X，Y）和 S（Y，Z），其中 X、Y、Z 可以是单个属性或属性集，则 R÷S 得到一个新的关系 P（X），P（X）由 R 中某些 X 属性值构成，这些属性值满足：元组在 X 上分量值 x 的像集 Y_x 包含 S 在 Y 上投影的集合。形式定义如下：

$$R÷S = \{ t_r[X] \mid t_r \in R \land \Pi_y（S）\subseteq Y_x \},$$

其中，Y_x 为 x 在 R 中的像集，$x = t_r[X]$。

【例 2-5】已知关系 R 和 S，如图 2-14 所示，则 R÷S 的结果如图 2-15 所示。

R

A	B	C
a_1	b_1	c_1
a_1	b_2	c_2
a_2	b_3	c_4
a_3	b_4	c_5

S

B	C	D
b_1	c_1	d_1
b_2	c_2	d_2

R÷S

B
a_1

图 2-14　R 和 S 的关系　　　　　　　　　图 2-15　关系的除运算

与除法的定义相对应，本题中的 X={A}={a_1, a_2, a_3}，Y={B, C}={（b_1，c_1），（b_2，c_2）}，Z={D}={d_1, d_2}。其中，元组在 X 上各分量值的像集分别为

a_1 的像集为{（b_1，c_1），（b_2，c_2）}，

a_2 的像集为{（b_3，c_4）}，

a_3 的像集为{（b_4，c_5）}，

而 S 在 Y 上的投影为{（b_1，c_1），（b_2，c_2）}。

从以上数据可以看出，只有 a_1 的像集包含 S 在 Y 上的投影，所以 R÷S={a_1}。

除法运算同时从行和列的角度进行运算，它适合包含"全部"之类短语的查询。

课程思政案例

案例主题：图灵奖 E.F.Codd——领潮于新，成功于实

图灵奖最早设立于 1966 年，被喻为计算机界的诺贝尔奖。它是以英国数学天才 AlanTuring 先生的名字命名。图灵奖主要授予在计算机技术领域做出突出贡献的个人。E.F.Codd 是关系数据库的鼻祖，他首次提出了数据库系统的关系模型，开创了数据库关系方法和关系数据理论的研究，为数据库技术奠定了理论基础。由于他的杰出贡献，他于 1981 年获得 ACM 图灵奖。

1966 年 6 月，IBM 圣约瑟研究实验室的高级研究员 E.F.Codd 在 *Communications of the ACM* 发表了《大型共享数据库数据的关系模型》一文。ACM 后来在 1983 年把这篇论文列为从 1958 年以来的 25 年中最具里程碑意义的 25 篇论文之一，因为它首次明确而清晰地为数据库系统提出了一种崭新的模型，即关系模型。由于关系模型既简单，又有坚实的数学基础，因此一经提出，立即引起学术界和产业界的广泛重视，从理论与实践两方面对数据库技术产生了强烈的冲击。在关系模型提出之后，以前的基于层次模型和网状模型的数据库产品很快走向衰败以至消亡，一大批商品化关系数据库系统很快被开发出来并迅速占领了市场。其交替速度之快、除旧布新之彻底是软件史上所罕见的。1970 年以后，E.F.Codd 继续致力于完善与发展关系理论。1972 年，他提出了关系代数和关系演算的概念，定义了关系的并、交、投影、选择、连接等各种基本运算，为日后成为标准的结构化查询语言（SQL）奠定了基础。基于 20 世纪 70 年代后期到 80 年代初期这一十分引人注目的现象，1981 年的图灵奖很自然地被授予给这位"关系数据库之父"。

思政映射

数据库领域图灵奖获得者的生平事迹，说明科学家成功的路上荆棘多于鲜花，但他们把握时代对 IT 技术的重大需求，站在科技的前沿，善于提出科学问题、凝练科学问题，进而解决科学问题。他们坚持真理，敢于创新，并不断实践，丰富的实践经验和与时俱进的广博知识是取得成功的重要支撑。从而启发我们应该树立正确的人生观与价值观，心中时刻要怀有探索未知、追求真理、勇攀科学高峰的责任感和使命感。

小　结

1. 关系是一种规范化的二维表。同一属性的数据具有同质性；同一关系的属性名不能相

同；关系中列的位置可以任意改变；关系具有元组无冗余性；关系中的元组位置具有顺序无关性；关系中的分量具有原子性。

2．在关系数据库中，关系模式是型，关系是值，关系模式是对关系的描述。

3．每个关系必须设置一个主码，且不能随意改变。

4．外码由一个表中的一个属性或多个属性所组成，是另一个表的主关键字。

5．函数依赖的类型：完全函数依赖、部分函数依赖、传递函数依赖、平凡函数依赖和非平凡函数依赖。

6．关系的规范化：

（1）如果关系模式 R 的每个属性都是简单属性，则称 R 属于第一范式。

（2）如果关系模式 R∈1NF，且每一个非主属性完全函数依赖于 R 的某个候选键，则称 R 属于第二范式。

（3）如果关系模式 R∈2NF，且每一个非主属性都不传递依赖于某个主码，则称 R 属于第三范式。

各范式存在的联系如下：

1NF ⊃ 2NF ⊃ 3NF ⊃ BCNF ⊃ 4NF ⊃ 5NF。

7．传统的集合运算主要包括并、差、交、笛卡儿积。

8．专门的关系运算主要包括选择、投影、连接和除法。

习　题

一、选择题

1．关系数据库管理系统中专门关系运算包括（　　）。

　　A．排序、索引、统计　　　　　　　B．选取、投影、连接

　　C．关联、更新、排序　　　　　　　D．显示、打印、制表

2．设有一个学生档案的关系数据库，关系模式是：S（SNo，SN，Sex，Age），其中 SNo、SN、Sex、Age 分别表示学生的学号、姓名、性别、年龄，则"从学生档案数据库中检索学生年龄大于 21 岁的学生的姓名"的关系代数式是（　　）。

　　A．σSN（ΠAge＞21（S））　　　　　B．ΠSN（σAge＞21（S））

　　D．ΠSN（ΠAge＞21（S））　　　　　D．σSN（σAge＞21（S））

3．一个关系只有一个（　　）。

　　A．超码　　　　B．外码　　　　C．候选码　　　　D．主码

4．在关系模型中，下列有关关系主码的描述正确的是（　　）。

　　A．可以由任意多个属性组成

　　B．至多由一个属性组成

　　C．由一个或多个属性组成，其值能唯一标识关系中的一个元组

　　D．以上都不对

5．一个关系数据库文件中的各条记录（　　）。

　　A．前后顺序不能任意颠倒，一定要按照输入的顺序排列

　　　　B．前后顺序可以任意颠倒，不影响库中的数据关系

　　　　C．前后顺序可以任意颠倒，但排列顺序不同，统计处理的结果就可能不同

　　　　D．前后顺序不能任意颠倒，一定要按照关键字段值的顺序排列

6．关系模式的任何属性（　　　）。

　　　　A．不可再分　　　　　　　　　　　B．可再分

　　　　C．命名在关系模式中可以不唯一　　D．以上都不对

7．设有关系 R 和 S，关系代数表达式 R−（R−S）表示的是（　　　）。

　　　　A．R∩S　　　　　　B．R∪S　　　　　　C．R−S　　　　　　D．R×S

8．关系运算中花费时间最长的可能是（　　　）。

　　　　A．选择　　　　　　B．投影　　　　　　C．除法　　　　　　D．笛卡儿积

9．有两个关系 R 和 S，分别含有 15 个和 10 个元组，则在 R∪S、R−S 和 R∩S 中不可能出现的元组数据的情况是（　　　）。

　　　　A．15，5，10　　　B．18，7，7　　　C．21，11，4　　　D．25，15，0

10．在关系模型中，一个候选键（　　　）。

　　　　A．必须由多个任意属性组成

　　　　B．至多由一个属性组成

　　　　C．可由一个或多个其值能唯一标识元组的属性组成

　　　　D．以上都不对

二、填空题

1．在关系代数中，从两个关系中找出相同元组的运算称为_____运算。

2．在关系代数运算中，传统的集合运算有_____、_____、_____、_____。

3．关系代数运算中，专门的关系运算有_____、_____、_____。

4．如果关系 R_2 的外部关系键 X 与关系 R_1 的主关系键相符，则外部关系键 X 的每个值必须在关系 R_1 中主关系键的值中找到，或者为空，这是关系的_____规则。

5．设有关系模式为：系（系编号，系名称，电话，办公地点），则该关系模型的主关系键是_____，主属性是_____，非主属性是_____。

三、简答题

1．关系模型的完整性规则有哪几类？

2．举例说明等值连接与自然连接的区别与联系。

3．解释下列概念：关系、属性、元组、域、关系键、候选键、主键、外部键、关系模式。

4．以第 2 章的表 2-8 员工信息表为例，用关系代数表达式表示以下各种查询要求。

（1）查询职称为工程师的员工编号、姓名和年龄。

（2）查询年龄大于 30 岁的男员工的姓名和年龄。

（3）查询性别为女、年龄小于 30 岁的员工编号、姓名和年龄。

第3章　设计数据库

本章导读

数据库设计是建立数据库及其应用系统的技术，是信息系统开发和系统设计的核心技术。本章从数据库设计概述、系统需求分析、概念结构设计、逻辑结构设计、物理结构设计以及数据库实施、运行和维护等方面系统介绍了数据库设计的问题。

本章在介绍数据库设计时，引导大家养成精益求精、认真负责的工作态度，增强责任担当、爱国情怀，培养不畏艰辛的工作态度和刻苦钻研的探索精神。

本章要点

- 数据库设计概述。
- 系统需求分析。
- 概念结构设计。
- 逻辑结构设计。
- 物理结构设计。
- 数据库实施、运行和维护。

学习目标

- 理解数据库设计的步骤及每个阶段的主要工作。
- 掌握 E-R 模型的设计方法和原则。
- 掌握关系模式的评价与改进方法。
- 熟悉数据库物理结构的设计步骤。

数据库设计是建立数据库的基础。由于数据库应用系统的复杂性，为了支持相关应用程序的运行，数据库设计变得异常复杂。数据库设计不可能一步到位，必须经过"反复探寻，逐步求精"，针对数据库应用系统的功能需求，构造最优的数据库模式，建立数据库及其应用系统，使之能够有效地存储数据，满足用户的不同需求。

3.1　数据库设计概述

数据库设计是数据库系统中的重要组成部分。一个良好的数据库可以给系统带来清晰的数据统计、详细的数据分析和方便直观的数据。不良的数据库设计，必然会造成很多问题，轻则增减字段，重则系统无法运行。数据库设计就是根据业务系统的具体需求，结合我们所选用的数据库，建立好表结构及表与表之间的管理关系，为这个业务系统构造出最优秀的数据存储模型的过程，使之能有效地对应用的数据进行存储，并高效地对已经存储的数据进行访问。本节主要介绍数据库设计的任务和内容、数据库设计的步骤及数据库系统的设计案例。

3.1.1　数据库设计的任务、内容和方法

1. 数据库设计的任务

数据库设计是根据用户需求设计数据库结构的过程。具体地讲，数据库设计是对于给定的应用环境，在关系数据库理论的指导下，构造最优（最合理、最规范）的数据库模式，在数据库管理系统（如 SQL Server）上建立数据库及其应用系统（如 ASP.NET 网站、JAVA 程序等），使之能有效地存储数据，满足用户的各种需求的过程。它的主要任务是：把现实世界的数据，根据各种应用处理的要求，进行合理的组织，使之满足硬件和操作系统的特性；利用数据库管理系统来建立能够实现系统目标的数据库。数据库设计的任务具体如图 3-1 所示。

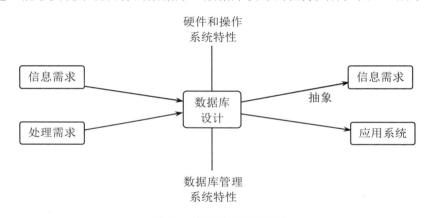

图 3-1　数据库设计的任务

2. 数据库设计的内容

数据库设计内容主要包括两个方面：数据库的结构设计和数据库的行为设计。

（1）数据库的结构设计。数据库的结构设计是根据给定的系统应用环境，进行数据库的子模式或模式的设计。它包括数据库的概念设计、逻辑设计和物理设计。数据库模式是各应用程序共享的结构，一旦确定后不容易改变，它是静态的、稳定的，所以结构设计又称为静态模型设计。

（2）数据库行为设计。数据库行为设计是指确定数据库用户的行为和动作。它是指用户对数据库的操作通过应用程序来实现，因此数据库的行为设计就是应用程序的设计。用户的行为总是使数据库的内容发生变化，因此行为设计是动态的，行为设计又称为动态模型设计。

数据库设计的特点是强调结构设计与行为设计相结合，是一种"不断探索，精益求精"的过程。首先从数据模型开始设计，以数据模型为核心，将数据库设计和应用系统设计紧密结合在一起，建立一个完整、独立、共享、冗余度小和安全有效的数据库系统。整改数据库设计的流程如图 3-2 所示。

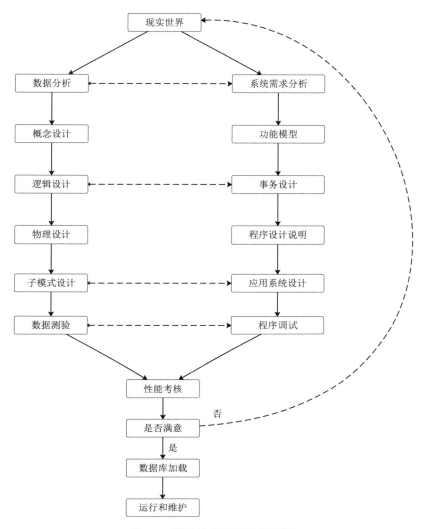

图 3-2 整改数据库设计的流程

3. 数据库设计的方法

（1）数据库设计存在的问题。

数据库设计中面临的主要困难和问题有：

1）同时具备数据库知识与应用业务知识的人很少。懂得计算机与数据库的人一般都缺乏应用业务知识和实际经验，而熟悉应用业务的人又往往不懂计算机和数据库。

2）项目初期往往不能确定应用业务的数据库系统的目标。

3）缺乏完善的设计工具和设计方法。

4）需求的不确定性。用户总是在系统的开发过程中不断提出新的要求，甚至在数据库建立之后还会要求修改数据库结构或增加新的应用。

5）应用业务系统千差万别，很难找到一种适合所有业务的工具和方法，这就增加了研究数据库自动生成工具的难度。因此，研制适合一切应用业务的全自动数据库生成工具是不可能的。

（2）数据库设计的方法。目前已有的数据库设计方法可分为四类，即直观设计法、规范设计法、计算机辅助设计法和自动化设计法。直观设计法又称为单步逻辑设计法，它依赖于设计者的知识、经验和技巧，缺乏工程规范的支持和科学根据，设计质量也不稳定，因此越来越不适应信息管理系统发展的需要。为了改变这种状况，1978 年 10 月来自 30 多个欧美国家的主要数据库专家在美国新奥尔良市专门讨论了数据库设计问题，提出了数据库设计规范，把数据库设计分为需求分析、概念结构设计、逻辑结构设计和物理结构设计四个阶段。目前，常用的规范设计方法大多起源于新奥尔良方法，如基于 3NF 的设计方法、LRA 方法、面向对象的数据库设计方法及基于视图概念的数据库设计方法等。下面简单介绍三种常用的规范设计方法。

1）基于 E-R 模型的数据库设计方法。基于 E-R 模型的数据库设计方法是由 P.P.S.Chen 于 1976 年提出的数据库设计方法，其基本思想是在需求分析的基础上，用 E-R 图构造一个反映现实世界实体之间联系的企业模式，然后再将此企业模式转换成基于某一特定的 DBMS 的概念模式。

2）基于 3NF 的数据库设计方法。基于 3NF 的数据库设计方法是由 S.Atre 提出的数据库设计的结构化设计方法，其基本思想是在需求分析的基础上，识别并确认数据库模式中的全部属性和属性间的依赖，将它们组织成一个单一的关系模型，然后再分析模式中不符合 3NF 的约束条件，用投影和连接的办法将其分解，使其达到 3NF 条件。其具体设计步骤分为六个阶段：需求分析、概念模式设计、逻辑结构设计、存储模式设计、存储模式评价和数据库实现，如图 3-3 所示。

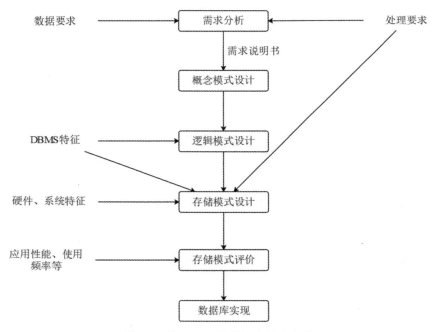

图 3-3　基于 3NF 的数据库设计方法

3）基于视图的数据库设计方法。其基本思想是为每个应用建立自己的视图，然后再把这些视图汇总起来合并成整个数据库的概念模式。合并过程中要解决以下问题：

a．消除命名冲突。

b．消除冗余的实体和联系。

c．进行模式重构，在消除了命名冲突和冗余后，需要对整个汇总模式进行调整，使其满足全部完整性约束条件。

3.1.2　数据库设计的步骤

数据库的设计过程可以使用软件工程的生存周期来说明，它是指从数据库研制到不再使用它的整个时期。整个数据库设计分为六个阶段，主要包括系统需求分析、概念结构设计、逻辑结构设计、物理结构设计、数据库实施、运行和维护，如图 3-4 所示。

数据库设计的步骤

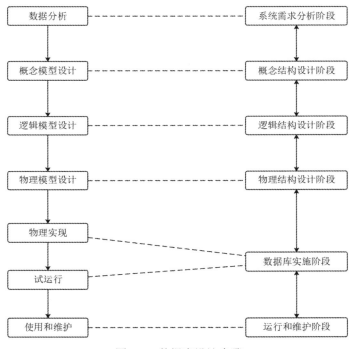

图 3-4　数据库设计步骤

数据库设计的每个阶段都要进行设计分析，评价一些重要的设计指标，把设计阶段产生的文档组织评审，与系统用户进行交流。如果设计的数据库不符合要求则进行修改，这种分析和修改可能要重复若干次，以求最后设计的数据库能够比较准确地模拟现实世界，并且可以比较准确地反映用户的需求。在整个数据库设计中，需求分析和概念结构设计两个阶段是面向用户的应用要求和具体的问题，而数据库实施与数据库运行和维护两个阶段是面向具体的实现方法。

1．系统需求分析阶段

需求分析是整个数据库设计过程的基础，要收集数据库所有用户的信息内容和处理要求，并进行规格化处理和分析。这是最费时、最复杂、最重要的一步，相当于待构建的数据库大厦的地基，它决定了以后各步设计的速度与质量。可以说在一个大型数据库系统的开发中，它的作用要远远大于其他各个阶段。

2. 概念结构设计阶段

概念结构设计阶段不是直接将需求分析得到的数据转换为 DBMS 能处理的数据库模型，而是将需求分析得到的用户需求抽象为反映用户观点的 E-R 模型。此阶段是把用户的信息要求统一到一个整体逻辑结构中，此结构可以表达用户的需求，是一个独立于任何管理系统软件和硬件的概念模型。

3. 逻辑结构设计阶段

将数据库概念结构设计阶段得到的数据模型转换成某个具体的 DBMS 所支持的数据模型，并建立相应的外模式，这是数据库逻辑结构设计的任务，是数据库结构设计的重要阶段。

4. 物理结构设计阶段

数据库最终要存储在物理设备上。将逻辑结构设计中产生的数据库逻辑模型结合指定的数据库管理系统，设计出最适合应用环境的物理结构的过程，称为数据库的物理结构设计。

5. 数据库实施阶段

根据逻辑结构和物理结构设计的结果，在计算机上建立起实际的数据库结构，并装入数据，进行试运行和评价的过程，叫作数据库的实施（或实现）。应用程序的开发目标是开发一个可依赖的、有效的数据库存取程序，满足用户的处理要求。

6. 运行和维护阶段

数据库试运行结果符合设计目标后，数据库就可以真正投入运行了。数据库投入运行标识着开发任务的基本完成和维护工作的开始。

维护工作包括：数据库的转储和恢复；数据库的安全性和完整性控制；数据库性能的监督、分析和改造；数据库的重组织和重构造。

可以发现，数据库设计的各个阶段是从数据库应用系统设计和开发的全过程来考察数据库设计的问题。因此，它既是数据库设计过程也是应用系统的设计过程。在设计过程中，努力使数据库的设计与系统其他部分的设计紧密结合，把数据和处理的需求收集、分析、抽象、设计和实现在各个阶段同时进行、相互参照、相互补充，以完善两个方面的设计。数据库各个阶段的设计见表 3-1。

表 3-1　数据库各个设计阶段的设计

设计阶段	设计描述	
	数据	处理
系统需求分析	数据字典、全系统中数据项、数据流、数据存储的描述	数据流图和判定表（判定树）数据字典中处理过程的描述
概念结构设计	概念模型（E-R 图）数据字典	系统说明书包括： （1）新系统要求、方案和概图 （2）反映新系统信息的数据流图
逻辑结构设计	某种数据模型 关系模型	系统结构图 非关系模型（模块结构图）
物理结构设计	存储安排 存取方法选择 存取路径建立	模块设计 IPO 表

续表

设计阶段	设计描述	
	数据	处理
数据库实施	编写模式 装入数据 数据库试运行	程序编码 编译连接 测试
运行和维护	性能测试，转储/恢复数据库重组和重构	新旧系统转换、运行、维护（修正性、适应性、改善性维护）

3.1.3　数据库系统的设计案例

为了更加清楚地理解具体数据库系统的设计过程，本章使用具体的案例详细介绍数据库设计的操作过程。案例围绕图书管理系统的核心业务：借还书和学生及书籍信息的添加。

一个简单的图书管理系统包括图书馆内书籍的信息、学校在校学生的信息以及学生的借阅信息。此系统功能分为面向学生和面向管理员两部分，其中学生可以进行借阅、续借、归还和查询书籍等操作，管理员可以完成书籍和学生的增加、删除和修改以及对学生借阅、续借、归还的确认。在学习初期，为了便于读者更加清晰地理解数据库的设计过程，不便将复杂的业务信息引入到设计过程中。

本章只考虑借书、还书相关的必要信息，后续内容将通过需求分析、概念结构设计和逻辑结构设计所提供的手段，设计一套合理的图书管理数据库。

3.2　系统需求分析

系统需求分析是数据库设计的起点，为以后的具体设计做准备。系统需求分析的结果是否准确地反映了用户的实际要求，将直接影响到后面各个阶段的设计，同时影响到设计结果是否合理和实用。系统需求分析的不正确或误解，只有到后期系统测试阶段才能被发现，纠正起来要付出很大代价。本节主要介绍需求分析的任务、需求分析的方法及需求分析的案例描述。

3.2.1　需求分析的任务

从数据库设计的角度来看，需求分析的任务是：对现实世界要处理的对象进行详细的调查，通过对原系统的了解，收集支持新系统的基础数据并对其进行处理，在此基础上确定新系统的功能。系统需求分析的任务主要包括三项：调查分析用户活动、收集和分析需求数据、编写系统分析报告。

1. 调查分析用户活动

该任务主要通过对新系统运行目标进行研究,对原有系统存在的主要问题及制约因素进行分析，明确用户总的需求目标，确定目标的功能域和数据域。主要做法如下：

（1）调查企业组织机构情况，包括企业各部门的组成情况、各部门的主要职责和任务等。

（2）调查各部门的业务活动情况，包括各部门输入和输出的数据与格式、所需要的表格、加工处理这些数据的步骤、输入/输出的部门等。

2. 收集和分析需求数据

在了解企业业务活动的基础上，协助用户明确对新系统的各种需求，包括用户的信息需求、处理需求、安全性和完整性需求等。

（1）信息需求是指目标范围内涉及的所有实体、实体属性以及实体间的联系等数据对象，也就是用户需要从数据库中获得信息的内容和性质。由信息需求可以导出数据需求，即在数据库中需要存储哪些数据。

（2）处理需求是指用户为了得到需求的信息而对数据进行加工处理的要求，包括对某种处理功能的响应时间、处理方式等。

（3）安全性和完整性的需求。在确定信息需求和处理需求的同时必须确定相应的安全性和完整性约束。

在收集企业等相关组织的各种需求数据后，对已经调查的数据结果进行初步分析，确定系统的边界，确定哪些功能由计算机完成或将来准备让计算机完成，哪些业务由用户完成。

3. 编写系统分析报告

编写系统分析报告是系统需求分析的最后阶段，它是对需求分析阶段的一个总结，通常称为需求规范说明书。编写系统分析报告是一个不断修改、逐步深入和逐步完善的过程，系统分析报告主要内容如下：

（1）系统的概况，包括系统的目标、范围、背景、历史和现状。

（2）系统的原理和技术、对原系统的改善。

（3）对系统的总体结构与子系统结构的说明。

（4）系统的功能说明。

（5）数据处理概要、工程体制和设计阶段划分。

（6）系统方案及技术、经济、功能和操作上的可行性。

完成系统的分析报告后，在项目单位的领导下要组织有关技术专家评审系统分析报告，审查通过后由项目方和开发方等各方面领导签字认可。

同时涉及的附件材料如下：系统的软、硬件环境的选择及规格要求；企业组织结构图、组织之间联系图和各功能业务一览图；数据流程图、功能模块图和数据字典等图表。

确定用户的最终需求其实是一件很困难的事，这是因为一方面用户缺少计算机知识，开始时无法确定计算机究竟能为自己做什么、不能做什么，因此无法马上准确地表达自己的需求，他们所提出的需求往往不断地变化。另一方面设计人员缺少用户的专业知识，不易理解用户的真正需求。此外新的硬件、软件技术的出现也会使用户需求发生变化。因此设计人员必须与用户不断进行深入的交流，才能逐步确定用户的实际需求。

3.2.2 需求分析的方法

在数据需求分析阶段，数据库用户要积极参与调研，设计人员应和用户取得共同的语言，帮助不熟悉计算机的用户建立数据库环境下的共同概念。在整个需求分析过程中不同背景的人员之间相互了解与沟通是非常重要的，选择合理的需求分析方法也很重要。需求分析的方法有很多，主要方法有自顶向下和自底向上两种，如图 3-5 和图 3-6 所示。数据库应用系统的需求分析中，自顶向上的结构化分析（Structured Analysis，SA）方法是最简单、最实用的方法。SA 方法从最上层的系统组织机构上手，采用逐层分解的方式分析系统，用数据流图（Data Fl ow Diagram，DFD）和数据字典（Data Dictionary，DD）描述系统。

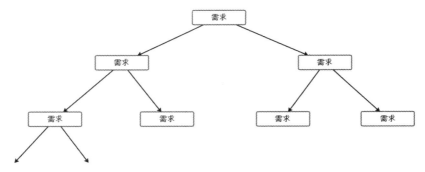

图 3-5　自顶向下需求分析

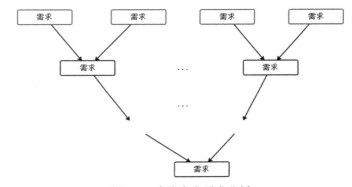

图 3-6　自底向上需求分析

1．数据流图

数据流图是以图形方式来表达系统的逻辑功能、数据在系统内部的逻辑流向和逻辑变换工程，是结构化系统分析方法的主要表达工具。它一般有四种符号，即外部实体、数据流、加工和存储。

（1）数据流图符号意义。

1）实体一般用矩形框表示，反映数据的来源和去向。

2）数据流用带箭头连线表示，反映数据的流动方向。

3）加工一般用椭圆或圆表示，表示对数据的加工处理。

4）存储一般用两条平行线表示，表示信息的静态存储。

（2）数据流图应遵循原则。

1）一个加工的输出数据流不应该与输入数据流同名，即使它们的组成成分相同。

2）保持数据守恒。

3）每个加工必须既有输入数据流，又有输出数据流。

4）所有数据流必须以一个外部实体开始，并且以一个外部实体结束。

5）外部实体之间不存在数据流。

一个简单的系统可以用数据流图来表示，如图 3-7 所示。当系统比较复杂时，为了便于理解和控制其复杂性，可以采用分层描述的方法。一般用第一层描述系统的全貌，第二层分别描述各子系统的数据流。如果系统结构还比较复杂，可以继续细化，直到表达清楚为止。在处理功能逐步分解的同时，它们所用的数据库也逐级分解，形成若干层次的数据流图。

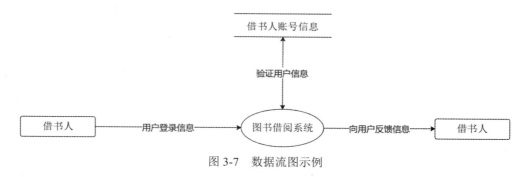

图 3-7　数据流图示例

2. 数据字典

数据字典是对系统中数据的详细描述，是各类数据结构和属性的清单，它与数据流图互为注释。数据字典贯穿于系统需求分析到数据库运行的全过程，在不同的阶段其内容和用途各有区别。在需求分析阶段，它通常包括五部分的内容。

（1）数据项。数据项是数据的最小单位，其具体内容包括数据项名、含义说明、别名、类型、长度、取值范围及与其他数据项的关系。其中，取值范围、与其他数据项的关系这两项的内容定义了完整性约束条件，是设计数据检验功能的依据。

（2）数据结构。数据结构是有意义的数据项集合，它的内容包括数据结构名、含义说明，这些内容组成数据项名。

（3）数据流。数据流可以是数据项，也可以是数据结构，它表示某一处理过程中数据在系统内传输的路径，主要包括数据流名、说明、流出过程、流入过程，这些内容组成数据项或数据结构。

其中，流出过程说明该数据流来自哪个过程；流入过程说明该数据流将流到哪个过程去。

（4）数据存储。处理过程中数据的存放场所也是数据流的来源和去向之一，可以是手工凭证、手工文档或计算机文件。内容包括数据存储名、说明、输入数据流、输出数据流，这些内容组成数据项或数据结构、数据量、存取频度和存取方式。

其中，存取频度是指每天存取几次、每次存取多少数据等信息；存取方法指的是批处理还是联机处理，是检索还是更新，是顺序检索还是随机检索。

（5）处理过程。处理过程的处理逻辑通常用判定表或判定树来描述，数据字典只用来描述处理过程的说明性信息。处理过程包括处理过程名、说明、输入、输出和处理。

3.2.3　需求分析的案例描述

假设某高校图书馆需要开发一个图书管理系统，只考虑图书管理的核心业务，即图书信息、读者信息以及两者相互作用产生的借书、还书等信息。为了简化问题，不考虑实际系统中可能有的其他功能需求，比如，读者登录、图书预定、借书卡挂失和续借等，也不考虑同一个读者多次借阅同一本书的情况。

1. 系统功能需求

通过前期调研，图书管理系统主要实现以下功能。

（1）图书管理。图书管理员对馆内的图书按类别进行统一编号，并登记图书的主要信息，包括图书标号、书名、类别、作者、单价、出版社、出版日期和库存量等。所有图书由图书编号唯一标识，图书管理员和读者可以随时查询图书的信息。

（2）读者管理。图书管理员为读者办理借书证，建立读者信息，包括借书卡号、姓名、性别、单位、办卡日期、卡状态和读者类别等，所有读者由借书卡号唯一标识。根据读者的不同身份，读者具有不同的借阅权力，图书管理员可以随时查询读者的信息，读者也可以查询自己的信息。

（3）借书管理。系统可以判断读者的借阅证是否有效，能够记录读者的借书信息、借阅日期等流通信息，读者借书时图书管理员能够查看读者的借书卡、查询读者的借阅信息、统计读者已借书的数量及是否有超期的图书等，如果没有借书超量或超期的情况，则办理借书手续。

（4）还书管理。读者还书时，图书管理员判断图书的完整性，查询流图记录，还书日期由系统自动填写。对于借书超期情况，则按天数给出超期罚款的金额。

2. 案例的数据流图

根据数据流图的绘制要素，结合读者借书和还书所涉及的业务流程，绘制相关的数据流图，如图 3-8 和图 3-9 所示。

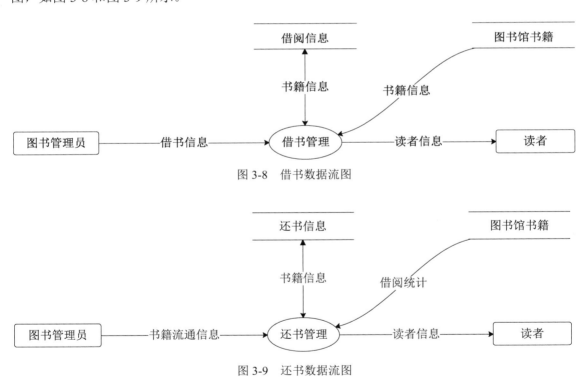

图 3-8　借书数据流图

图 3-9　还书数据流图

本系统只考虑图书管理的核心业务，根据读者借书和还书的数据流图，图书管理系统运行需要的数据结构包括图书信息、读者信息、借还书信息等。

3. 案例的数据字典

依据数据流图，各数据结构的数据项定义如下：

（1）图书信息：图书编号、书名、类别、作者、单价、出版社、出版日期和库存量等。

（2）读者信息：借书卡号、姓名、性别、单位、办卡日期、卡状态和读者类别等。

（3）借还书信息：图书编号、借书卡号、借书日期、还书日期等。

（4）出版社信息：出版社编号、出版社名、联系人、联系电话、出版社地址等。

（5）罚款记录：罚款记录编号、罚款类型、所属借阅记录编号、罚款金额、罚款日期等。

除上述信息外，还需要进一步分析该系统中是否还有隐含的数据结构。在进行数据项的定义过程中，有两个方面注意事项：一方面是每一个数据结构在实际生活中都存在诸多数据项，不会将所有内容都定义为数据项，仅会根据业务需求，选择适量的数据项；另一方面，除定义数据结构和数据项外，还需要定义数据流、数据存储和数据处理过程。

3.3 概念结构设计

概念结构设计就是将需求分析得到的用户需求抽象为信息结构，即概念模型，也就是将现实事物以不依赖于任何数据模型的方式加以描述，目的在于以符号的形式正确地反映现实事物及事物与事物间的联系。设计的结果是数据库的概念模型，即 E-R 模型。在数据库设计中应重视概念结构设计，它是整个数据库设计的关键，为后期计算机存储数据奠定基础。本节主要介绍概念模型的 E-R 表示方法、概念结构设计的方法与步骤及概念结构设计的案例描述。

3.3.1 概念模型的 E-R 表示方法

从数据库设计的角度来看，E-R 模型是用 E-R 图来描述现实世界的概念模型。它包括实体、属性、实体之间的联系等，其中实体应该分实体集和实体型。

1. 概念模型的特点

在需求分析阶段所得到的应用需求应该首先抽象为信息世界的结构，然后才能更好、更准确地用某一数据库管理系统实现这些需求。概念模型的主要特点如下所述。

（1）语义表达能力丰富。能真实、充分地反映现实世界，包括事物和事物之间的联系，能满足用户对数据的处理要求，是现实世界的一个真实模型。

（2）易于交流和理解。可以用它和不熟悉计算机的用户交换意见。用户的积极参与是数据库设计成功的关键。

（3）易于更改和扩充。当应用环境和应用要求改变时容易对概念模型进行修改和扩充。

（4）易于向关系、网络、层次等各种数据模型转换。概念模型是各种数据模型的共同基础，它比数据模型更独立于机器、更抽象，从而更加稳定。描述概念模型的有力工具是 E-R 模型。

2. E-R 模型的表示方法

（1）两个实体之间的联系。在现实世界中，实体内部和实体之间是有联系的。实体内部的联系通常是指组成实体的各属性之间的联系，实体之间的联系通常是指不同实体型的实体集之间的联系。两个实体型之间的联系可以分为以下 3 种：一对一联系、一对多联系和多对多联系，详见 1.3.3 概念数据模型。

（2）两个以上的实体型之间的联系。一般地，两个以上的实体型之间也存在着一对一、一对多和多对多联系。

例如，对于课程、教师与参考书 3 个实体型，如果一门课程可以有若干个教师讲授，使用若干本参考书，而每一个教师只讲授一门课程，每一本参考书只供一门课程使用，则课程与教师、参考书之间的联系是一对多的。

（3）单个实体型内的联系。同一个实体集内的各实体之间也可以存在一对一、一对多和多对多的联系。

例如，职工实体型内部具有领导与被领导的联系，即某一职工（干部）"领导"若干名职工，而一个职工仅被另外一个职工直接领导，因此这是一对多的联系。

一般地，把参与联系的实体型的数目称为联系度。两个实体型之间的联系度为 2，也称为二元联系；3 个实体型之间的联系度为 3，称为三元联系；N 个实体型之间的联系度为 N，也称为 N 元联系。

3. E-R 图

E-R 图提供了表示实体型、属性和联系的方法。

例如，图书实体具有图书编号、书名、类别、作者、单价、出版社等属性，可用 E-R 图表示，如图 3-10 所示。

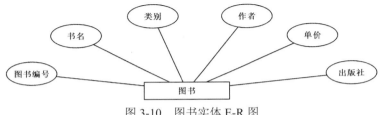

图 3-10　图书实体 E-R 图

需要注意的是，如果一个联系具有属性，则这些属性也要用无向边与该联系连接起来。

例如，图书与读者之间的联系，涉及借书日期和还书日期，这两个实体之间的 E-R 图如图 3-11 所示。

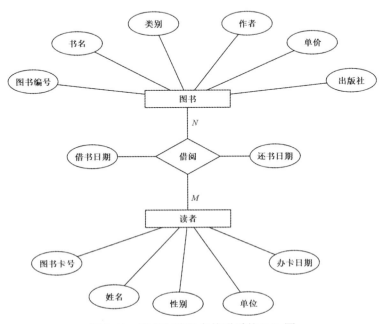

图 3-11　图书与读者实体联系的 E-R 图

3.3.2 概念结构设计的方法与步骤

1. 概念结构设计的方法

设计概念结构的 E-R 模型可以采用下面四种方法。

（1）自顶向下：首先定义全局概念模型的框架，然后逐步细化。具体模型如图 3-12 所示。

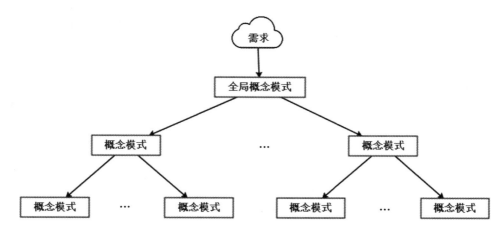

图 3-12 自顶向下概念模型

（2）自底向上：首先定义各局部应用的概念结构，然后将它们集成起来，得到全局概念模型，如图 3-13 所示。

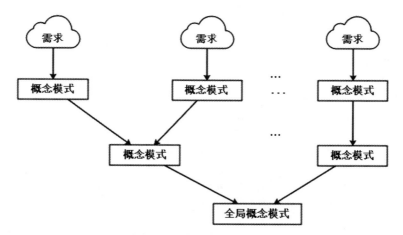

图 3-13 自底向上概念模型

（3）逐步扩张：首先定义最重要的核心概念模型，然后向外扩充，以滚雪球的方式逐步生成其他概念模型，直至总体概念模型，如图 3-14 所示。

（4）混合策略：将自顶向下策略和自底向上策略相结合，用自顶向下策略设计一个全局概念模型的框架，以它为骨架集成自底向上策略中设计的各局部概念模型。

其中经常采用的策略是自底向上，即自顶向下地进行需求分析，然后自底向上地设计概念模型，如图 3-15 所示。

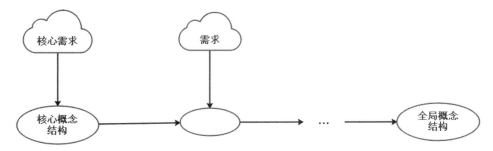

图 3-14　逐步扩张概念模型

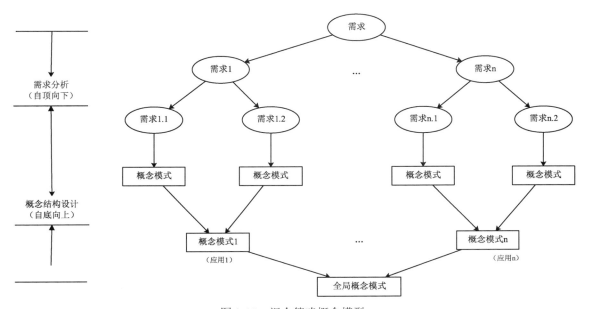

图 3-15　混合策略概念模型

2. 概念模型的设计步骤

以经常采用的自底向上的方法为例,概念模型的设计分为如下两步。

(1)抽象数据并设计局部视图。首先需要根据系统的具体情况,以某个层面为出发点,作为分 E-R 图的分割依据。然后逐一设计分 E-R 图,标定局部应用中的实体、属性、码和实体间的联系。

(2)集成局部视图,得到全局概念结构各个局部视图,即分 E-R 图建立好后,还需要对它们进行合并,集成为一个整体的概念结构,即总 E-R 图。视图的集成方法有两种。

1)多元集成法。一次性将多个局部 E-R 图合并为一个全局 E-R 图,如图 3-16 所示。

2)二元集成法。首先集成两个重要的局部 E-R 图,以后用累加的方法逐步将一个新的 E-R 图集成进来,如图 3-17 所示。

(3)视图集成的步骤。在实际应用中,可以根据系统复杂性选择两种方案。一般采用二元集成法。如果局部 E-R 图比较简单,可以采用多元集成法。无论采用哪种方法,视图集成均分成两个步骤:合并和优化。

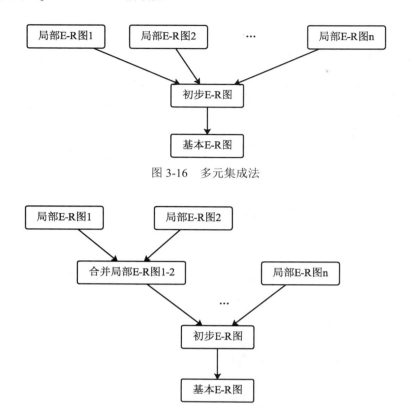

图 3-16　多元集成法

图 3-17　二元集成法

1）合并。合并局部 E-R 图，消除局部 E-R 图之间的冲突，生成初步 E-R 图。

这个步骤将所有的局部 E-R 图综合成全局概念结构。全局概念结构不仅支持所有局部 E-R 图模型，而且必须合理地表示一个完整的、一致的数据库概念结构。由于局部 E-R 图由不同设计人员设计，不可避免地有许多不一致的地方，称为冲突。合并局部 E-R 图时并不能简单地将各个 E-R 图合并到一起，必须消除各个局部 E-R 图中的不一致，使合并后的全局概念结构不仅支持所有的局部 E-R 模型，而且必须是一个能被全系统中所有用户共同理解和接受的完整的概念模型。E-R 图中的冲突主要有三种：属性冲突、命名冲突和结构冲突。

a. 属性冲突。它又分为属性值域冲突和取值单位冲突。

b. 命名冲突。命名不一致可能发生在实体名、属性名或联系名之间，一般表现为同名异义或异名同义。

c. 结构冲突。比如，同一对象在不同的应用中有不同的抽象，可能为实体，也可能为属性；同一个实体在不同应用中属性组成不同，可能是属性个数或属性次序不同；同一联系在不同应用中呈现不同的类型。

2）优化。消除不必要的冗余，生成基本 E-R 图。通常采用分析方法消除冗余，数据字典是分析冗余数据的依据，还可以通过数据流图分析冗余的联系。

通过合并和优化过程所获得的最终 E-R 模型是企业的概念模型，它代表了用户的数据要求，是沟通要求和设计的桥梁。它决定数据库的总体逻辑结构，是成功建立数据库的关键。

3.3.3 概念结构设计的案例描述

根据概念结构设计的步骤，依据案例的 DFD 和数据字典，首先建立局部 E-R 模型，然后通过合并和优化的方法获得全局 E-R 模型。

1. 案例局部 E-R 模型的设计

比如，一个学校有多个学院和部门，每个学院有多个专业，每个专业有多名学生，每个学院有多名教师，教师和学生均可以借书，但是借书册数和天数不同；图书由不同的出版社出版，存放在不同的借阅室；学生和老师借阅图书应记录借阅日期，图书借阅超期、丢失损毁等都会有相应的罚款。其中，图书管理系统包括读者相关的数据、图书相关的数据和借阅相关的数据三个模块。读者相关的数据包括学院信息、专业信息、借阅类型、学生信息和教师信息。图书相关的数据包括图书信息、出版社信息和借阅室。借阅相关的数据包括图书借阅和罚款记录。

将上述约定中提及的数据结构转化为 E-R 图中的实体，联系转换为 E-R 图中的联系，分别建立读者管理局部 E-R 图、图书管理局部 E-R 图、借阅管理局部 E-R 图，如图 3-18、图 3-19 和图 3-20 所示。

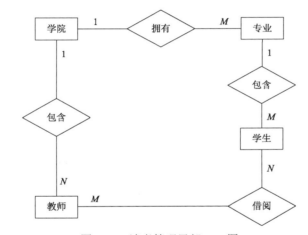

图 3-18　读者管理局部 E-R 图

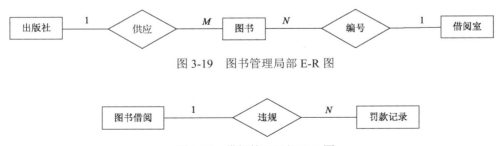

图 3-19　图书管理局部 E-R 图

图 3-20　借阅管理局部 E-R 图

2. 案例全局 E-R 模型的设计

在局部 E-R 模型设计基础上，进行局部 E-R 模型的合并，生成初步 E-R 图。如果存在命名冲突就统一名称，如果存在结构冲突就进行合并，最后进行优化，消除冗余数据。从上面三个局部 E-R 图我们可以画出整体的图书管理系统 E-R 图，如图 3-21 所示。

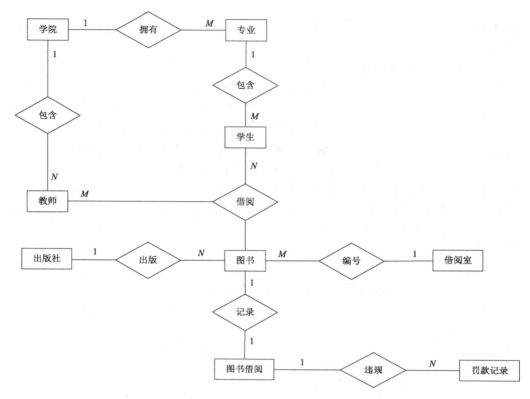

图 3-21　图书管理系统 E-R 图

3.4　逻辑结构设计

E-R 模型表示的是用户的概念模型。它独立于任何一种数据模型和任何一个具体的数据库管理系统，因此，需要把上述概念模型转换为某个具体的数据库管理系统所支持的数据模型。本节主要介绍逻辑结构设计的步骤、初始关系模式设计、关系模式的规范化、模式评价与改进以及案例的逻辑结构设计。

3.4.1　逻辑结构设计的步骤

从 E-R 图所表示的概念模型可以转换成任何一种具体的 DBMS 所支持的数据模型，比如网状模型、层次模型和关系模型。本章只讨论关系数据库的逻辑设计问题，这里只介绍 E-R 图如何向关系模型转换。

一般逻辑结构设计分为三步完成（图 3-22）：

（1）初始关系模式设计。

（2）关系模式规范化。

（3）模式的评价与改进。

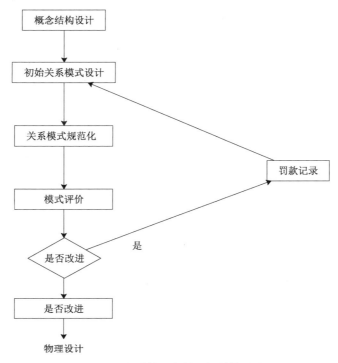

图 3-22　关系数据库的逻辑结构设计

3.4.2　初始关系模式设计

概念模型向关系模型转换需要解决如下两个问题：

● 如何将实体集和实体集之间的联系转换为关系模式。

● 如何确定这些关系模式的属性和关键字。

关系模型的逻辑结构是一组关系模式的集合，将 E-R 图转换为关系模型实际上就是将实体集、属性以及联系集转换为相应的关系模式。这种转换要遵循一定的原则。

1. 实体集的转换规则

（1）强实体集转换方法。将 E-R 模型中的每一个强实体集转换为一个关系模式，该关系模式的名称为强实体集的名称，其属性就是原实体集中的实体集的属性，关系模式的码就是原实体集的标识符。每个实体由该关系的一个元组表示。

（2）弱实体集转换方法。由于弱实体集的各实体需借助强实体集的主标识符进行标识，因此，弱实体集转换的关系模式的属性由弱实体集本身的描述属性与所依赖的强实体集的主标识符组成，码由所依赖的强实体集主标识符和弱实体集的部分标识符组合而成，关系模式的名称就是弱实体集的名称。

例如，在员工管理系统中，员工子女的信息就是以员工的存在为前提的，子女与职工的联系是一种依赖联系，职工是一种强实体，子女是弱实体。又如，学生家长是一种弱实体，学生是强实体，因为在学校中只有学生实体存在，家长实体才会存在。

2. 实体集之间联系集的转换规则

E-R 模型向关系模型转换时，实体集之间的联系集转换为关系模式有以下五种不同的情况。

（1）一个 1∶1 联系可以转换为一个独立的关系模式，也可以与任意一端对应的关系模式合并。如果转换为一个独立的关系模式，则与该联系相连的各实体的码以及联系本身的属性均转换为关系的属性，每个实体的码均是该关系的候选码。如果与某一端实体对应的关系模式合并，则需要在该关系模式的属性中加入另一个关系模式的码和联系本身的属性。

（2）一个 1∶N 联系可以转换为一个独立的关系模式，也可以与 N 端对应的关系模式合并。如果转换为一个独立的关系模式，则与该联系相连的各实体的码以及联系本身的属性均转换为关系的属性，而关系的码为 N 端实体的码。

（3）一个 M∶N 联系转换为一个关系模式，与该联系相连的各实体的码以及联系本身的属性均转换为关系的属性，各实体的码组成关系的码或关系码的一部分。

（4）三个或三个以上实体间的一个多元联系可以转换为一个关系模式。与该多元联系相连的各实体的码以及联系本身的属性均转换为关系的属性，各实体的码组成关系的码或关系码的一部分。

（5）具有相同码的关系模式可以合并。

3．子类型和超类型的转换规则

将子类型和超类型转换为关系模式有两种方法。

（1）超类实体和子类实体分别转换为单独的关系模式。其中，超类实体对应的关系模式的属性为超类实体的属性（即公共属性），而各子类实体对应的关系模式的属性由该子类特有的属性和超类实体的主码属性组成，子类实体对应关系模式的主码与超类实体对应关系模式的主码相同。

（2）只将子类实体转换为关系模式，其属性包含超类实体的全部属性和子类的特有属性。

第一种方法是通用的方法，任何时候都可以采用。第二种方法的缺点之一是不能表示超类实体的其他子类实体，如果一个超类实体的属性是各子类实体的属性，其公共属性的值重复存储多次。因此，第二种方法应该有条件地使用。

在 E-R 模型转换为关系模型的过程中，除了要遵循以上介绍的转换原则外，还应注意以下两点。

第一，命名和属性域的处理。关系模式可以采用 E-R 图中原来的命名，也可以另行命名。命名应有助于对数据的理解和记忆，同时应尽可能避免重名。具体的数据库管理系统一般只支持有限的几种数据类型，而 E-R 图是不受这个限制的。如果数据库管理系统不支持 E-R 图中的某些属性的域，则应做相应的调整。

第二，非原子属性的处理。E-R 模型中允许非原子属性，这不符合关系的第一条性质，不满足第一范式的条件。解决的办法是将 E-R 图中出现的非原子属性展开。E-R 模型和关系模型相对于物理存储文件来说，都是对现实世界的抽象逻辑表示。如在数据库的三层模式中，概念模型和逻辑模型就是一回事，因此两种模型采用类似的设计原则，可以将 E-R 图设计转换为关系的设计，将数据库的表示从 E-R 图转化为表的形式是由 E-R 图产生关系数据库的基础。

3.4.3　关系模式的规范化

应用规范化理论对转换的关系模式进行初步优化，以减少乃至消除关系模式中存在的各种异常，改善完整性、一致性和存储效率。规范化理论是数据库逻辑设计的指南和工具，规范化过程可分为两个步骤：确定范式级别和实施规范化处理。

1. 确定范式级别

通过关系模式的函数依赖关系，确定范式的等级。逐一分析各关系模式，考察主码和非主属性之间是否存在部分函数依赖、传递函数依赖等，确定它们范式的级别。

2. 实施规范化处理

利用规范化的理论知识，逐一考察各个关系模式，根据应用要求，判断它们是否满足规范要求，可以用规范化方法和理论将关系模式规范化。

在实际应用中，数据库规范化理论可用于整个数据库开发生命周期中。在需求分析阶段、概念结构设计阶段和逻辑结构设计阶段，数据库规范化理论的应用如下：

（1）在需求分析阶段，用函数依赖的概念分析和表示各个数据项之间的联系。

（2）在概念结构设计阶段，以规范化理论为指导，确定关系的码，消除初步 E-R 图中冗余的联系。

（3）在逻辑结构设计阶段，从 E-R 图向数据模型转换的过程中，用模式合并与分解方法达到指定的数据库规范化级别（至少达到 3NF）。

3.4.4　模式评价与改进

关系模式的规范化不是目的而是手段，数据库设计的最终目的是满足应用需求。因此，为了进一步提高数据库应用系统的性能，还应该对规范化后产生的关系模式进行评价、改进，经过反复多次的尝试和比较，最后得到优化的关系模式。

1. 模式评价

模式评价的目的是检查所设计的数据库模式是否满足用户的功能要求、效率要求，从而确定加以改进的部分。模式评价包括功能评价和性能评价。

（1）功能评价。功能评价指对照需求分析的结果，检查规范化后的关系模式集合是否支持用户所有的应用要求。关系模式必须包括用户可能访问的所有属性。在涉及多个关系模式的应用中，应确保连接后不丢失信息。如果发现有的应用不被支持，或不完全被支持，则应进行关系模式的改进。

在功能评价的过程中，可能会发现冗余的关系模式或属性，这时应对它们加以区别，弄明白它们是为未来发展预留的，还是由于某种错误造成的，发现问题改正即可。如果冗余来源于前两个阶段，也要返回修改重新评审。

（2）性能评价。对于目前得到的数据库模式，由于缺乏物理结构设计所提供的数量测量标准和相应的评价手段，因此性能评价是比较困难的，只能对实际性能进行估计，包括逻辑记录的存取数、传送量以及物理结构设计算法的模型等。

2. 模式改进

根据模式评价的结果，对已生成的模式进行改进。如果因为系统需求分析、概念结构设计的疏忽导致某些应用得不到支持，则应该增加新的关系模式或属性。如果因为性能考虑而要求改进，则可以采用合并或分解的方法。

（1）合并。如果有若干个关系模式具有相同的主码，并且对这些关系模式的处理主要是查询操作，而且经常是多关系的连接查询，那么可对这些关系模式按照组合使用频率进行合并，这样可以减少连接操作而提高查询效率。

（2）分解。为提高数据操作的效率和存储空间的利用率，最常用和最重要的模式优化方法就是分解，根据应用的不同要求，可以对关系模式进行水平分解和垂直分解。

水平分解是把关系的元组分为若干个子集合，将分解后的每个子集合定义为一个子关系。对于经常进行大量数据的分类条件查询的关系，可以进行水平分解，这样可以减少应用系统每次查询需要访问的记录数，从而提高查询性能。

垂直分解是把关系模式的属性分解为若干个子集合，形成若干个子关系模式，每个子关系模式的主码为原关系的主码。垂直分解的原则是把经常一起使用的属性分解出来，形成一个子关系模式。垂直分解可以提高某些事务的效率，但也有可能使另一些事务不得不执行连接操作，从而降低了效率。

经过多次的模式评价和模式改进后，最终的数据库模式得以确定。逻辑结构设计阶段的结果是全局逻辑数据库结构。对于关系数据库系统来说，就是一组符合一定规范的关系模式组成的关系数据库模式。

3.4.5　案例的逻辑结构设计

以高校图书管理系统的 E-R 图为例，可以得到以下高校图书管理系统数据库的一组关系模式及相关信息。其相关的数据表类型有如下三种。

1.　读者相关的数据表

学院表（学院编号，学院名称，院长姓名，电话，地址）。

专业表（专业编号，专业名称，专业负责人姓名，所属学院编号）。

借阅类型表（借阅类型编号，借阅类型名称，借阅册数，借阅天数）。

学生信息表（学号，学生姓名，性别，出生日期，所属专业编号，入学日期，借阅类型编号）。

教师信息表（教师编号，教师姓名，性别，所属学院编号，借阅类型编号）。

2.　图书相关的数据表

图书信息表（图书编号，图书名称，所属借阅室编号，作者，出版社编号，出版日期，图书页数，图书价格，册数，图书类型，ISBN，图书简介）。

出版社信息表（出版社编号，出版社名，联系人，联系电话，出版社地址）。

借阅室表［借阅室编号，借阅室名称，借阅室位置，借阅室简介（收录哪些类型的图书及相关的信息）］。

3.　借阅相关的数据表

图书借阅表［借阅记录编号（ID），读者编号，图书编号，借书日期，还书日期］。

罚款记录表（罚款记录编号，罚款类型，所属借阅记录编号，罚款金额，是否已缴纳罚款，罚款日期）。

3.5　物理结构设计

数据库在物理设备上的存储结构与存取方法称为数据库的物理模型，它依赖于选定的数据库管理系统。为一个给定的逻辑数据模型选取一个最适合应用要求的物理模型的过程，就是数据库的物理设计。本节主要介绍确定物理结构及评价物理结构。

3.5.1 确定物理结构

设计人员必须深入了解给定的 DBMS 的功能，DBMS 提供的工具、硬件环境，特别是存储设备的特征。另一方面也要了解应用环境的具体要求，如各种应用的数据量、处理频率和响应时间等。

1. 影响物理结果设计的因素

数据库的物理模型主要由以下五个因素决定。

（1）应用处理需求。在进行数据库物理设计前，应先弄清楚应用的处理需求，如存储量、平均响应时间和系统负荷等，这些需求直接影响着物理设计方案的选择，而且会随着应用环境的变化而变化。

（2）数据的特性。数据本身的特性对数据库物理模型的设计也会有较大影响，如关系表中每个属性值的分布、记录的长度与个数等，这些特性都影响数据库的物理存储结构和存取路径的选择。

（3）数据的使用特性。数据的使用特性包括各个用户的应用所对应的数据视图、各种应用的处理频度、使用数据的方法和对系统的重要程度。这些是对时空效率进行平衡和优化的主要依据。一般来说，物理设计不能均等地考虑每一个用户，必须将用户分类，以便保证重点用户的重点应用。

（4）可用性要求。数据库的可用性要求是指适应用户的要求，维护数据库逻辑上、物理上的完整性的能力。人们都希望数据库有较高的可用性，但必须为此付出较大的代价，所以需要权衡得失。

（5）应用环境。从整个计算机系统来说，数据库应用仅是其负荷的一部分，数据库的性能不但取决于数据库的设计，而且与操作系统和数据库管理系统、网络的运行环境有关，受到计算机硬件资源的制约；数据库管理系统的特性主要指数据库管理系统的功能、提供的物理环境和工具，特别是存储结构和存取方法。由于每一种数据库管理系统都有自己的特点和不足，只有真正了解数据库管理系统的特点，才能设计出一个充分发挥数据库管理系统特色的物理模型。

数据库的物理结构设计可以分为如下两步进行：

1）确定数据的物理模型，即确定数据库的存取方法和存储结构。

2）对物理结构进行评价，评价的重点是时间和效率。

2. 物理结构设计的内容和方法

不同的数据库产品所提供的物理环境、存取方法和存储结构有很大差别，能供设计人员使用的设计变量、参数范围也不相同，因此没有通用的物理结构设计方法可遵循，只能给出一般的设计内容和原则。为了得到优化的物理数据库结构，使得在数据库上运行的各种事务响应时间小、存储空间利用率高、吞吐率大。首先，对要运行的事务进行详细分析，获得进行物理数据库设计所需要的参数；其次，要充分了解所用关系数据库管理系统的内部特征，特别是系统提供的存取方法和存储结构。对于数据库查询事务，需要得到如下信息：

- 查询的关系。
- 查询条件所涉及的属性。
- 连接条件所涉及的属性。

● 查询的投影属性。

对于数据更新事务，需要得到如下信息：

● 被更新的关系。

● 每个关系上的更新操作条件所涉及的属性。

● 修改操作要改变的属性值。

除此之外，还需要知道每个事务在各关系上运行的频率和性能要求。例如，事务必须在 10s 内结束，这对于存取方法的选择具有重大影响。

上述这些信息是确定关系的存取方法的依据。

应注意的是，数据库上运行的事务会不断变化、增加或减少，在使用过程中需要根据设计信息的变化及时调整数据库的物理结构。

3. 关系模式存取方式的选择

存取方法是用户存取数据库数据的方法和技术。存取方法的选择将直接影响数据的存取速度和吞吐量，需要考虑的因素主要包括访问类型、访问时间、插入或删除时间和空间开销等。为了给用户提供快速高效的数据库共享系统，数据库管理系统需要提供支持多种存取方法的存取机制，使得应用系统根据需要选择最佳性能的存取方式，实现对数据库的快速访问。

关系数据库常用的存取方法有索引方法和聚簇方法。

（1）B+树索引存取方法的选择。选择索引存取方法实际上就是根据应用要求确定对关系的哪些属性列建立索引、哪些属性列建立组合索引、哪些索引要设计为唯一索引等。一般分为如下 3 种情况：

1）如果一个（或一组）属性经常在查询条件中出现，则考虑在这个（或这组）属性上建立索引（或组合索引）。

2）如果一个属性经常作为最大值和最小值等聚集函数的参数，则考虑在这个属性上建立索引。

3）如果一个（或一组）属性经常在连接操作的连接条件中出现，则考虑在这个（或这组）属性上建立索引。关系上定义的索引数并不是越多越好，系统为维护索引要付出代价，查找索引也要付出代价。

（2）HASH 索引存取方法的选择。选择 HASH 存取方法的规则：如果一个关系的属性主要出现在等值连接条件中或等值比较选择条件中，而且满足下列两个条件之一，则此关系可以选择 HASH 存取方法。

1）一个关系的大小可预知，而且不变。

2）关系的大小动态改变，但数据库管理系统提供了动态 HASH 存取方法。

（3）聚簇索引存取方法的选择。为了提高某个属性（或属性组）的查询速度，把这个或这些属性上具有相同值的元组集中存放在连续的物理块中称为聚簇。该属性（或属性组）称为聚簇码（Cluster Key）。

聚簇功能可以大大提高查询的效率。例如，要企业员工信息中销售部门的所有员工名单，设销售部门有 120 名员工，在极端情况下，这 120 名员工所对应的数据元组分布在 120 个不同的物理块上。尽管对员工关系已按所在部门建有索引，由索引可很快找到销售部门员工的元组标识，避免了全表扫描，然而在由元组标识去访问数据块时就要存取 120 个物理块，执行 120 次 I/O 操作。如果将同一部门的员工元组集中存放，则每读一个物理块可得到多个满足查询条件的元组，从而显著减少访问磁盘的次数。

聚簇功能不但适用于单个关系，也适用于经常进行连接操作的多个关系，即把多个连接关系的元组按连接属性值聚集存放。这就相当于把多个关系按"预连接"的形式存放，从而大大提高连接操作的效率。

一个数据库可以建立多个聚簇，一个关系只能加入一个聚簇。选择聚簇存取方法，即确定需要建立多少个聚簇，每个聚簇中包括哪些关系。

1）首先设计候选聚簇。

a．对经常在一起进行连接操作的关系可以建立聚簇。

b．如果一个关系的一组属性经常出现在相等比较条件中，则该单个关系可建立聚簇。

c．如果一个关系的一个（或一组）属性上的值重复率很高，则此单个关系可建立聚簇。即对应每个聚簇码值的平均元组数不能太少，太少则聚簇的效果不明显。

2）然后检查候选聚簇中的关系，取消其中不必要的关系。

a．从聚簇中删除经常进行全表扫描的关系。

b．从聚簇中删除更新操作远多于连接操作的关系。

c．不同的聚簇中可能包含相同的关系，一个关系可以在某一个聚簇中，但不能同时加入多个聚簇。要从这多个聚簇方案（包括不建立聚簇）中选择一个较优的，即在这个聚簇上运行各种事务的总代价最小。

必须强调的是，聚簇只能提高某些应用的性能，而且建立与维护聚簇的开销相当大。对已有关系建立聚簇将导致关系中元组移动其物理存储位置，并使此关系上原来建立的所有索引无效，必须重建。当一个元组的聚簇码值改变时，该元组的存储位置也要做相应移动，聚簇码值要相对稳定，以减少修改聚簇码值所引起的维护开销。因此，当通过聚簇码进行访问或连接是该关系的主要应用，与聚簇码无关的其他访问很少或者是次要的时，可以使用聚簇。

3.5.2 评价物理结构

物理设计过程中需要对时间效率、空间效率、维护代价和各种用户要求进行权衡，其结果是可能会产生多种设计方案。数据库设计人员必须对这些方案进行详细的评价，从中选择一个较优的方案作为数据库的物理模型。

评价物理模型的方法完全依赖于所选用的数据库管理系统，主要是从定量估算各种方案的存储空间、存取时间和维护代价入手，对估算结果进行权衡和比较，选择出一个优良的、合理的物理模型。如果该模型不符合用户需求，则需要修改设计。

3.6 数据库实施、运行和维护

对数据库的物理设计进行初步评价以后，就可以进行数据库的实施、运行和维护了。数据库实施阶段的主要任务是根据数据库逻辑结构和物理结构设计的结果,在实际的计算机系统中建立数据库的结构、装载数据、测试程序和对数据库的应用系统进行试运行等。数据库试运行合格后，即可投入正式运行了，这标志着数据库开发工作基本完成。但是由于应用环境在不断变化，数据库运行过程中物理存储也会不断变化，对数据库设计进行评价、调整、修改等维护工作是一个长期持续的任务，也是设计工作的继续和优化。在数据库运行阶段，对数据库经常性的维护工作主要是由数据库管理员完成。本节主要介绍数据库的实施、运行和维护。

3.6.1　数据库的实施

1．建立数据库的结构

利用给定的数据库管理系统所提供的命令，建立数据库的模式、子模式和内模式。对关系数据库来说，就是创建数据库，建立数据库中所包含的各个基本表、视图和索引。

2．数据的装载和应用程序的编制调试

数据的装载是数据库实施阶段最主要的工作，在数据库系统中，数据量都很大，而且来源于部门中各个不同的单位，分散在各种不同的单据或原始凭证中，数据的组织方式、结构和格式都与新设计的数据库系统有差距，数据载入就是要将各种源数据从各个局部应用中抽取出来，并输入到计算机后再进行分类转换，综合成符合新设计的数据库结构的形式，最后输入数据库。因此，数据转换和组织数据入库工作是一件耗费大量人力物力的工作。

为提高数据输入工作的效率和质量，应该针对具体的应用环境设计一个数据录入子系统，由计算机完成数据入库的任务。为了防止不正确的数据输入到数据库内，应当采用多种方法多次对数据进行检验，现有的数据库管理系统一般都提供不同的数据库管理系统之间的数据转换工具，若原有系统是数据库系统，就可以利用新系统的数据转换工具，先将原系统中的表转换成新系统中相同结构的临时表，再将这些表中的数据进行分类、转换，综合成符合新系统的数据模式，插入相应的表中。数据库应用程序的设计应该与数据库设计同时进行，因此，在组织数据入库时，还要调试应用程序。

需要注意的是，在装载数据时，一般是分期分批地组织数据入库，先输入小批量数据做调试用，等系统试运行结束基本合格后，再大批量输入数据，逐步增加数据量，完成运行评价。

3．数据库的试运行

在原有系统的数据有一小部分已输入数据库后，就可以开始对数据库系统进行联合调试了，又称为数据库的试运行。这一阶段要实际运行数据库应用程序执行对数据库的各种操作，测试应用程序的功能是否满足设计要求。如果不满足，则要对应用程序进行修改、调整，直到达到设计要求。

在数据库试运行时，还要测试系统的性能指标，分析其是否达到设计目标。在对数据库进行物理设计时已初步确定了系统的物理参数值，但一般情况下，设计时的考虑在许多方面只是近似估计，和实际系统运行总有一定的差距，因此必须在试运行阶段实际测量和评价系统性能指标。事实上，有些参数的最佳值往往是经过运行调试后找到的。如果测试的结果与设计目标不符，则要返回物理结构设计阶段重新调整物理模型，修改系统参数，某些情况下甚至要返回逻辑结构设计阶段修改逻辑模型。

在此阶段，由于系统还不稳定，硬软件故障随时都可能发生，而系统的操作人员对新系统还不熟悉，误操作也不可避免，因此要做好数据库的转储和恢复工作。一旦故障发生，要尽快恢复数据库，从而减少对数据库的破坏。

3.6.2　数据库的运行和维护

1．数据库的转储和恢复

数据库的转储和恢复是系统正式运行后最重要的维护工作之一。数据库管理员要针对不同的应用要求制订不同的转储计划，以保证一旦发生故障尽快将数据库恢复到某种一致的状态，并尽可能减少对数据库的破坏。

2．数据库的安全性、完整性控制

在数据库运行的过程中，由于应用环境的变化，对安全性的要求也会发生变化。例如，有的数据原来是机密的，现在变成可以公开查询的了，而新加入的数据又可能是机密的了。系统中用户的密级也会变化，这些都需要数据库管理员根据实际情况修改原有的安全性控制机制。同样，数据库的完整性约束条件也会变化，也需要数据库管理员不断修正，以满足用户要求。

3．数据库性能的监督、分析和改造

在数据库运行过程中，监督系统运行、对监测数据进行分析并找出改进系统性能的方法是数据库管理员的又一重要任务。目前，有些数据库管理系统产品提供了监测系统性能参数的工具，数据库管理员可以利用这些工具方便地得到系统运行过程中一系列性能参数的值。数据库管理员应仔细分析这些数据，判断当前系统运行状态是否是最佳、应当做哪些改进，如调整系统物理参数，或对数据库进行重组织或重构造等。

4．数据库的重组织与重构造

在数据库运行一段时间后，记录不断地增加、删除和修改，会使数据库的物理存储情况变坏，降低数据的存取效率，使数据库的性能下降。这时，数据库管理员就要对数据库进行重组织或部分重组织。关系数据库管理系统一般都提供数据重组织用的实用程序。在重组织的过程中，要按原设计要求重新安排存储位置、回收垃圾、减少指针链等，提高系统性能。

数据库的重组织并不修改原设计的逻辑和物理模型，而数据库的重构造则不同，它是指部分修改数据库的模式和内模式。

由于数据库应用环境发生了变化，新的应用或新的实体会被增加进去，某些应用也会被取消，有的实体与实体间的联系也发生了变化，因此原有的数据库设计不能满足新的需求了，需要调整数据库的模式和内模式。例如，在表中增加或删除某些数据项，改变数据项的类型，增加或删除某个表，改变数据库的容量，增加或删除某些索引等。当然数据库的重构造也是有限的，只能做部分修改。如果应用变化太大，重构造也无济于事，说明此数据库应用系统的生命周期已经结束，应该设计新的数据库应用系统了。

课程思政案例

案例主题：钱学森精神——刻苦钻研、勤奋好学，实乃后辈之楷模

钱学森，世界杰出的科学家，空气动力学家，中国载人航天奠基者，中国科技之父，火箭之王，中国导弹之父，中国自动化控制之父，中国科学院及中国工程院院士，中国两弹一星功勋奖章获得者。

1911 年 12 月 11 日，钱学森出生在上海的一户书香家庭。他自幼勤奋好学，刻苦学习文化知识，提高自身科学水平，然后考入中国高等学府清华大学。恰逢国家公费培养出国留学生，钱学森便凭借着优秀的成绩为自己争取到了这个机会。离开祖国的时候，他暗暗发誓将来学成归来，一定要为祖国奉献自己的力量。钱学森来到了美国麻省理工学院进行学习，学习成绩一直很优异。但是，由于中国贫困的境遇，留美的中国留学生一直饱受歧视和欺负。可钱学森一直没有放弃学习知识，刻苦钻研。他在美国结识了一位优秀的科学家，并拜他为师。钱学森的老师非常欣赏他敏捷的思考力和对问题的独特见解。钱学森把自己所有的精力都投入于科学研究中，很快便获得了数学博士和航空博士的学位，还在美国发表了多篇关于航空探究的论文，产生了很大的影响力。二战结束后，美国多次向中国施压，而中国刚刚经历了战争，正处于战后重建阶段，军事实力大不如美国。而且那时的中国还没能研制出自己的导弹，美国的军事实力却已经非常强大了，两者之间有着非常大的军事实力差距。而钱学森等中国留学生，他们虽身在异乡，却时时关注着祖国的动静。当钱学森得知国家的艰难困境，毅然决然想要动身返回中国。可是美国忌惮他在航空事业上的成就，害怕他回到中国后，为中国研制出可以抗衡美国的武器。美国为了留住钱学森使出了浑身解数，他们利用高额的薪水，企图挽留钱学森。在钱学森多次拒绝后，美国便寻找各种理由关押他。钱学森就这样在美国多次的无理由关押中，历经五年才回到中国。踏上祖国国土的那一刻，他流下了激动的泪水，并发誓一定要在国家的军事事业中做出成就。

　　钱学森回到中国后，马不停蹄地开展了他的研究事业。他把重点放在祖国的航空和国防事业中，夜以继日，废寝忘食地研究。钱学森和我国众多科研人员在技术封锁的条件下不断研究，最后攻克许多难关，在 1960 年终于发射了中国的第一枚导弹。1964 年中国的第一颗原子弹爆炸成功，这些成就为中国的发展留下了波澜壮阔的一笔。后来，钱学森曾长期担任中国火箭、导弹和航天器的技术领导职务，参加近程、中程、远程导弹和人造卫星的研制领导工作，做出了杰出贡献。

思政映射

　　钱学森的精神主要包括无私奉献、默默贡献、不慕名利、淡泊功名、勤奋刻苦、拼搏向上和创新精神。他的一生是爱国奋斗、功昭德重的一生。立航空救国之志、怀赤心报国之愿、筑科学报国之梦、谋富民强国之业，他以对祖国和人民的深沉情怀和忠诚担当，诠释着一位爱国科学家与祖国同呼吸、共命运的崇高境界，是科学家精神的自觉践行者。钱学森的精神引导大家做任何事情都要精益求精、锲而不舍、不断创新，要时刻拥有无私奉献、永葆家国的情怀，为党和人民的事业奋斗终生的意识。

小　　结

　　1．数据库设计分为六个步骤：系统需求分析、概念结构设计、逻辑结构设计、物理结构设计、数据库实施、数据库运行和维护。

　　2．系统需求分析阶段：获取用户的功能性需求和非功能性需求，确定对象及对象间的关系。

　　3．概念结构设计阶段：将在需求分析阶段得到的用户需求抽象为信息世界的结构，常用 E-R 模型来描述，独立于机器。

　　4．逻辑结构设计阶段：将基本 E-R 图转换为与选用 DBMS 所支持的数据模型相符合的逻辑结构。

　　5．物理结构设计阶段：设计数据库在物理设备上的存储结构与存取方法，依赖于给定的计算机系统。

　　6．数据库实施阶段：主要任务包括建立数据库的结构、数据的装载和应用程序的编制调试与数据库的试运行。

　　7. 数据库运行和维护阶段：主要任务包括数据库的转储和恢复，数据库的安全性、完整性控制，数据库性能的监督、分析和改造，以及数据库的重组织与重构造。

习　　题

一、选择题

1. E-R 图不包含的基本组成部分是（　　）。
　　A．实体　　　　　　　B．属性　　　　　　C．元组　　　　　　　D．联系
2. 关系的规范化是属于数据库设计（　　）阶段。
　　A．系统需求分析　　　　　　　　B．概念结构设计
　　C．逻辑结构设计　　　　　　　　D．物理结构设计
3. 建立实际数据库结构是属于数据库设计的（　　）阶段。
　　A．逻辑设计　　　B．物理设计　　　C．数据库实施　　　D．运行和维护
4. 当局部 E-R 图合并成全局 E-R 图时可能出现冲突，不属于合并冲突的是（　　）。
　　A．属性冲突　　　B．语法冲突　　　C．结构冲突　　　D．命名冲突
5. 从 E-R 模型向关系模型转换时，一个 $M:N$ 联系转换为关系模式时，该关系模式的码是（　　）。
　　A．M 端实体的主码
　　B．N 端实体的主码
　　C．M 端实体主码与 N 端实体主码的组合
　　D．重新选取其他属性
6. 数据库设计人员和用户之间沟通信息的桥梁是（　　）。
　　A．程序流程图　　　　　　　　　B．实体联系图
　　C．模块结构图　　　　　　　　　D．数据结构图
7. 概念结构设计的主要任务是产生数据库的概念结构，该结构主要反映（　　）。
　　A．应用程序员的编程需求　　　　B．DBA 的管理信息需求
　　C．数据库系统的维护需求　　　　D．企业组织的信息需求
8. 需求分析阶段设计数据流图通常采用（　　）。
　　A．面向对象的方法　　　　　　　B．回溯的方法
　　C．自底向上的方法　　　　　　　D．自顶向下的方法
9. 在数据库的概念设计中，最常用的数据模型是（　　）。
　　A．形象模型　　　　　　　　　　B．物理模型
　　C．逻辑模型　　　　　　　　　　D．实体联系模型
10. 在 E-R 模型中，如果有 4 个不同的实体集、2 个 $M:N$ 联系，根据 E-R 模型转换为关系模型的规则，转换（　　）个关系模式。
　　A．4　　　　　　　B．5　　　　　　C．6　　　　　　　D．7

二、填空题

1. 数据库设计包括_____和_____两方面的内容。
2. 合并局部 E-R 图时可能会发生三种冲突，它们是：_____、_____和_____。
3. 将 E-R 图向关系模型进行转换是_____阶段的任务。
4. 数据库的物理结构设计主要包括_____和_____。
5. 在数据库设计中，把数据需求写成文档，它是各类数据描述的集合，包括数据项、数据结构、数据流、数据存储和数据加工过程的描述，通常称为_____。

三、设计题

1. 一个图书馆借阅管理数据库要求提供下述服务：

（1）可随时查询书库中现有书籍的品种、数量与存放位置。所有类别书籍均可由书号唯一标识。

（2）可随时查询书籍借还情况，包括借书人单位、姓名、借书证号、借书日期和还书日期。

我们约定：任何人可借多种书，任何一种书可为多个人所借，借书证号具有唯一性。

（3）当需要时，可通过数据库中保存的出版社的编号、电话、邮编及地址等信息了解相应出版社并增购有关书籍。

我们约定：一个出版社可出版多种书籍，同一本书仅为一个出版社出版，出版社名具有唯一性。

根据以上情况和假设，试做如下设计：

（1）构造满足需求的 E-R 图。

（2）将 E-R 图转换为关系模式。

（3）指出转换后的每个关系模式的码。

2. 某医院病房计算机管理中心需要如下信息：

科室：科名、科地址、科电话、医生姓名

病房：病房号、床位号、所属科室名

医生：姓名、职称、所属科室名、年龄、工作证号

病人：病历号、姓名、性别、诊断、主管医生姓名、病房号

其中，一个科室有多个病房、多个医生；一个病房只能属于一个科室；一个医生只属于一个科室，但可负责多个病人的诊治；一个病人的主管医生只有一个。

完成如下设计：

（1）构造满足需求的 E-R 图。

（2）将 E-R 图转换为关系模式。

（3）指出转换后的每个关系模式的码。

第4章　数据库的创建及管理

设计好数据后，怎么创建数据库？在数据库的建库过程中，会遇到诸如如何建立数据库、如何设置数据库存放位置，甚至如何将数据库从此服务器移至另一服务器等问题。本章主要介绍数据库的创建、查看、修改、删除、分离和附加等。在介绍数据库管理时本章还引导大家作为未来IT信息技术人员应当具备相应职业道德、责任担当以及严谨的工作态度。

- SQL Server 数据库结构。
- 数据库的创建。
- 数据库的管理。
- 分离和附加数据库。

- 理解数据库文件、文件组的类型与作用。
- 掌握数据库的创建与管理。
- 掌握数据库的分离与附加。

数据库是 SQL Server 数据库管理系统的核心对象，它保存着应用程序的所有数据。用户通过对数据库的操作可以实现对所需数据的查询和调用，从而返回不同的数据结果。创建数据库必须要熟悉它的组成部分、创建方法及管理等。

本章及以后各章所述的数据库、表等概念，均指 SQL Server 2014 数据库。

4.1　SQL Server 数据库结构

SQL Server 2014 中数据库分为系统数据库和用户数据库，本章以用户数据库的创建和管理为主。如果要熟练地创建和应用数据库，必须对数据库的组成有清晰的了解，如它有哪些文件类型、系统数据库与用户数据库的区别等。本节主要介绍数据库的组成、数据库文件和文件组及系统数据库。

4.1.1　数据库的组成

数据库相当于一个容器，SQL Server 2014 的数据库对象主要包括表、视图、存储过程、触发器等，如图 4-1 所示。

图 4-1 数据库的组成

1. 数据表

数据表是 SQL Server 中最重要的数据库对象，是由行（记录、元组）和列（字段、属性）构成的实际关系，用于存放数据库中的所有数据。在表中还包含其他数据对象，如键、约束、触发器和索引等。键、约束用于保证数据的完整性，索引用于快速搜索所需要的信息。

（1）基本表，简称表，是用户定义的、存放用户数据的实际关系。一个数据库中的表可多达 20 亿个，每个表中可以有 1024 列和若干行（取决于存储空间），每行最多可存储 8092B 数据。

（2）特殊表。在基本表之外，SQL Server 还提供如下在数据库中起特殊作用的表：

1）临时表。临时表有两种类型：本地表和全局表。本地临时表只对创建者可见，且在用户与 SQL Server 实例断开连接后被删除；全局临时表在创建后对任何用户和任何连接都可见，在引用该表的所有用户都与 SQL Server 实例断开连接后被删除。

2）系统表。SQL Server 将定义服务器配置及其所有表的数据存储在系统表中。除通过专用的管理员连接（DAC，只能在 Microsoft 客户服务的指导下使用）外，用户无法直接查询或更新系统表；可以通过目录视图查看系统表中的信息。

2. 视图

视图是为了用户查询方便或数据安全需要而建立的虚拟表，其内容由查询定义。除索引视图外，视图数据不作为非重复对象存储在数据库中。数据库中存储的是生成视图数据的 SELECT 语句，视图的行和列数据来自由定义视图的查询所引用的表或者其他视图，并且是在引用视图时动态生成。分布式查询也可用于定义使用多个异类源数据的视图。用户可采用引用表时所使用的方法，在 T-SQL 语句中引用视图名称来使用此虚拟表。

3．存储过程

存储过程是用 T-SQL 编写的程序，包括系统存储过程和用户存储过程。系统存储过程由 SQL Server 提供，其过程名以 SP_开头；用户存储过程由用户编写，可自动执行过程中的任务。

存储过程可接收输入参数并以输出参数格式向调用过程或批处理返回多个值，可包含用于在数据库中执行操作的编程语句，可向调用过程或批处理返回状态值，以指明成功或失败。

可以使用 T-SQL 的 EXECUTE 语句来运行存储过程。存储过程与函数不同，存储过程不返回取代其名称的值，也不能直接在表达式中使用。

4．触发器

触发器是一种特殊的存储过程，在发生特殊事件时执行。例如，可为表的插入、更新或删除操作设计触发器，执行这些操作时，相应的触发器自动启动。触发器主要用于保证数据的完整性。

SQL Server 包括两大类触发器：DDL 触发器和 DML 触发器。当服务器或数据库中发生数据定义语言（DDL）事件时将调用 DDL 触发器，当数据库中发生数据操作语言（DML）事件时将调用 DML 触发器。

4.1.2　数据库文件和文件组

数据库从逻辑上看，描述信息的数据存储在数据库中并由 DBMS 统一管理；从物理上看，描述信息的数据是以文件的方式存储在物理磁盘上，由操作系统统一管理。

数据库的存储结构是指数据库文件在磁盘上如何存储。创建一个数据库时，SQL Server 会对应地在物理磁盘上创建相应的操作系统文件，数据库中的所有数据、对象和数据库操作日志都存储在这些文件中。一个数据库至少包含两个文件：数据文件和事务日志文件。

一个数据库的所有物理文件，在逻辑上通过数据库名联系在一起。也就是说一个数据库在逻辑上对应一个数据库名，在物理上对应若干个存储文件。

1．数据库文件

SQL Server 2014 数据库有三种类型的物理文件：主数据文件、次要数据文件和事务日志文件，如图 4-2 所示。它们是 SQL Server 2014 数据库系统真实存在的物理文件基础，而逻辑数据库是建立在该基础之上的关于数据库的逻辑结构的抽象。

（1）主数据文件，简称主文件。它包含了数据库的启动信息，并指向数据库中的其他文件，其中还存储数据库的部分或全部数据。每个数据库必有且只有一个主文件。主文件的默认文件扩展名是.mdf。

（2）次要数据文件，由用户定义并存储未包含在主文件内的其他数据。次要数据文件是可选的，一个数据库可有一个或多个次要数据文件，也可没有次要数据文件。通过将文件放在不同的磁盘驱动器上，次要数据文件可将数据分散到多个磁盘上。另外，如果数据库的大小超过了单个 Windows 文件的最大值的限制，可使用次要数据文件以使数据库能继续增长。次要数据文件的默认文件扩展名是.ndf。

（3）事务日志文件，简称日志文件，是用于存储事务日志信息（数据库更新情况）以备恢复数据库所需的文件。它包含一系列记录，这些记录的存储不以页为单位。日志文件是必需的，一个数据库可以有一个或多个事务日志文件。日志文件的默认文件扩展名是.ldf。

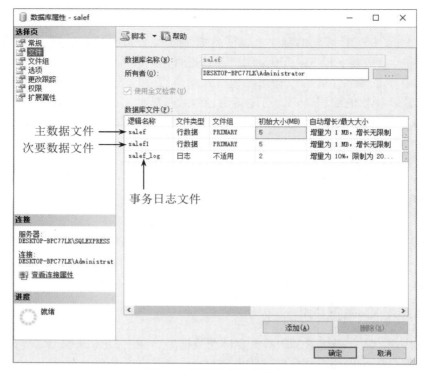

图 4-2   数据库文件的组成

说明：数据库至少包含两个文件：主数据文件（*.mdf），一个数据库有且仅有一个主数据文件；事务日志文件（*.ldf），至少有一个日志文件，也可以有多个。而对于次要数据文件（*.ndf），一个数据库可以有一个或多个次要数据文件，也可以没有。

默认情况下，主要数据文件和事务日志文件被放在同一驱动器上的同一路径下，这是为处理单磁盘系统而采用的方法。但在生产环境中，这可能不是最佳方法。建议将数据和日志文件放在不同的磁盘上。

2. 文件组

为了便于管理和分配数据，可以将多个数据文件集合起来形成一个文件组。通过文件组，可以将特定的数据库对象与该文件组相关联，对数据库对象的操作都将在该文件组中完成，这样可以提高数据的查询性能。例如，可以分别在三个磁盘驱动器上创建三个次要数据文件，Data1.ndf、Data2.ndf 和 Data3.ndf，然后将它们分配给文件组 fgroup1；然后，可以明确地在文件组 fgroup1 上创建一个表，对表中数据的查询将分散到三个磁盘上，从而提高系统的性能。数据库文件组主要包括主文件组和用户定义文件组，数据库默认状态下只有主文件组，可以根据需求添加，如图 4-3 所示。

（1）主文件组。创建数据库时，系统自动创建主文件组，并将主文件及系统表的所有页都分配到主文件组中。此文件组还包含未放入其他文件组的辅助文件。每个数据库有且只有一个主文件组，主数据文件存放在主文件组。

（2）用户定义文件组。用户定义文件组是由用户创建的文件组，该组中包含逻辑上一体的数据文件和相关信息。大多数数据库只需要一个主文件组和一个日志文件就可很好地运行，但如果库中的文件很多，就要创建用户定义的文件组，以便管理。

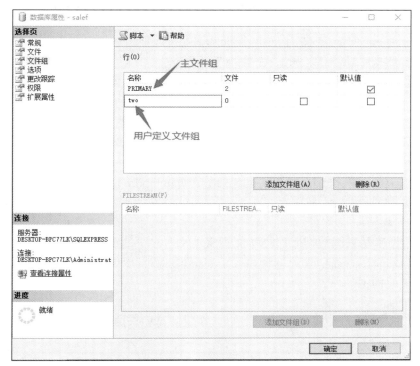

图 4-3　数据库文件组

在每个数据库中，同一时间只能有一个文件组是默认文件组。在创建数据库对象时如果没有指定将其放在哪一个文件组中，就会将它放在默认文件组中。一个文件只能存在于一个文件组中，一个文件组只能被一个数据库使用。文件组中只存放数据文件，事务日志文件不属于任何文件组。

4.1.3　系统数据库

SQL Server 的系统数据库有五个，在系统安装时会自动建立，不需要用户创建，这五个系统数据库分别是 master、model、msdb、tempdb 和 resource。

1. master 数据库

master 数据库是核心数据库，记录 SQL Server 的所有系统级信息，包括实例范围的元数据（例如登录账户）、端点、链接服务器和系统配置设置，所有其他数据库是否存在以及这些数据库文件的位置，系统初始化信息（如果 master 数据库不可用，则 SQL Server 无法启动）等。master 数据库是 SQL Server 系统中最重要的数据库。在 SQL Server 2014 中，系统对象不再存储在 master 数据库中，而是存储在 resource 数据库中。

2. model 数据库

model 数据库是 SQL Server 所有数据库的模板，所有在 SQL Server 中创建的新数据库的内容，在刚创建时都和 model 数据库完全一样。如果 SQL Server 专门用作一类应用，而这类应用都需要某个表，甚至在这个表中都包括同样的数据，则可在 model 数据库中创建这样的表并向表中添加公共的数据，这样以后每一个新创建的数据库中都会自动包含这个表和这些数据。也可向 model 数据库中增加其他数据库对象，这些对象都能被以后创建的数据库继承。

3. msdb 数据库

SQL Server Agent（代理）使用 msdb 数据库来安排报警、作业、记录操作员操作的数据库。

4. tempdb 数据库

tempdb 数据库用于为临时表、临时存储过程和其他临时操作提供存储空间，存放所有连接到系统的用户临时表和临时存储过程以及 SQL Server 产生的其他临时性的对象。tempdb 数据库是 SQL Server 中负担最重的数据库（几乎所有查询都可能要使用它），它的容量太小将直接影响系统性能（特别是采用行版本控制事务隔离时）。tempdb 数据库不能备份或还原，每次启动 SQL Server 时都重新创建 tempdb 数据库。断开与 SQL Server 的连接时会自动删除临时表和存储过程，并且在系统关闭后没有活动连接。因此 tempdb 数据库中不会有内容从一个 SQL Server 会话保存到另一个会话。

5. resource 数据库

resource 数据库是只读数据库，它包含了 SQL Server 中的所有系统对象。SQL Server 系统对象（例如 sys.objects）在物理上持续存在于 resource 数据库中，但在逻辑上，它们出现在每个数据库的 sys 架构中。

数据库的创建　　数据库创建
　　　　　　　　的实践操作

4.2 数据库的创建

创建数据库就是确定数据库的名称、文件名称、数据文件大小、数据库的字符集、是否自动增长以及如何自动增长等信息的过程。决定数据库大小的因素很多，比如，数据库中数据库对象的数目，数据行的数量、数据行的长度以及在数据库中预期存储的数据行数。本节主要介绍创建数据库的两种方法：一是使用 SSMS 创建数据库；二是使用 T-SQL 语句创建数据库。

4.2.1 使用 SSMS 创建数据库

在 SSMS 中使用向导创建数据库是一种最快捷的方式。用户可以通过向导，在图形界面环境下创建数据库。创建步骤如下：

（1）启动 SSMS，在"对象资源管理器"中右击"数据库"节点，选择"新建数据库"命令，如图 4-4 所示。

图 4-4　新建用户数据库

（2）打开"新建数据库"窗口，在"数据库名称"文本框中输入新数据库的名称 Sale，如图 4-5 所示。

（3）添加或删除数据文件和日志文件。指定数据库的逻辑名称，系统默认用数据库名作为前缀创建主数据库和事务日志文件，如主数据库文件名为 Sale，事务日志文件为 Sale_log。如图 4-5 所示。

图 4-5　"新建数据库"窗口

（4）可以更改数据库文件的初始大小、自动增长方式。文件的增长方式有多种，数据文件的默认增长方式是"按 MB"，事务日志文件的默认增长方式是"按百分比"，如图 4-6 所示。

图 4-6　文件增长方式对话框

（5）可以更改数据库对应的数据文件及事务日志文件的路径，如图 4-7 所示。

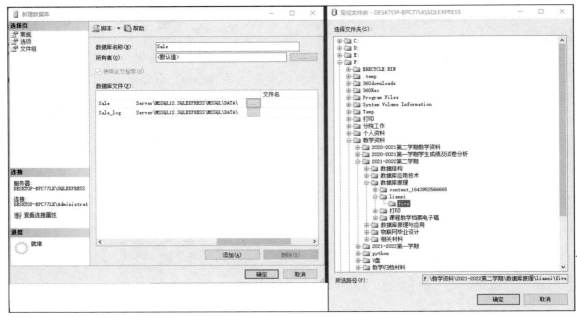

图 4-7　文件路径更改窗口

（6）在"新建数据库"窗口的"文件组"窗口中，可显示文件组和文件的统计信息，还可在此设置默认文件组，如图 4-8 所示。

图 4-8　文件组设置窗口

（7）单击"确定"按钮，即可在设置的路径位置创建 Sale 数据库，如图 4-9 所示。

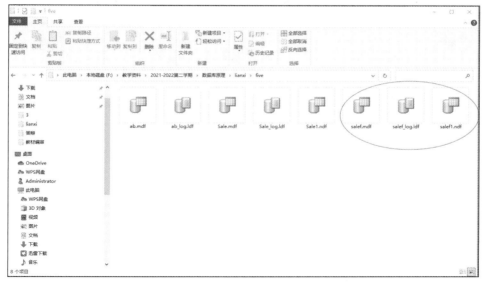

图 4-9 数据库文件创建成功

创建数据库的注意事项如下：

● 创建数据库需要一定许可，在默认情况下，只有系统管理员和数据库拥有者可以创建数据库。

● 创建数据库时，必须确定数据库的名称、所有者、大小以及存储该数据库的文件和文件组，数据库名称必须遵循 SQL Server 标识符规则。

● 所有的新数据库都是系统样本数据库 model 的副本。

● 单个数据库可以存储在单个文件上，也可以跨越多个文件存储。

● 在创建数据库时最好指定文件的最大允许增长的大小，这样做可以防止文件在添加数据时无限制增大，以至用尽整个磁盘空间。

4.2.2 使用 T-SQL 语句创建数据库

在 SQL Server 2014 中，可用 CREATE DATABASE 语句创建数据库。具体语法格式及说明如下：

1. 语法格式

```
CREATE DATABASE database_name
[ ON [ PRIMARY ]    <filespec> [,...n]
[,FILEGROUP filegroup_name [DEFAULT] { <filespec>[,...n] } [,...n] ]
[ LOG ON <filespec> [,...n] ]
] [;]
```

其中：

```
<filespec>::=
( NAME = logical_file_name , FILENAME = 'os_file_name'
[ , SIZE = size [ KB|MB|GB|TB ] ]
[ , MAXSIZE = { max_size [ KB|MB|GB|TB] | UNLIMITED } ]
[ ,FILEGROWTH = growth_increment [ KB|MB|GB|TB| % ] ]
) [,...n]
```

2．CREATE DATABASE 语句中的参数摘要与说明

下列参数中的所有名称均必须符合标识符规则。

（1）[]：表示可选语法项，省略时各参数取默认值。

（2）[,...n]：表示前面的内容可以重复多次。

（3）{ }：表示必选项，有相应参数时，{ }中的内容是必选的。

（4）<>：表示在实际的语句中要用相应的内容替代。

（5）database_name：新数据库名称，在 SQL Server 的实例中必须唯一。

（6）ON：ON 子句指定主文件、辅文件和文件组属性，定义存储数据库数据部分的操作系统文件；若未指定则系统自动创建主文件并使用系统生成的名称，大小为 3MB。

（7）PRIMARY：指定关联的<filespec>置于主文件组。在主文件组的<filespec>项中指定的第一个文件将成为主文件，默认值是 CREATE DATABASE 语句中列出的第一个文件。

（8）<filespec>：用以定义主文件组的文件属性。其中，

1）NAME=logical_file_name：指定文件的逻辑名称。logical_file_name 必须在数据库中唯一，可以由字符、Unicode 常量、常规标识符、分隔标识符组成，默认值是 database_name。

2）FILENAME='os_file_name'：指定操作系统（物理）文件名称。os_file_name 是创建文件时由操作系统使用的路径和文件名。路径可以是已经存在的本地服务器上的路径或 UNC 路径；如果指定为 UNC 路径，则不能设置 SIZE、MAXSIZE 和 FILEGROWTH 参数；不要将文件放在压缩文件系统中（只读的辅助文件除外）；文件名的默认值是 database_name。

3）SIZE=size：指定文件的初始大小。size 是整数，其默认单位为 MB。默认大小为 1MB。

4）MAXSIZE={max_size|UNLIMITED}：指定文件可增大到的最大值。max_size 是整数，其默认单位为 MB。如果未指定或指定为 UNLIMITED，则日志文件最大为 2TB，数据文件最大为 16TB。

5）FILEGROWTH=growth_increment：指定文件的自动增量。growth_increment 是每次为文件添加的空间量，默认自动增长且值是 1MB（数据文件）和 10%（日志文件）；指定的大小将舍入为最接近的 64KB 的倍数；不能超过 MAXSIZE 设置；值为 0 表明关闭自动增长。

（9）FILEGROUP filegroup_name [DEFAULT]：指定文件组的逻辑名称。filegroup_name 必须在数据库中唯一，可以由字符、Unicode 常量、常规标识符或分隔标识符组成，但不能是 PRIMARY 和 PRIMARY_LOG。DEFAULT 指定 filegroup_name 文件组为数据库的默认文件组，只能指定一个。

（10）LOG ON：指定事务日志文件属性，其后是定义日志文件的<filespec>列表；若未指定，则系统自动创建一个大小为该数据库数据文件大小总和的 25%或 512KB（取较大者）的日志文件。

3．应用说明

```
CREATE DATABASE 数据库名称
[ON
[FILEGROUP 文件组名称]
(   NAME=数据文件逻辑名称,
    FILENAME='路径+数据文件名',
    SIZE=数据文件初始大小,
    MAXSIZE=数据文件最大容量,
```

　　FILEGROWTH=数据文件自动增长容量),...n]
　　[LOG ON
　　(　　NAME=日志文件逻辑名称,
　　　　FILENAME='路径+日志文件名',
　　　　SIZE=日志文件初始大小,
　　　　MAXSIZE=日志文件最大容量,
　　　　FILEGROWTH=日志文件自动增长容量)...n]

【例 4-1】使用 CREATE DATABASE 创建一个 student 数据库，所有参数均取默认值。

在 SSMS 窗口中单击标准工具栏上的"新建查询"按钮，打开查询编辑器窗口，输入 T-SQL 语句：create database student，再单击工具栏上的"执行"按钮即可完成数据库的创建，如图 4-10 所示。

图 4-10　用 T-SQL 语句创建数据库

【例 4-2】用 T-SQL 语句创建一个图书管理数据库，其中数据库主数据文件的逻辑名称为 book，物理文件名称为 book.mdf，初始大小为 5MB，最大为 30MB，每次增长 3MB；日志文件的逻辑名称为 book_log，物理文件名称为 book _log.ldf，初始大小为 3MB，最大容量不受限制，文件每次增长 10%。

在查询窗口中输入如下 T-SQL 语句，单击工具栏上的"执行"按钮，结果如图 4-11 所示。

```
CREATE DATABASE book
ON PRIMARY
    (NAME=book,
    FILENAME='E:\lianxi\book.mdf,
    SIZE=5MB,
    MAXSIZE=30MB,
```

```
    FILEGROWTH=3MB
    )
LOG ON
    (NAME=book_log,
    FILENAME='E:\lianxi\book_log.1df',
    SIZE=2MB,
    MAXSIZE=UNLIMITED,
    FILEGROWTH=10%)
```

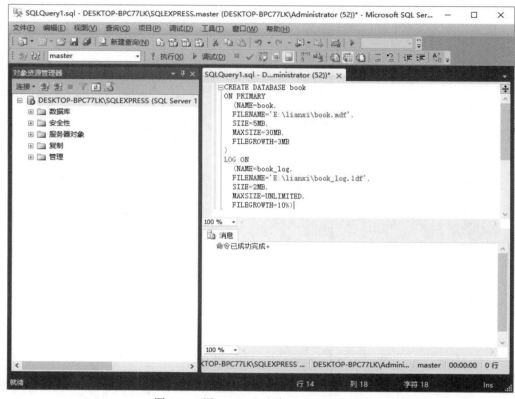

图 4-11　用 T-SQL 语句创建 book 数据库

【例 4-3】使用 T-SQL 语句创建一个病房管理数据库，其中数据库的主数据文件逻辑名称为 bfgl，物理文件名称为 bfgl.mdf，初始大小为 6MB，最大尺寸为无限大，增长速度为 10%；数据库有两个日志文件逻辑名称分别为 bfgl_log 和 bfgl2_log，初始大小为 3MB 和 4MB，最大容量都为 50MB，增长速度都为 3MB。

在查询窗口中输入如下 T-SQL 语句，单击工具栏上的"执行"按钮，结果如图 4-12 所示。

```
CREATE DATABASE bfgl
ON PRIMARY
    (NAME=bfgl,
    FILENAME='E:\lianxi\bfgl.mdf',
    SIZE=6MB,
    MAXSIZE=UNLIMITED,
    FILEGROWTH=10%)
```

```
LOG ON
    (NAME=bfgl_log,
     FILENAME='E:\lianxi\bfgl_log.1df',
     SIZE=3MB,
     MAXSIZE=50MB,
     FILEGROWTH=3MB),
    (NAME=bfgl2_log,
     FILENAME='E:\lianxi\bfgl2_log.1df',
     SIZE=4MB,
     MAXSIZE=50MB,
     FILEGROWTH=3MB)
```

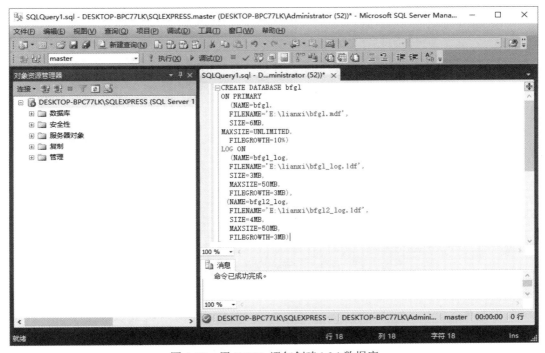

图 4-12　用 T-SQL 语句创建 bfgl 数据库

4.3　数据库的管理

数据库的管理

数据库创建完成后，根据应用系统的需求可能要对数据库进行修改，比如增加数据文件或日志文件、修改文件的属性、重命名数据库、删除数据库等。本节主要介绍查看数据库、修改数据库及删除数据库。

4.3.1　查看数据库

查看数据库的方法有两种：一种是使用 SSMS 查看数据库；二是使用 T-SQL 语句查看数据库。

1. 使用 SSMS 查看数据库

在 SSMS 中，右击数据库名，在弹出的快捷菜单中选择"属性"命令，出现图 4-13 所示的窗口。该属性窗口显示了 salef 数据库的上次备份日期、数据库日志上次备份日期、名称、所有者、创建日期、大小、可用空间、用户数和排序规则等信息。

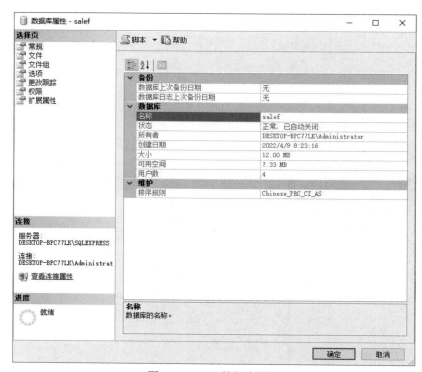

图 4-13　salef 数据库属性

单击"文件""文件组""选项""权限""扩展属性""镜像"和"事务日志传送"选项，可以查看数据库文件、文件组、数据库选项、权限、扩展属性、数据库镜像和事务日志传送等属性。

利用打开"数据库属性"窗口的方法，既可以查看数据库的属性，同时也可以修改相应的属性设置。

2. 使用 T-SQL 语句查看数据库

使用系统存储过程 sp_helpdb 可以查看数据库信息。

语法格式：

　　　[EXECUTE] sp_helpdb [数据库名]

说明：在执行该存储过程时，如果给定了数据库名作为参数，则显示该数据库的相关信息。如果省略"数据库名"参数，则显示服务器中所有数据库的信息。比如，查看 salef 数据库，如图 4-14 所示。

```
sp_helpdb salef
go
sp_helpdb
go
```

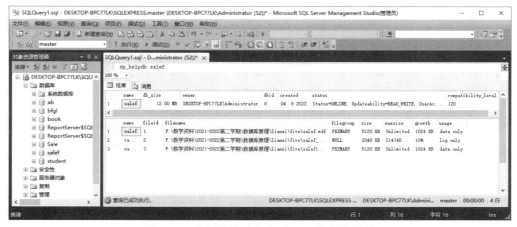

图 4-14 使用存储过程查看 salef 数据库属性

4.3.2 修改数据库

修改数据库的方法有两种：一种是使用 SSMS 修改数据库；二是使用 T-SQL 语句修改数据库。

1. 使用 SSMS 修改数据库

右击"对象资源管理器"窗口中"数据库"项下的拟修改数据库"salef 数据库"，选择快捷菜单中的"属性"命令，可进入"数据库属性"窗口（图 4-13），在这里可以快捷地修改数据库。

通过选择不同的选项页，可以修改数据库的各种属性和设置，简述如下：

（1）"常规"页：显示当前数据库的基本情况，如数据库名称、状态、所有者、创建日期、大小、可用空间、排序规则等，但不能修改。

（2）"文件"页：显示当前数据库文件信息。可以在此窗口修改数据库的所有者，数据库文件的逻辑名、大小、文件组、增长方式等属性，以及设置或取消使用全文索引。

（3）"文件组"页：显示当前数据库文件组信息，可以在此页修改数据库的默认文件组。

（4）"选项"页：显示当前数据库的排序规则、恢复模式、恢复选项、游标选项组、杂项组、状态选项组和自动选项组等信息，并可以修改这些属性。

（5）"权限"页：显示当前数据库的用户或角色以及他们相应的权限信息，可以为当前数据库添加、删除用户或角色，以及修改他们相应的权限。

（6）"扩展属性"页：可以在此窗口为当前数据库建立、添加、删除扩展属性。

（7）"镜像"页：显示当前数据库的镜像设置属性，可以在设置当前数据库的镜像属性过程中配置涉及的所有服务器实例的安全性，以及服务器网络地址、运行模式等。

（8）"事务日志传送"页：显示当前数据库的日志传送配置信息，可以为当前数据库设置事务日志备份计划、辅助数据库实例以及监视服务器实例。

2. 使用 T-SQL 语句修改数据库

在 SQL Server 2014 中，可用 ALTER DATABASE 语句创建数据库。注意，只有数据库管理员（DBA）或者具有 CREATE DATABASE 权限的人员才有权执行此命令。具体语法格式及说明如下：

（1）语法格式。

```
ALTER DATABASE database_name
{ <新增或修改文件>|<新增或修改文件组>|MODIFY NAME=new_database_name }[;]
```

其中：

1）<新增或修改文件>::=

```
{ADD FILE <filespec>[,...n] [ TO FILEGROUP {filegroup_name|DEFAULT} ] }
 | ADD LOG FILE <filespec>[,...n]
 | REMOVE FILE logical_file_name
 | MODIFY FILE <filespec>}
<filespec>::=
( NAME = logical_file_name [, NEWNAME = new_logical_name ]
  [, FILENAME = 'os_file_name'] [, SIZE = size [ KB|MB|GB|TB ] ]
   [, MAXSIZE = { max_size [ KB|MB|GB|TB ]|UNLIMITED } ]
   [, FILEGROWTH = growth_increment [ KB|MB|GB|TB|% ] ]
)
```

2）<新增或修改文件组>::=

```
{ ADD FILEGROUP filegroup_name
 | REMOVE FILEGROUP filegroup_name
 | MODIFY FILEGROUP filegroup_name
  { { READ_ONLY|READ_WRITE } | DEFAULT | NAME = new_filegroup_name }
 }
```

（2）参数说明。

1）database_name：要修改的数据库的名称。

2）MODIFY NAME = new_database_name：用指定的 new_database_name 重命名数据库。

3）<新增或修改文件>：对数据库进行添加、删除或修改的操作。其中：

a．ADD FILE <filespec>[,...n]：将要添加的数据文件添加到数据库。

b．TO FILEGROUP { filegroup_name | DEFAULT }：将要添加的数据文件添加到指定的文件组，DEFAULT 表示将文件添加到当前默认文件组中。

c．ADD LOG FILE <filespec>[,...n]：将要添加的日志文件添加到数据库。

d．REMOVE FILE logical_file_name：从数据库中删除逻辑文件说明并删除物理文件（若文件非空则无法删除），logical_file_name 是在 SQL Server 中引用文件时所用的逻辑名称。

e．MODIFY FILE <filespec>：用于修改文件，一次只能更改一个<filespec>。需在<filespec>中指定 NAME 以标识拟修改的文件，如果指定 SIZE，则新指定的大小需大于文件的当前大小。

f．<filespec>：定义添加、修改或删除的文件的属性。

4）<新增或修改文件组>：在数据库中添加、删除文件组或修改文件组属性。其中：

a．ADD FILEGROUP filegroup_name：将文件组添加到数据库。

b．REMOVE FILEGROUP filegroup_name：从数据库中删除文件组。若文件组非空则无法删除，因此应先将所有文件移至另一个文件组，然后再删除文件组。

c．MODIFY FILEGROUP filegroup_name：修改 filegroup_name 文件组的属性。其中：

● READ_ONLY：设置文件组为只读（不允许更新其中的对象）；主文件组不能设置为只读；对于只读数据库，系统启动时将跳过自动恢复过程、不收缩、不锁定（这可以加快查询速度）。

- READ_WRITE：设置文件组为读/写（允许更新其中的对象）。
- DEFAULT：将数据库的默认文件组更改为 filegroup_name 文件组。
- NAME = new_filegroup_name：将文件组名称更改为 new_filegroup_name。

（3）应用说明。

```
ALTER DATABASE  数据库名称
ADD FILE(具体文件格式)
[,…n]
[TO FILEGROUP  文件组名]
|ADD LOG FILE(具体文件格式)
[,…n]
|REMOVE FILE  文件逻辑名称
|MODIFY FILE(具体文件格式)
|ADD FILEGROUP  文件组名
|REMOVE FILEGROUP  文件组名
|MODIFY FILEGROUP  文件组名
{ READ_ONLY|READ_WRITE,
    | DEFAULT,
    | NAME =  新文件组名}
}
```

其中，"具体文件格式"为

```
(    NAME =文件逻辑名称
    [ , NEWNAME =新文件逻辑名称]
    [ , SIZE =初始文件大小]
    [ , MAXSIZE =文件最大容量]
    [ , FILEGROWTH =文件自动增长容量]
)
```

【例 4-4】在数据库 salef 中增加文件组，文件组的名称是 twogroup。

在查询窗口中输入如下 T-SQL 语句，单击工具栏上的"执行"按钮，结果如图 4-15 所示。

```
Alter database salef
Add filegroup twogroup
```

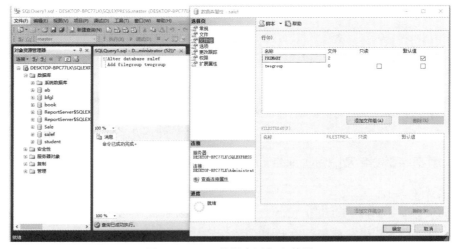

图 4-15　salef 数据库添加文件组

【例 4-5】查看数据库 salef 中的文件组。

在查询窗口中输入如下 T-SQL 语句，单击工具栏上的"执行"按钮。

```
use stu
go
sp_helpfilegroup
```

【例 4-6】对 salef 数据库增加次要数据文件，其中次要数据文件逻辑名称为"salef2"，物理文件名为"salef2.ndf"，初始大小为 5MB，最大尺寸为无限大，增长速度为 10%，将它添加到文件组 twogroup。

在查询窗口中输入如下 T-SQL 语句，单击工具栏上的"执行"按钮，结果如图 4-16 所示。

```
Alter database salef
Add file
(name=salef2,
Filename='E:\lianxi\salef2.ndf',
Size=5MB,
Filegrowth=10%,
Maxsize=UNLIMITED)
To filegroup twogroup
go
```

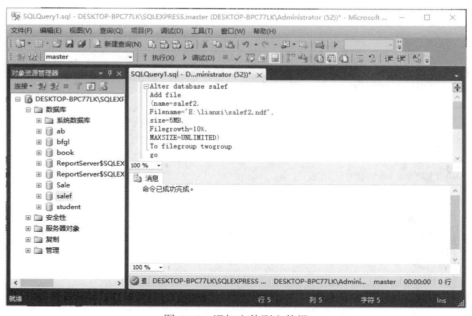

图 4-16　添加文件到文件组

4.3.3　数据库重命名及配置数据库

1. 数据库重命名

在修改数据库名之前，应确认其他用户已断开与数据库的连接，而且要修改数据库的配置为单用户模式。修改后数据库新名称必须遵循标识符的定义规则，并在数据库服务器中不存在。

（1）使用 SSMS 修改数据库名。

右击 salef 数据库→重命名→输入 salef1→按回车键完成操作。

注意事项：应事先关闭与要修改名字的数据库的连接，包括查询窗口。

（2）使用 T-SQL 语句修改数据库名，如图 4-17 所示。

```
SP_RENAMEDB   'salef' , 'salef1'
```

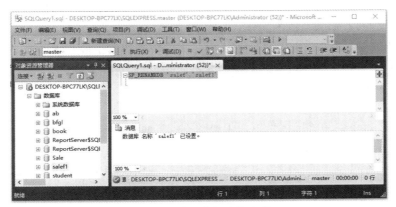

图 4-17　修改数据库的名称

2. 配置数据库

（1）使用 SSMS 设置 salef1 数据库只读。

在 SSMS 中，右击数据库名 salef1，在弹出的快捷菜单中选择　"属性"命令，出现如图 4-18 所示的窗口。单击"选项"按钮，将"数据库为只读"的属性设为 True。

图 4-18　配置数据库只读属性

（2）使用 T-SQL 语句设置数据库为只读。

切换到 student 数据库，然后将 read only 的值修改为 TRUE，T-SQL 语句如下：

Sp_dboption 'student','read only','true'

4.3.4 删除数据库

用户可以根据自己的权限删除用户数据库，但不能删除当前正在使用（正打开供用户读写）的数据库或只读数据库，也不能删除系统数据库（msdb、model、master、tempdb）。删除数据库意味着将删除数据库中的所有对象，包括表、视图和索引等。如果数据库没有备份，则不能恢复。

1．使用 SSMS 删除数据库

在 SSMS 中可以快捷地删除数据库，其步骤如下：

（1）右击"对象资源管理器"窗口中"数据库"项下的拟删除的数据库，选择快捷菜单的"删除"命令，进入"删除对象"窗口。

（2）在"删除对象"窗口中单击"确定"按钮，如图 4-19 所示，即可删除数据库。

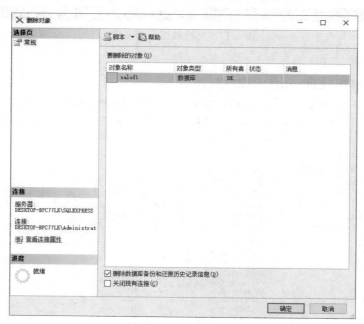

图 4-19　删除数据库

2．使用 T-SQL 语句删除数据库

T-SQL 语句提供了数据库删除语句 DROP DATABASE。

语法格式：

DROP DATABASE database_name [,...n]

【例 4-7】删除 salef1 数据库，T-SQL 语句如下：

DROP DATABASE salef1

【例 4-8】如果同时删除 salef1 和 student 两个数据库，T-SQL 语句如下：

DROP DATABASE salef1, student

4.4　分离和附加数据库

在实践应用中，经常会将数据库从一台计算机移动到另外一台计算机，或者将数据库从一个实例移动到另外一个实例。如何才能实现数据库中数据文件和日志文件不再受数据库管理系统的管理，可以任意地复制或剪切文件？本节主要介绍数据库分离与附加概念、分离数据库及附加数据库。

4.4.1　分离与附加概述

可以分离数据库的数据文件和事务日志文件，然后将它们重新附加到同一或其他 SQL Server 实例。分离数据库是指将数据库从 SQL Server 实例中删除，但使数据库在其数据文件和事务日志文件中保持不变。

如果存在下列任何情况，则不能分离数据库：已复制并发布数据库；数据库中存在数据库快照；数据库处于可疑状态。

附加数据库是分离的逆操作，即利用从 SQL Server 实例分离出来的文件将数据库附加到任何 SQL Server 实例。通常，附加数据库时会将数据库重置为它分离或复制时的状态。

附加数据库时，所有数据文件（MDF 文件和 NDF 文件）都必须可用。如果任何数据文件的路径不同于首次创建数据库或上次附加数据库时的路径，则必须指定文件的当前路径。如果所附加的主数据文件为只读，则数据库引擎会假定数据库也是只读的。

分离再重新附加只读数据库后，会丢失差异基准信息。这会导致 master 数据库与只读数据库不同步，之后所做的差异备份可能导致意外结果。因此，如果对只读数据库使用差异备份，在重新附加数据库后，应通过进行完整备份来建立当前差异基准。

4.4.2　分离数据库

1. 使用 SSMS 分离数据库

【例 4-9】使用 SSMS 实现 salef1 数据库的分离，并将数据库对应的文件复制到 F:\lianxi 中。数据库分离具体操作步骤如下：

（1）启动 SSMS，在"对象资源管理器"窗口中展开"数据库"节点。

（2）右击 salef1，选择"任务"中的"分离"，如图 4-20 所示。

（3）打开"分离数据库"窗口，选择要分离的数据库，并进行相关设置，如图 4-21 所示。

（4）分离数据库准备就绪后，单击"确定"按钮，完成数据库的分离操作。数据库分离成功后，在"数据库"节点中 salef1 将不复存在。

（5）将 E:\lianxi 文件夹中 salef1 数据库对应的数据文件和日志文件复制到 F:\lianxi 文件夹中（如果该文件夹不存在，请首先创建该文件夹）。

2. 使用 T-SQL 语句分离数据库

在 SQL Server 中，使用存储过程 sp_detach_db 可以实现数据库的分离。

语法格式：

sp_detach_db 数据库名

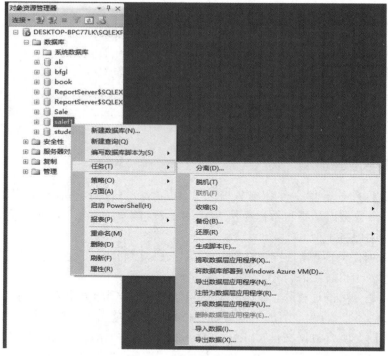

图 4-20　分离数据库操作

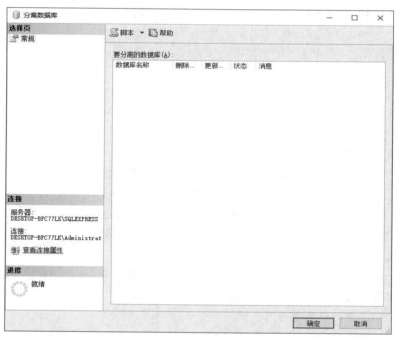

图 4-21　"分离数据库"窗口

【例 4-10】使用 T-SQL 语句实现 salef 数据库的分离。

```
EXEC sp_detach_db 'salef'
```

4.4.3　附加数据库

1. 使用 SSMS 附加数据库

数据库附加具体操作步骤如下：

（1）在"对象资源管理器"窗口中展开服务器树，右击"数据库"，在弹出的快捷菜单中选择"附加"命令，系统弹出"附加数据库"窗口。

（2）单击"附加数据库"窗口内的"添加"按钮，在弹出的"定位数据库文件"对话框中展开要添加的数据库文件所在文件夹，选定数据库主文件，单击"确定"按钮，返回"附加数据库"窗口。

（3）"附加数据库"窗口分区域显示将附加的数据库的基本情况，包括数据库名称、物理文件名称及存储路径（如果消息提示未找到文件，可在此修正存储路径）等，如图 4-22 所示。设置完成后，单击"确定"按钮，数据库引擎随即将指定的数据库附加到当前 SQL Server 实例。稍后刷新"数据库"节点，即可看到刚附加进来的数据库，并可使用该数据库。

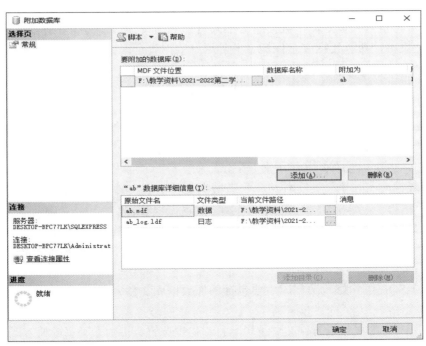

图 4-22　"附加数据库"窗口

2. 使用 T-SQL 语句附加数据库

在 SQL Server 中，使用存储过程 EXEC sp_attach_db 可以实现数据库的附加。

语法格式：

sp_attach_db 数据库名,@filename=文件名[,…16]

【例 4-11】使用 T-SQL 语句将 F:\lianxi 文件夹中的数据库附加到当前的 SQL Server 实例上。

```
EXEC sp_attach_db xs,'F:\lianxi\salef1.mdf','F:\lianxi\salef1_log.ldf'
```

课程思政案例

案例主题：顺丰删库事件——责任担当+职业道德，守好"数据之门"

2018 年 9 月，顺丰科技数据中心的一位邓某错选了 RUSS 数据库，打算删除执行的 SQL。在选定删除时，因其操作不严谨，光标回跳到 RUSS 库的实例，在未看清所选内容的情况下，便通过 Delete 键执行删除，同时邓某忽略了弹窗提醒，直接回车，导致 RUSS 生产数据库被删掉。因运维工作人员不严谨的操作，导致 OMCS 运营监控系统瞬间崩溃，该系统上临时车线上发车功能无法使用并持续约 10 个小时。此次删库对生产业务产生了严重的负面影响。事发后，顺丰将邓某辞退，且在顺丰科技全网通报批评。

思政映射

顺丰工程师删库事件，透露出该工作人员工作不认真，缺乏基本的责任心及职业道德。作为未来 IT 信息技术人员，每个数据库运维人员都必须具备基本的职业道德，严谨的工作态度，遵守职业规范，履行数据安全保护义务，尽好数据安全保护责任。

小　　结

1. 数据库至少包含两个文件，即主数据文件和事务日志文件，其扩展名分别是.mdf 和.ldf。数据库中只能有一个主数据文件，可以有一个或多个日志文件。数据库还可以包含一个或多个次要数据文件，也可以没有，其扩展名是.ndf。

2. 每个数据库有一个主要文件组，只有数据文件放在文件组，事务日志文件不能存放在文件组。

3. 创建数据库的方法：一是使用 SSMS 创建数据库；二是使用 T-SQL 语句创建数据库。

4. 创建管理数据库的命令动词：CREATE DATABASE、ALTER DATABASE、DROP DATABASE。

5. 使用 T-SQL 语句修改数据库主要包括增加数据库文件容量、添加或删除数据文件、添加或删除文件组等。

6. 数据库文件的属性设置：文件逻辑名称、物理位置、初始大小、增长方式及最大容量。

习　　题

一、选择题

1. 数据库中主数据文件的扩展名是（　　）。

    A．.ndf　　　　　　B．.ldf　　　　　　C．.mdf　　　　　　D．.cdf

2. 一个数据库文件中有（　　）次要数据文件。

    A．1 个　　　　　　B．0 个　　　　　　C．多个　　　　　　D．0 或多个

3．删除数据库的命令动词是（　　　）。

　　A．DROP　　　　　B．DELETE　　　C．ALTER　　　　　D．MODIFY

4．下面（　　　）不属于 SQL Server 的系统数据库。

　　A．master　　　　B．model　　　　C．tempdb　　　　D．pubs

5．下面关于文件组描述错误的选项是（　　　）。

　　A．每个数据库只有一个主文件组

　　B．事务日志文件可以放在文件组

　　C．用户可以创建文件组

　　D．次要数据文件可以放在主文件组

二、填空题

1．T-SQL 语句中创建数据库的命令是_____，修改数据库的命令是_____。

2．SQL Server 数据库中次要数据文件的扩展名是_____，事务日志文件的扩展名是_____。

3．数据库文件组分为_____和_____。

4．使用 T-SQL 语句设置数据库只读，将 read only 的值修改为_____。

5．使用 T-SQL 语句修改数据库时，添加数据文件使用的命令动词是_____，删除数据文件使用的命令动词是_____。

三、简答题

1．简述 SQL Server 数据库由哪些文件组成以及它们之间的区别。

2．简述主文件组与用户定义文件组的区别。

3．简述数据库创建的方法。

四、操作题

1．对 book 数据库增加次要数据文件（存储另外一个盘符，将它添加到文件组 twogroup，增加容量大小自定）。

2．对 book 数据库修改次要数据文件和日志文件的容量，增加容量大小（修改容量必须大于原来的容量大小）。

3．使用 T-SQL 语句修改 book 数据库的名字为 book1。

4．使用 T-SQL 语句设置数据库 book 为只读，删除 student 数据库。

5．使用 T-SQL 语句创建一个学生信息数据库，该数据库的主文件逻辑名称为 stu，初始大小为 5MB，最大尺寸为无限大，增长速度为 3MB；数据库有两个日志文件，逻辑名称分别为 stu_log 和 stu2_log，初始大小为 3MB 和 5MB，最大容量都为 100MB，增长速度都为 5MB。

第5章 数据表的创建及管理

本章导读

在 SQL Server 中，表是数据库中最基本的组成要素，数据库中所有的数据都存储在数据表中，对数据库的所有操作几乎都跟表息息相关，创建及设置合理的数据表对数据库至关重要。本章主要介绍数据类型、数据表的创建和修改、数据表约束的设置与数据表数据的操作等。在介绍数据表数据操作时，提醒大家要保证数据输入的正确性、完整性，养成严谨的工作态度及良好的数据意识。

本章要点

- 数据表的创建。
- 数据表的修改。
- 数据表的约束。
- 数据表数据的操作。

学习目标

- 理解表的概念。
- 灵活运用常用数据类型。
- 掌握使用对象资源管理器创建及管理表。
- 掌握使用 T-SQL 语句创建及管理表。

数据库由表的集合组成，关系型数据库中的表都是二维表，表的一列称为一个字段，表的一行称为一个记录。数据表的操作主要包括表的结构设计及定义、表的约束设置、数据的操作及表的管理。

数据表的创建

5.1 数据表的创建

数据表的创建实质就是定义表结构及约束等属性，本节主要介绍表结构的定义，而约束等属性将在后面专门介绍。在创建表之前，先要设计表，即确定表的名字、所包含的各列名、列的数据类型和长度、是否为空值、是否使用约束等。

5.1.1　数据表概述

1. 表的概念

表是数据库的基本单位，它是一个二维表，表由行和列组成，见表 5-1。每行代表唯一的一条记录，是组织数据的单位，通常称为表数据。每一行代表一名员工，各列分别表示员工的详细资料，如员工编号、姓名、性别、年龄、职称、籍贯等。每列代表记录中的一个域，用来描述数据的属性，通常称为表结构，如姓名等，每个字段可以理解为字段变量，可以定义数据类型、大小等信息。

表 5-1　员工信息表

员工编号	姓名	性别	年龄	职称	籍贯
YG001	张华	男	30	工程师	河北
YG002	刘强	男	39	高级工程师	江苏
YG003	胡玉	女	32	工程师	北京
...	...	...	...	...	...
YG045	李亮	男	36	高级工程师	湖南

SQL Server 是一个关系数据库，它使用上述的由行和列组成的二维表来表示实体及其联系。SQL Server 中的每个表都有一个名字，以标识该表。例如表 5-1 的名字是员工信息表。下面我们说明一些与表有关的名词。

（1）表结构。每个数据库包含了若干个表。每个表具有一定的结构，称为"表型"。所谓表型是指组成表的名称及数据类型，也就是日常表格的"栏目信息"。

（2）记录。每个表包含了若干行数据，它们是表的"值"。表中的一行称为一个记录，因此，表是记录的有限集合。

（3）字段。每个记录由若干个数据项构成，将构成记录的每个数据项称为字段。

（4）关键字。在员工信息表中，若不加以限制，每个记录的姓名、性别、年龄、职称和籍贯这五个字段的值都有可能相同，但是员工编号字段的值对表中所有记录来说一定不同，员工编号是关键字，也就是说通过员工编号字段可以将表中的不同记录区分开来。

2. 表的类型

在 SQL Server 数据库中，按照表的作用可以将表分为四种类型。

（1）系统表。SQL Server 将定义服务器配置及其所有表的数据存储在一组特殊的表中，这组表称为系统表。除非通过专用管理员连接，否则用户无法直接查询或更新系统表。SQL Server 数据库引擎系统表已经作为只读视图实现，无法直接使用这些系统表中的数据，建议通过使用目录视图访问 SQL Server 元数据。

（2）用户表。它是用户定义的标准表，在 SQL Server 2014 中，每个数据库最多包含 2147483647 个数据库库对象。表的行数及总大小仅受可用存储空间的限制，每行最多可以包括 8060 个字节。

（3）临时表。临时表有本地表和全局表两种类型。在与首次创建或引用表时相同的 SQL Server 实例连接期间，本地临时表只对创建者可见。当用户与 SQL Server 实例断开连接后，将删除本地临时表。全局临时表在创建后对任何用户和任何连接都是可见的，当引用该表的所有用户都与 SQL Server 实例断开连接后，将删除全局临时表。

（4）宽表。宽表是定义了列集的表，宽表使用稀疏列将表可以包含的总列数增大为30000 列。

5.1.2　数据类型

在设计数据表时，除了要确定它包括哪些字段外，还要确定每个字段的数据类型。数据类型就是定义每个列所能存放的数据值和存储格式。例如，如果某一列只能用于存放姓名，则可以定义该列的数据类型为字符型。同理，如果某列要存储数字，则可以定义该列的数据类型为数字型数据。列的数据类型可以是 SQL Server 提供的系统数据类型，也可以是用户自定义数据类型。

1．系统数据类型

关系表中的每一列（即每个字段）都来自同一个域，属于同一种数据类型。创建数据表之前，需要为表中的每一个属性设置一种数据类型。常见的系统数据类型见表 5-2。

表 5-2　系统数据类型

数据类型	数据范围	占用字节
精确数字		
bit	可以取值为 1、0 或 NULL 的整数数据类型	实际使用 1bit，但会占用 1 个字节
tinyint	0 到 255	1 个字节
smallint	-2^{15}（-32,768）到 2^{15}-1（32,767）	2 个字节
int	-2^{31}（-2,147,483,648）到 2^{31}-1（2,147,483,647）	4 个字节
bigint	-2^{63}（-9,223,372,036,854,775,808）到 2^{63}-1（9,223,372,036,854,775,807）	8 个字节
numeric	使用最大精度时，为-10^{38}+1 到 10^{38}-1	1～9 位使用 5 字节，10～19 位使用 9 字节，20～28 位使用 13 字节，29～38 使用 17 字节
decimal	使用最大精度时，为-10^{38}+1 到 10^{38}-1	与 numeric 类型相同
money	-922,337,203,685,477.5808 到 922,337,203,685,477.5807	8 个字节
smallmoney	-214,748.3648 到 214,748.3647	4 个字节
近似数字		
float	-1.79E+308 到 1.79E+308	8 个字节
real	-3.40E+38 到 3.40E+38	4 个字节
日期时间		
datetime	1753/1/1 到 9999/12/31	8 个字节
smalldatetime	1900/1/1 到 2079/6/6	4 个字节

数据类型	数据范围	占用字节
字符串		
char	1 到 8000 个字符，定长非 Unicode 字符	1 字符占 1 字节，尾端空白字符保留
varchar	1 到 8000 个字符，非定长非 Unicode 字符	1 字符占 1 字节，尾端空白字符删除
text	最多 2^{31}-1 个字符，变长非 Unicode 字符	1 字符占 1 字节，最大存储 2GB
nchar	1 到 4000 个字符，定长 Unicode 字符	1 字符占 2 字节，尾端空白字符保留
nvarchar	1 到 4000 个字符，非定长 Unicode 字符	1 字符占 2 字节，尾端空白字符删除
ntext	最多 2^{30}-1 个字符，变长 Unicode 字符	1 字符占 2 字节，最大存储 2GB
二进制字符串		
binary	1 到 8000 个字节，定长二进制数据	在存储时，SQL Server 会另外增加 4 字节，尾端空白字符保留
varbinary	1 到 8000 个字节，非定长二进制数据	在存储时，SQL Server 会另外增加 4 字节，尾端空白字符删除
image	2^{31}-1 个字符，非定长二进制数据	最大存储 2GB
其他数据类型		
timestamp	十六进制	8 字节
uniqueidentifier	全局唯一标识符	可用 NEWID()函数生成一个该种类型的字段值，16 字节
sql_variant	0 到 8016 字节，用于存储支持各种数据类型值的数据类型	—
table	存储供以后处理的结果集	—
xml	可以在列中或 xml 类型的变量中存储实例	—

下面对表 5-2 系统数据类型进行说明。

（1）整数数据类型。整数数据类型是常用的数据类型之一，主要用于存储数值，可以直接进行数据运算而不必使用函数转换。

1）bigint。每个 bigint 存储在 8 个字节中，其中一个二进制位表示符号位，其他 63 个二进制位表示长度和大小，可以表示 -2^{63}～2^{63}-1 范围内的所有整数。

2）int。int 或者 integer，每个 int 存储在 4 个字节中，其中一个二进制位表示符号位，其他 31 个二进制位表示长度和大小，可以表示 -2^{31}～2^{31}-1 范围内的所有整数。

3）smallint。每个 smallint 类型的数据占用了两个字节的存储空间，其中一个二进制位表示整数值的正负号，其他 15 个二进制位表示长度和大小，可以表示 -2^{15}～2^{15}-1 范围内的所有整数。

4）tinyint。每个 tinyint 类型的数据占用了一个字节的存储空间，可以表示 0～255 范围内的所有整数。

（2）浮点数据类型。浮点数据类型存储十进制小数，用于表示浮点数值数据的大致数值数据类型。浮点数据为近似值；浮点数值的数据在 SQL Server 中采用了只入不舍的方式进行存储，即当且仅当要舍入的数是一个非零数时，对其保留数字部分的最低有效位上加 1，并进行必要的进位。

1）real。可以存储正的或者负的十进制数值，它的存储范围为-3.40E+38～-1.18E-38、0 以及 1.18E-38～3.40E+38。每个 real 类型的数据占用 4 个字节的存储空间。

2）float[(n)]。其中 n 为用于存储 float 数值尾数的位数（以科学计数法表示），因此可以确定精度和存储大小。如果指定了 n，则它必须是介于 1 和 53 之间的某个值。n 的默认值为 53。

其范围为-1.79E+308～-2.23E-308、0 以及 2.23E+308～1.79E-308。如果不指定数据类型 float 的长度，它占用 8 个字节的存储空间。float 数据类型可以写成 float(n)的形式，n 为指定 float 数据的精度，n 为 1～53 之间的整数值。当 n 取值为 1～24 时，实际上定义了一个 real 类型的数据，系统用 4 个字节存储它。当 n 取值为 25～53 时，系统认为其是 float 类型，用 8 个字节存储它。

3）decimal[(p[,s])]和 numeric[(p[,s])]。带固定精度和小数位数的数值数据类型。使用最大精度时，有效值$-10^{38}+1$～$10^{38}-1$。numeric 在功能上等价于 decimal。

p（精度）指定了最多可以存储十进制数字的总位数，包括小数点左边和右边的位数，该精度必须是介于 1 和 38 之间的值，默认精度为 18。

s（小数位数）指定小数点右边可以存储的十进制数字的最大位数，小数位数必须是从 0 到 p 之间的值，仅在指定精度后才可以指定小数的位数。默认小数位数是 0；因此，$0 \leqslant s \leqslant p$。最大存储大小基于精度而变化。例如：decimal(10,5)表示共有 10 位数，其中整数 5 位，小数 5 位。

（3）字符数据类型。字符数据类型也是 SQL Server 中最常用的数据类型之一，用来存储各种字符，如数字符号和特殊符号。在使用字符数据类型时，需要在其前后加上英文单引号或者双引号。

1）char。当用 char 数据类型存储数据时，每个字符和符号占用一个字节存储空间，n 表示所有字符所占的存储空间，n 的取值为 1～8000。如不指定 n 的值，系统默认 n 的值为 1。若输入数据的字符串长度小于 n，则系统自动在其后添加空格来填满设定好的空间；若输入的数据过长，则会截掉其超出部分。

2）varchar。n 为存储字符的最大长度，其取值范围是 1～8000，但可根据实际存储的字符数改变存储空间，max 表示最大存储大小是 $2^{31}-1$ 个字节。存储大小是输入数据的实际长度加 2 个字节。所输入数据的长度可以为 0 个字符。如 varchar(20)，则对应的变量最多只能存储 20 个字符，不够 20 个字符的按实际存储。

3）text。用于存储文本数据，服务器代码页中长度可变的非 Unicode 数据，最大长度为 $2^{31}-1$（2,147,483,647）个字符。当服务器代码页使用双字节字符时，存储仍是 2,147,483,647 字节。

4）nchar(n)。n 个字符的固定长度 Unicode 字符数据。n 值必须在 1～4000 之间（含），如果没有数据定义或在变量声明语句中指定 n，默认长度为 1。此数据类型采用 Unicode 字符集，因此每一个存储单位占两个字节，可将全世界文字囊括在内。

5）nvarchar(n|max)。与 varchar 类似，存储可变长度 Unicode 字符数据。n 值必须在 1～4000 之间（含），如果没有数据定义或在变量声明语句中指定 n，默认长度为 1。max 指最大存储大小为 $2^{31}-1$ 个字节。存储大小是输入字符个数的两倍+2 个字节。所输入的数据长度可以为 0 个字符。

6）ntext。与 text 类型作用相同，为长度可变的非 Unicode 数据，最大长度为 2^{30}-1（1,073,741,283）个字符。存储大小是所输入字符个数的两倍（以字节为单位）。

（4）日期和时间数据类型。

1）datetime。用于存储时间和日期数据，从 1753 年 1 月 1 日到 9999 年 12 月 31 日，默认值为 1900-01-01 00：00：00。当插入数据或在其他地方使用时，需用单引号或双引号括起来。可以使用"/""-"和"."作为分隔符。该类型数据占用 8 个字节的空间。

2）smalldatetime。smalldatetime 类型与 datetime 类型相似，只是其存储范围是从 1900 年 1 月 1 日到 2079 年 6 月 6 日。当日期时间精度较小时，可以使用 smalldatetime，该类型数据占用 4 个字节的存储空间。smalldatetime 只精准到分，而 datetime 则可精准到 3.33 毫秒。因此无论 smalldatetime 怎么存，秒都是 00。

（5）二进制数据类型。

1）binary(n)。长度为 n 个字节的固定长度二进制数据，其中 n 是从 1～8000 的值。存储大小为 n 个字节。在输入 binary 值时，必须在前面带 0x，可以使用 0xAA5 代表 AA5。如果输入数据长度大于固定长度，超出的部分会被截断。

2）varbinary(n|max)。可变长度二进制数据，其中 n 是从 1～8000 的值，max 指示存储大小为 2^{31}-1 个字节。存储大小为所输入数据的实际长度+2 个字节。

在定义的范围内，不论输入的时间长度是多少，binary 类型的数据都占用相同的存储空间，即定义时空间，而对于 varbinary 类型的数据，在存储时按实际值的长度使用存储空间。

3）image。长度可变的二进制数据，范围为 0～2^{31}-1 个字节。用于存储照片、目录图片或者图画，容量也是 2,147,483,647 个字节，由系统根据数据的长度自动分配空间，存储该字段的数据一般不能使用 insert 语句直接输入。

（6）其他数据类型。

1）timestamp。时间戳数据类型，timestamp 的数据类型为 rowversion 数据类型的同义词，提供数据库范围内的唯一值，反映数据修改的唯一顺序，是一个单调上升的计数器，此列的值被自动更新。

在 create table 或 alter table 语句中不必为 timestamp 数据类型指定列名。

例如：create table testTable (id int primary key,timestamp)

此时 SQL Server 数据库引擎将生成 timestamp 列名；但 rowversion 不具备这样的行为，在使用 rowversion 时，必须指定列名。

2）uniqueidentifier。16 字节的 GUID（Globally Unique Identifier，全球唯一标识符），是 SQL Server 根据网络适配器地址和主机 CPU 时钟产生的唯一号码，其中，每个位都是 0～9 或 a～f 范围内的十六进制数字。例如，6F9619FF-8B86-D011-B42D-00C04FC964FF，此号码可以通过 newid()函数获得，在全世界各地的计算机由此函数产生的数字不会相同。

3）sql_variant。用于存储除文本、图形数据和 timestamp 数据外的其他任何合法的 SQL Server 数据，可以方便 SQL Server 的开发工作。

4）table。用于存储对表或视图处理后的结果集。这种新的数据类型使得变量可以存储一个表，从而使函数或过程返回查询结果更加方便、快捷。

5）xml。存储 xml 数据的数据类型。可以在列中或者 xml 类型的变量中存储 xml 实例。存储的 xml 数据类型表示实例大小不能超过 2GB。

2．用户自定义数据类型

SQL Server 允许用户自定义数据类型，用户自定义数据类型是建立在 SQL Server 系统数据类型的基础上的，自定义的数据类型使得数据库开发人员能够根据需要定义符合自己开发需求的数据类型。自定义数据类型虽然使用比较方便，但是需要大量的性能开销，所以使用时要谨慎。当用户定义一种数据类型时，需要指定该类型的名称、所基于的系统数据类型以及是否允许为空等。SQL Server 为用户提供了两种方法来创建自定义数据类型。下面分别介绍两种自定义数据类型的方法。

（1）使用对象资源管理器创建用户自定义数据类型。依次单击数据库 Test→"可编程性"→"类型"节点，在弹出的框中，主要设置用户定义的数据类型名称、所依据的系统数据类型、长度，其他选项可以根据需要设置。

（2）使用存储过程创建用户自定义数据类型。

可以使用图形界面创建自定义数据类型，SQL Server 中的系统存储过程 sp_addtype 也可为用户提供使用 T-SQL 语句创建自定义数据类型的方法。其语法如下：

> sp_addtype [@typename=] type,
>
> [@phystyle=] system_data_type
>
> [,[@nulltype =] 'null_type']

其中，各参数的含义如下：

1）type：用于指定用户定义的数据类型的名称。

2）system_data_type：用于指定相应的系统提供的数据类型的名称及定义。

注意：未能使用 timestamp 数据类型，当所使用的系统数据类型有额外的说明时，需要用引号将其括起来。

3）null_type：用于指定用户自定义的数据类型的 null 属性，其值可为 null、not null 或 notnull。默认时与系统默认的 null 属性相同。用户自定义的数据类型的名称在数据库中应该是唯一的。

例如：sp_addtype homeAddress 'varchar(120)','not null'

删除用户自定义数据类型：一是用图形界面删除，不做赘述；二是用系统存储过程 sp_droptype 删除。

例如：sp_droptype homeAddress，其中 homeAddress 为用户自定义数据类型名称。

注意：数据库正在使用的用户自定义数据类型，不能被删除。

5.1.3　创建数据表

数据表创建的实践操作

在 SQL Server 中我们可以使用 SSMS 和 T-SQL 语句两种方式创建表。

1．使用 SSMS 创建数据表

下面以创建 Sale 数据库中员工信息表（表名为 YGXX）为例介绍使用 SSMS 创建表的过程。

创建表前应该先确定员工信息表的名字和结构，表名为 YGXX，表结构见表 5-3。

表 5-3　员工信息表结构

列名	描述	数据类型	长度	是否允许为空值
Yno	学号	Char	11	N
name	姓名	Char	8	N
sex	性别	Char	2	N
age	年龄	Tinyint		N
title	职称	Char	10	N
jg	籍贯	Char	8	

创建数据表的具体步骤如下：

（1）打开 SSMS，在"对象资源管理器"窗口中选择要创建表的 Sale 数据库。

（2）展开 Sale 节点，右击"表"节点，在弹出的快捷菜单中选择"新建表"命令，如图 5-1 所示。

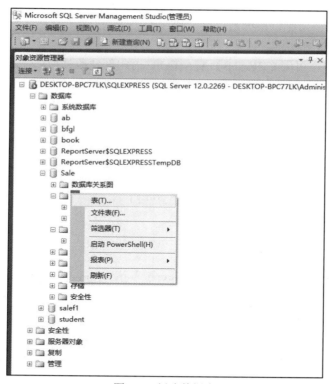

图 5-1　新建数据表

（3）在出现的表设计器窗口中定义表结构，即逐个定义表中的列（字段），确定各字段的名称（列名）、数据类型、长度以及是否允许取空值等，如图 5-2 所示。

（4）单击工具栏上的"保存"按钮，保存新建的数据表。

（5）在出现的"选择名称"对话框中，输入数据表的名称 YGXX，单击"确定"按钮，如图 5-3 所示。这时，可在"对象资源管理器"窗口中看到新建的 YGXX 数据表。

图 5-2 定义表结构

图 5-3 保存表对话框

YGXX 数据表定义的字符串数据类型的长度是可以修改的，整型数据类型的长度不能修改，默认字段允许为空，可以根据数据表结构要求设置为非空。

2. 使用 T-SQL 语句创建数据表

在 SQL Server 中，可用 CREATE DATABASE 语句创建数据库。

语法格式：

    CREATE TABLE   table_name
        ({ <列定义> } [,...n])
        [;]

其中：

（1）<列定义>::=   column_name   <数据类型>

    [列约束 [DEFAULT constant_expression]]

    [IDENTITY [(seed,increment)]]

    [NULL | NOT NULL]

    [<column_constraint> [, ...n]]

（2）<数据类型>::= [type_schema_name.]type_name [(precision[,scale] | max)]

（3）<列约束>::=

    [CONSTRAINT constraint_name]

    { { PRIMARY KEY | UNIQUE }   [CLUSTERED | NONCLUSTERED]

    | [FOREIGN KEY] REFERENCES[schema_name.]referenced_table_name [(ref_column)]

    | CHECK [NOT FOR REPLICATION] (logical_expression) }

参数说明：

（1）table_name：新表的名称，须遵循标识符规则［本地临时表名以单个"井"字符号（#）开头］。

（2）<列定义>：关于列的定义。其中：

1）column_name：列名。必须遵循标识符规则并在表中唯一。

2）<数据类型>：指定列的数据类型。其中：

a．[type_schema_name.]type_name：指定列的数据类型及该列所属架构。

b．(precision[,scale]|max)：precision 指定数据精度；scale 指定数据的小数位数；max 只适用于 varchar、nvarchar 和 varbinary 数据类型。

3）NULL|NOT NULL：指定列中是否允许空值。

4）列约束：指定列的约束的名称。

5）DEFAULT constant_expression：定义列的默认值。constant_expression 可以是常量、NULL 或标量函数；该项定义不能用于 timestamp 列或 IDENTITY 列。

6）IDENTITY [(seed ,increment)]：IDENTITY 表示新列是标识列；seed 是种子值；increment 是增量值。该列可用于 tinyint、smallint、int、bigint、decimal(p,0)或 numeric(p,0)数据类型的列。每个表只能有一个标识列，且不能对标识列使用绑定默认值和 DEFAULT 约束。必须同时指定种子和增量或两者都不指定；如果二者都未指定，则取默认值(1,1)。

【例 5-1】在数据库 salef1 中，利用 CREATE TABLE 语句，创建商品表 product，表结构见表 5-4。

表 5-4　商品表结构

列名	描述	数据类型	长度	是否允许为空值
spno	商品编号	Char	10	N
name	姓名	Char	12	N
price	单价	smallmoney		N
amount	数量	int		N

在查询窗口中输入如下 T-SQL 语句，单击工具栏上的"执行"按钮，结果如图 5-4 所示。

```
CREATE TABLE    product                        - -创建商品表
(
        spno    char(10)    not null,
            name    char(10)    not null,
            price smallmoney not null,
            amount int not null
)
```

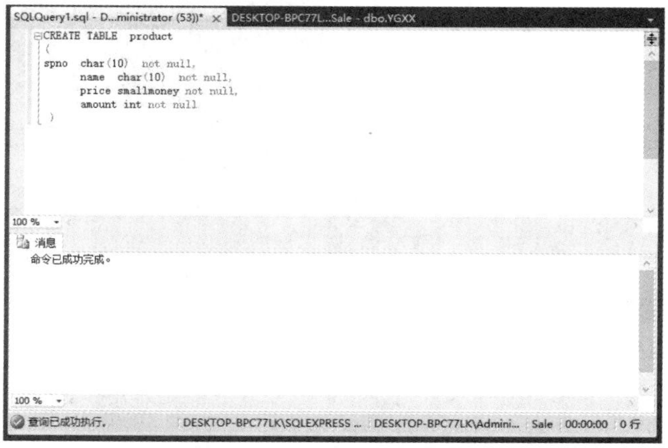

图 5-4　创建商品表

5.2 数据表的修改

在创建完数据表后，由于应用环境和应用需求的变化，可能要修改表的结构，比如增加新列、修改已有列的数据类型、添加约束以及删除列等。本节主要介绍使用 SSMS 和 T-SQL 语句修改数据表。

5.2.1 使用 SSMS 修改数据表

在 SSMS 中可以快捷地修改表，其步骤如下所述。

（1）在 SSMS 中，展开"对象资源管理器"窗口中"数据库"项下的拟修改的表所在数据库的"表"项，右击拟修改的表，选择快捷菜单中的"设计"命令（图 5-5），进入表设计器窗口。

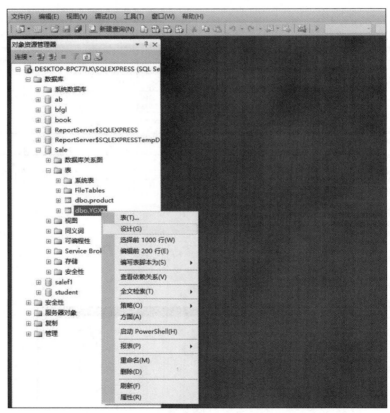

图 5-5　选择修改表

（2）在表设计器窗口可以直接修改列名和各项属性（图 5-2）。

（3）右击列，通过选择快捷菜单选项，可进行列的插入、删除、CHECK 约束设置等修改。

（4）单击列左边的标志块，使列所在行呈灰色，然后左键按住灰色或列左边的标志块拖动列，可改变列的顺序。

（5）修改完毕后，单击工具栏中的"保存"按钮，完成数据表的保存。

建议当表中有记录后，不要轻易修改表的结构，特别是修改列的数据类型，以免产生错误。

5.2.2　使用 T-SQL 语句修改数据表

在 SQL Server 中，可用 ALTER TABLE 语句修改数据库。

语法格式：

```
ALTER TABLE    table_name
    { ALTER COLUMN column_name <数据类型> [NULL|NOT NULL]
    | ADD {<列定义>|<表约束>}[,...n]
    | DROP { [CONSTRAINT] constraint_name | COLUMN column_name } [,...n]
    } [ ; ]
```

其中：

（1）<数据类型>::= [type_schema_name.]type_name [(precision[,scale] | max)]

（2）<列定义>::=

　　column_name <数据类型> [NULL|NOT NULL]

　　　　[[CONSTRAINT constraint_name] DEFAULT constant_expression

　　　　| IDENTITY [(seed,increment)] [NOT FOR REPLICATION]]

　　　　[<列约束>[...n]]

（3）<列约束>::=

　　[CONSTRAINT constraint_name]

　　{ {PRIMARY KEY|UNIQUE}　[CLUSTERED|NONCLUSTERED]

　　|[FOREIGN KEY] REFERENCES [schema_name.]referenced_table_name [(ref_column)]

　　|CHECK　(logical_expression) }

（4）<表约束>::=

　　[CONSTRAINT constraint_name]

　　{ { PRIMARY KEY|UNIQUE } [CLUSTERED|NONCLUSTERED] (column [ASC|DESC][,...n])

　　　　| FOREIGN KEY (column [,...n])

　　　　REFERENCES referenced_table_name [(ref_column [,...n])]

　　　　| DEFAULT constant_expression FOR column [WITH VALUES]

　　　　| CHECK　(logical_expression)

　　}

参数说明：

（1）database_name.schema_name.table_name：表所属的数据库名称.架构名称.表名称。

（2）ALTER COLUMN：用于更改表中现有的 column_name 列的属性。

1）更改后的列不能为以下任意一种情况：用在索引中的列（除非该列数据类型为 varchar、nvarchar 或 varbinary，数据类型没有更改，且新列大小等于旧列大小）；用于由 CREATE STATISTICS 语句生成的统计信息中的列；用于 PRIMARY KEY 或 FOREIGN KEY 约束中的列；用于 CHECK 或 UNIQUE 约束中的列（但允许更改用于 CHECK 或 UNIQUE 约束中的长度可变的列的长度）；与默认定义关联的列（但如果不更改数据类型，则可更改列的长度、精度或小数位数）。

2）仅能通过下列方式更改 text、ntext 和 image 列的数据类型：text 或 ntext 改为 varchar(max)、 nvarchar(max)或 xml；image 改为 varbinary(max)。

（3）ADD <列定义>|<表约束>：向表中添加列或表约束。

（4）DROP {[CONSTRAINT] constraint_name|COLUMN column_name}：从表中删除指定的 column_name 列或 constraint_name 约束，可删除多个列或约束，不能删除以下列：用于索引的列；用 CHECK、FOREIGN KEY、UNIQUE 或 PRIMARY KEY 约束的列；与默认值（由 DEFAULT 关键字定义）相关联的列，绑定到默认对象的列；绑定到规则的列。

1）<数据类型>：指定要更改或添加的列的数据类型，其参数说明参见表 5-2。

2）NULL|NOT NULL：指定要更改或添加的列可否为空值。如果列不允许空值，则仅在指定了默认值或表为空时，才能用 ALTER TABLE 语句添加该列。如果新列不允许空值且表不为空，则 DEFAULT 定义必须与新列一起添加，且加载新列时，每个现有行的新列中将自动包含默认值。只有列中不包含空值时，才可在 ALTER COLUMN 中指定 NOT NULL。

3）<列定义>：关于列的定义。其中：

a. IDENTITY [(seed,increment)]：指定新增列为标识列，但不能向已发布的表添加标识列。

b. <列约束>：定义列的约束，其中各参数的说明参见 5.3 节。

4）<表约束>：关于表约束的定义。其中：

a. CLUSTERED | NONCLUSTERED：聚集索引或非聚集索引，但如果表中已存在聚集约束或聚集索引，则不能指定 CLUSTERED，且 PRIMARY KEY 约束默认为 NONCLUSTERED。

b. DEFAULT constant_expression　FOR column：指定表的默认值及其相关联的列。

【例 5-2】在数据库 salef1 中，利用 ALTER TABLE 语句，在 YGXX 表中添加 tel 字段，数据类型为 char(11)。

在查询窗口中输入如下 T-SQL 语句，单击工具栏上的"执行"按钮，结果如图 5-6 所示。

```
ALTER TABLE XGXX
ADD tel char(11)
```

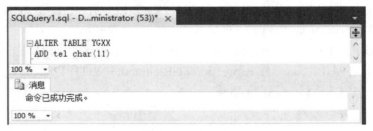

图 5-6　添加字段

【例 5-3】在数据库 salef1 中，利用 ALTER TABLE 语句，将 YGXX 表中新添加的 tel 字段，数据类型改为 nchar(12)。

在查询窗口中输入如下 T-SQL 语句，单击工具栏上的"执行"按钮。

```
ALTER TABLE YGXX
ALTER COLUMN tel nchar(12)
```

【例 5-4】在数据库 salef1 中，利用 DROP 命令，将 YGXX 表中的 jg 字段删除。

在查询窗口中输入如下 T-SQL 语句，单击工具栏上的"执行"按钮。

```
ALTER TABLE YGXX
DROP COLUMN jg
```

5.2.3　删除数据表

当某个基本表不再使用时，可将其删除。该表删除后，表的数据和在此表所建的索引都被删除，建立在该表上的视图不会删除，系统将继续保留其定义，但已无法使用。如果重新恢复该表，这些视图可以重新使用。删除数据表的方法有两种：一是使用 SSMS 删除；二是使用 T-SQL 语句删除。

1. 使用 SSMS 删除数据表

在 SSMS 中可以快捷地删除表，其步骤如下所述。

（1）在 SSMS 中，展开"对象资源管理器"窗口中"数据库"项下的拟删除的表所在数据库的"表"项，右击拟删除的表，选择快捷菜单中的"删除"命令，会弹出"删除对象"窗口，如图 5-7 所示。

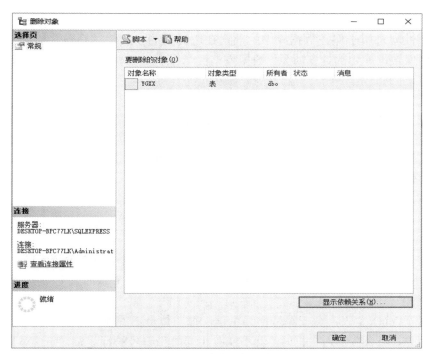

图 5-7　"删除对象"窗口

（2）单击窗口中的"显示依赖关系"按钮，会弹出"依赖关系"对话框，其中列出了表所依靠的对象和依赖于表的对象，当有对象依赖于表时不能删除。

2. 使用 T-SQL 语句删除数据表

使用 T-SQL 语句中的 DROP TABLE 可以删除表。

语法格式：

```
DROP TABLE table_name
```

说明：

table_name 为要删除的表。

【例 5-5】删除数据库 salef1 中的 YGXX 表。

在查询窗口中输入如下 T-SQL 语句，单击工具栏上的"执行"按钮。

```
USE salef1
DROP TABLE YGXX
GO
```

5.3 数据表的约束

数据表创建好之后怎么保证数据库中的数据在逻辑上的一致性、正确性和可靠性。比如，员工信息表中员工编号的唯一性，年龄输入值不能大于 200，性别只能为女，学生不存在无法在成绩表输入成绩等。本节主要介绍数据完整性概述、CHECK 约束、主键（PRIMARY KEY）约束、UNIQUE 约束及外键（FOREIGN KEY）约束。

5.3.1 数据完整性概述

数据完整性就是用于保证数据库中的数据在逻辑上的一致性、正确性和可靠性。强制数据完整性可确保数据库中的数据质量。数据完整性一般包括三种类型：域完整性、实体完整性和参照完整性。

1. 域完整性

域完整性又称为列完整性，指给定列输入的有效性，即保证指定列的数据具有正确的数据类型、格式和有效的数据范围。实现域完整性可通过定义相应的 CHECK 约束、默认值约束、默认值对象、规则对象等方法来实现。另外，通过为表的列定义数据类型和 NOT NULL 也可以实现域完整性。

例如，YGXX 表中每位员工的年龄应在 18～60 之间，为了对年龄这一数据项输入的数据范围进行限制，可以在定义 YGXX 表结构的同时通过定义年龄的 CHECK 约束来实现。

2. 实体完整性

实体完整性又称为行完整性，是用于保证数据表中每一个特定实体的记录都是唯一的。通过索引、UNIQUE 约束、PRIMARY KEY 约束或 IDENTITY 属性可以实现数据的实体完整性。

例如，对于 YGXX 表，员工编号作为主键，每一位员工的编号都能唯一地标识该学生对应的行记录信息，那么在输入数据时，就不能有相同员工编号的行记录，通过对员工编号字段建立 PRIMARY KEY 约束可以实现 YGXX 表的实体完整性。

3. 参照完整性

当增加、修改或删除数据表中的记录时，可以借助参照完整性来保证相关联表之间数据的一致性。参照完整性可以保证主表中数据与从表中数据的一致性。在 SQL Server 2014 中，参照完整性是通过定义外键与主键之间或外键与唯一键之间的对应关系来实现的。参照完整性确保同一键值在所有表中一致。

例如，对于 XUESHENG 数据库中的 XSXX 表中的每个学生的学号，在 XSCJ 表中都有相关的课程成绩记录，将 XSXX 表作为主表，学号字段定义为主键，XSCJ 表作为从表，表中的学号字段定义为外键，从而建立主表和从表之间的联系，实现参照完整性。XSXX 表和 XSCJ 表的对应关系见表 5-5 和 5-6。

表 5-5　XSXX 表

学号	姓名	性别	年龄	专业	籍贯
20210001	高汝	女	19	服装系	江西
20210002	张雨琦	男	20	艺术系	辽宁

表 5-6　XSCJ 表

学号	课程号	成绩
20210001	w001	65
20210001	w002	70
20210001	w003	85
20210002	w002	78
20210002	w001	67

如果定义了两个表之间的参照完整性，则要求：

（1）从表不能引用不存在的键值。例如，对于 XSCJ 表的行记录中出现的学号必须是 XSXX 表中已经存在的学号。

（2）如果主表中的键值更改了，那么在整个数据库中，对从表中该键值的所有引用要进行一致的更改。例如，如果 XSXX 表中的某一学号修改了，XSCJ 表中所有对应学号也要进行相应的修改。

（3）如果主表中没有关联的记录，则不能将记录添加到从表中。

（4）如果要删除主表中的某一记录，应先删除从表中与该记录匹配的相关记录。

5.3.2　CHECK 约束

域完整性的典型约束类型就是 CHECK 约束。CHECK 约束实际上是字段输入内容的验证规则，表示一个字段的输入内容必须满足 CHECK 约束的条件，若不满足，则数据无法正常输入。

数据表的约束（一）

CHECK 约束可以作为表定义的一部分在创建表时创建，也可以添加到现有表中。表和列可以包含多个 CHECK 约束。允许修改或删除现有的 CHECK 约束。

1. 使用 SSMS 定义 CHECK 约束

在 XUESHENG 数据库的 XSXX 表中，学生年龄一般在 18～23 的范围内，如果对用户的输入数据施加这一限制，可以按照如下步骤进行操作。

（1）启动 SSMS，打开 XSCJ 表的表设计器窗口，右击，出现图 5-8 所示的快捷菜单。

（2）选择"CHECK 约束"命令，进入图 5-9 所示的"CHECK 约束"对话框。

（3）单击"添加"按钮，进入图 5-10 所示的"CHECK 约束"设置对话框，在"选定的 CHECK 约束"框中显示由系统分配的新约束名。名称以"CK_"开始，后跟表名，可以修改此约束名。在"表达式"框中，可以直接输入约束表达式"年龄>=18 and 年龄<=23"，也可单击"表达式"框右侧的"浏览"按钮，弹出"CHECK 约束表达式"对话框，在其中编辑表达式。

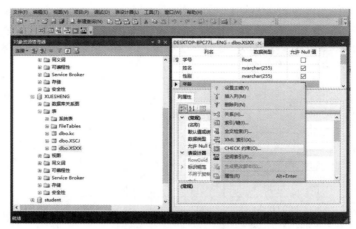

图 5-8 表设计器快捷菜单

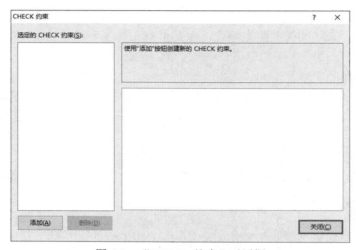

图 5-9 "CHECK 约束"对话框

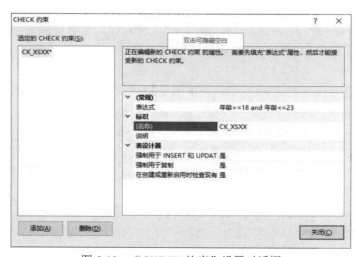

图 5-10 "CHECK 约束"设置对话框

（4）如果允许创建的约束用于强制 INSERT 和 UPDATE 以及检查原有数据等情况，可以在图 5-10 所示对话框右下方的相应选项中选择"是"。最后，单击"关闭"按钮，则完成了 CHECK 约束的设置。

按上述步骤创建约束后，输入数据时如果年龄不在 18～23 的范围内，系统将报告错误。

如果要删除上述约束，只需进入图 5-10 所示的"CHECK 约束"设置对话框，在"选定的 CHECK 约束"框中选择要删除的约束，然后单击"删除"按钮即可。

注意：对于 TimeStamp 和 Identity 两种类型的字段不能定义 CHECK 约束。

另外，还可以在图 5-10"CHECK 约束"设置对话框单击"添加"按钮，在表达式中设置性别='男' or 性别='女'；如果专业限制输入软件工程、物联网工程、数据科学与大数据技术，则表达式为"专业='软件工程' or 专业='物联网工程' or 专业='数据科学与大数据技术'"，或者表达式为"专业 in('软件工程', '物联网工程', '数据科学与大数据技术')"。

2. 使用 T-SQL 语句定义 CHECK 约束

（1）使用 T-SQL 语句在创建表时定义 CHECK 约束。

语法格式：

```
CREATE TABLE table_name                          /*指定表名
(column_name    datatype    NOT NULL | NULL      /*定义列名、数据类型、是否空值
[[CONSTRAINT check_name] CHECK (logical_expression)][,…n])   /*定义 CHECK 约束
```

说明：关键字 CHECK 表示定义 CHECK 约束，其后的 logical_expression 是逻辑表达式，称为 CHECK 约束表达式。

【例 5-6】 在 XUESHENG 数据库中创建学生信息表 XSXX 并定义 CHECK 约束，要求性别只能输入男或女。

先打开 XUESHENG 数据库，在查询窗口中输入如下 T-SQL 语句，单击工具栏上的"执行"按钮。

```
Create table    XSXX
(学号    char(12) not null,
姓名    char(8) not null,
性别    char(2) not null constraint    xb    check (
性别='男'or 性别='女'))
```

（2）使用 T-SQL 语句在修改表时定义 CHECK 约束。对于已经存在的表，也可以定义 CHECK 约束。在现有表中添加 CHECK 约束时，该约束可以仅作用于新数据，也可以同时作用于已有的数据。

语法格式：

```
ALTER TABLE table_name    [WITH CHECK | WITH NOCHECK]
ADD CONSTRAINT check_name CHECK (logical_expression)
```

说明：关键字 ADD CONSTRAINT 表示在已经定义的 table_name 表中增加一个约束定义，约束名由 check_name 指定，约束表达式为 logical_expression。WITH CHECK 选项表示 CHECK 约束同时作用于已有数据和新数据；当省略该选项，取默认设置时，也表示 CHECK 约束同时作用于已有数据和新数据；WITH NOCHECK 选项表示 CHECK 约束仅作用于新数据，对已有数据不强制约束检查。

【例 5-7】 在 XUESHENG 数据库中创建学生信息表 XSXX，增加年龄字段的 CHECK 约束，只能输入年龄 18 至 21 岁学生信息。

先打开 XUESHENG 数据库，在查询窗口中输入如下 T-SQL 语句，单击工具栏上的"执行"按钮。

> Alter table XSXX
> Add constraint nl check (年龄 between 18 and 21)

如果原有数据表已有数据的年龄不属于这个范围，在执行以上语句时就会报错，提示信息如图 5-11 所示。

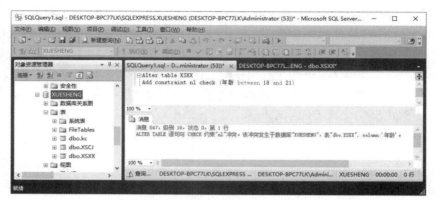

图 5-11　执行 T-SQL 语句报错窗口

为了不检测原有的数据是否符合年龄约束，修改语句如下：

> Alter table XSXX with nocheck
> Add constraint nl check (年龄 between 18 and 21)

3．使用 T-SQL 语句删除 CHECK 约束

语法格式：

> ALTER　TABLE　table_name
> DROP　CONSTRAINT　check_name

说明：在 table_name 指定的表中，删除名为 check_name 的约束，可以同时删除多个约束，约束名之间用逗号隔开。

【例 5-8】删除 XUESHENG 数据库中学生信息表 XSXX 中的 nl 约束。

先打开 XUESHENG 数据库，在查询窗口中输入如下 T-SQL 语句，单击工具栏上的"执行"按钮。

> ALTER　TABLE　table_name
> DROP　CONSTRAINT　nl

数据表的约束（二）

5.3.3　主键约束

主键（PRIMARY KEY）约束可以在表中定义一个主键，来唯一地标识表中的行。主键可以是一列或列组合，PRIMARY KEY 约束中的列不能取空值和重复值，如果 PRIMARY KEY 约束是由多列组合定义的，则某一列的值可以重复，但 PRIMARY KEY 约束定义中所有列的组合值必须唯一。一个表只能有一个 PRIMARY KEY 约束，而且每个表都应有一个主键。

由于 PRIMARY KEY 约束能确保数据的唯一，因此经常用来定义标识列。当为表定义 PRIMARY KEY 约束时，SQL Server 2014 为主键列创建唯一索引，实现数据的唯一性。在查

询中使用主键时，该索引可用来对数据进行快速访问。

如果已有 PRIMARY KEY 约束，则可对其进行修改或删除。但要修改 PRIMARY KEY 约束，必须先删除现有的 PRIMARY KEY 约束，然后再用新定义重新创建。

当向表中的现有列添加 PRIMARY KEY 约束时，SQL Server 2014 检查列中现有的数据以确保现有数据遵从主键的规则（无空值和重复值）。如果 PRIMARY KEY 约束添加到具有空值或重复值的列上，SQL Server 将不执行该操作并返回错误信息。

当 PRIMARY KEY 约束由另一表的 FOREIGN KEY 约束引用时，不能删除被引用的 PRIMARY KEY 约束。要删除它，必须先删除引用的 FOREIGN KEY 约束。

另外，image、text 数据类型的字段不能设置为主键。

当用户在表中创建主键约束或唯一约束时，SQL Server 将自动在建立这些约束的列上创建唯一索引。当用户从该表中删除主键索引或唯一索引时，创建在这些列上的唯一索引也会被自动删除。主键约束的定义和删除方法有两种：一是使用 SSMS 定义和删除 PRIMARY KEY 约束；二是使用 T-SQL 语句定义和删除 PRIMARY KEY 约束。

1. 使用 SSMS 定义和删除 PRIMARY KEY 约束

下面介绍使用 SSMS 定义和删除 PRIMARY KEY 约束的方法。

如果要对 XSXX 表按学号字段建立 PRIMARY KEY 约束，方法如下。

打开 XSXX 表的表设计器，选定"学号"对应的这一行，在该行上右击，在打开的快捷菜单中选择"设置主键"命令，这时选定行的左边则显示一个黄色的钥匙符号，表示已经设为主键，如图 5-12 所示。取消主键与设置主键的方法相同，这时在快捷菜单的相同位置上出现的是"移除主键"，选择"移除主键"命令即可。

图 5-12　为 XSXX 表的学号列设置主键

如果主键由多列组成，可以先选中这些列，然后再设置主键图标。选择多列的方法是：按住 Ctrl 键再单击相应的列，如果列是连续的也可以按住 Shift 键。

2. 使用 T-SQL 语句定义和删除 PRIMARY KEY 约束

（1）创建表时定义 PRIMARY KEY 约束。

语法格式：

```
CREATE TABLE table_name                    /*指定表名
(column_name datatype NOT NULL| NULL       /*定义列名、数据类型、是否空值
[CONSTRAINT constraint_name]               /*指定约束名
```

```
PRIMARY KEY                              /*定义约束类型
[ CLUSTERED | NONCLUSTERED]              /*定义约束的索引类型
```

【例 5-9】在 XUESHENG 数据库中创建课程信息表 KC，对课程号定义主键约束。

先打开 XUESHENG 数据库，在查询窗口中输入如下 T-SQL 语句，单击工具栏上的"执行"按钮。

```
Create   table   KC
(
    课程号   char(10)   not null   constraint   kch   primary key,
    课程名称   char(12),
    学分   tinyint
)
```

（2）修改表时定义 PRIMARY KEY 约束。

语法格式：

```
ALTER TABLE table_name
ADD [CONSTRAINT constraint_name] PRIMARY KEY
[ CLUSTERED | NONCLUSTERED]
(column)
```

说明：ADD CONSTRAINT 关键字用于说明对 table_name 表增加一个约束，约束名由 constraint_name 指定，约束类型为 PRIMARY KEY；索引字段由 column 参数指定。创建的索引类型由关键字 CLUSTERED|NONCLUSTERED 指定。

【例 5-10】在 XUESHENG 数据库中修改学生成绩表 XSCJ，对学号、课程号定义主键约束。

先打开 XUESHENG 数据库，在查询窗口中输入如下 T-SQL 语句，单击工具栏上的"执行"按钮。

```
Alter   table   XSCJ
Add   constraint   xkh   primary key(学号,课程号)
```

（3）删除 PRIMARY KEY 约束。

语法格式：

```
ALTER TABLE table_name
DROP CONSTRAINT constraint_name[,…n]
```

【例 5-11】在 XUESHENG 数据库中修改学生成绩表 XSCJ，删除主键约束 xkh。

先打开 XUESHENG 数据库，在查询窗口中输入如下 T-SQL 语句，单击工具栏上的"执行"按钮。

```
Alter   table   XSCJ
Drop   constraint   xkh
```

5.3.4　UNIQUE 约束

如果要确保一个表中的非主键列不输入重复值，应在该列上定义 UNIQUE 约束（唯一约束）。在允许空值的列上保证唯一性时，应使用 UNIQUE 约束而不是 PRIMARY KEY 约束，不过在该列中只允许有一个 NULL 值。FOREIGN KEY 约束也可引用 UNIQUE 约束。

PRIMARY KEY 约束与 UNIQUE 约束的主要区别如下：

（1）一个数据表只能定义一个 PRIMARY KEY 约束，但一个表中可根据需要对不同的列定义若干个 UNIQUE 约束。

（2）PRIMARY KEY 字段的值不允许为 NULL，而 UNIQUE 字段的值可取 NULL。

（3）一般创建 PRIMARY KEY 约束时，系统会自动产生索引，索引的默认类型为簇索引。创建 UNIQUE 约束时，系统会自动产生一个 UNIQUE 索引，索引的默认类型为非簇索引。

PRIMARY KEY 约束与 UNIQUE 约束的相同点在于：二者均不允许表中对应字段存在重复值。

1. 使用 SSMS 定义和删除 UNIQUE 约束

假设已经为 XSXX 表增加了一个字段，即电话号码 char(11)，并且已经为表中原有的记录输入了不同的电话号码。要求对"电话号码"列创建 UNIQUE 约束，以保证该列取值的唯一性。方法如下：

（1）启动 SSMS，打开 XSXX 表的表设计器，在表设计器中右击，出现如图 5-12 所示的快捷菜单。

（2）在快捷菜单中选择"索引/键"命令，出现"索引/键"对话框，在此对话框中单击"添加"按钮，在"类型"下拉列表中选择"是唯一的"，在"列"下拉列表中选择"电话号码"，如图 5-13 所示，然后单击"关闭"按钮，则完成了指定列的唯一性约束设置。

（3）若要删除刚才创建的 UNIQUE 约束，只需进入图 5-13 所示的"索引/键"对话框中，在"选定的 主/唯一键或索引"下拉框中选择要删除的 UNIQUE 约束的索引名，再单击"删除"按钮，即删除了指定的 UNIQUE 约束。

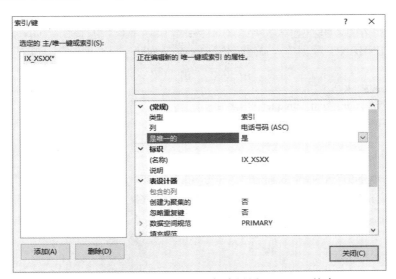

图 5-13　在"索引/键"对话框中设置 UNIQUE 约束

2. 使用 T-SQL 语句定义和删除 UNIQUE 约束

（1）创建表时定义 UNIQUE 约束。

语法格式：

```
CREATE TABLE table_name                    /*指定表名
(column_name datatype NOT NULL| NULL       /*定义列名、数据类型、是否空值
[CONSTRAINT constraint_name]               /*约束名
UNIQUE                                      /*定义约束类型
[ CLUSTERED | NONCLUSTERED]                 /*定义约束的索引类型
[,…n])                                      /*n 表示可定义多个字段
```

【例 5-12】在 XUESHENG 数据库中创建学生信息表 XSXX，对姓名创建 UNIQUE 约束为 xm。

先打开 XUESHENG 数据库，在查询窗口中输入如下 T-SQL 语句，单击工具栏上的"执行"按钮。

```
Create   table XSXX
    (
    学号    char(11) not null ,
    姓名    char(8)   constraint   xm   unique,
    性别    char(2),
    年龄   tinyint,
    专业   char(12)
    )
```

（2）修改表时定义 UNIQUE 约束。

语法格式：

```
ALTER TABLE table_name
ADD [CONSTRAINT constraint_name] UNIQUE
[ CLUSTERED | NONCLUSTERED]
(column[,…n])
```

说明：各项参数的说明同上述的 PRIMARY KEY 约束。

【例 5-13】在 XUESHENG 数据库中修改课程表 KC，对课程名称创建 UNIQUE 约束为 kcm。

先打开 XUESHENG 数据库，在查询窗口中输入如下 T-SQL 语句，单击工具栏上的"执行"按钮。

```
Alter   table   KC
Add   constraint   kcm   unique(课程名称)
```

（3）删除 UNIQUE 约束。

语法格式：

```
ALTER   TABLE   table_name
DROP   CONSTRAINT   constraint_name[,…n]
```

【例 5-14】在 XUESHENG 数据库中修改课程表 KC，删除 UNIQUE 约束 kcm。

先打开 XUESHENG 数据库，在查询窗口中输入如下 T-SQL 语句，单击工具栏上的"执行"按钮。

```
Alter   table   KC
Drop   constraint   kcm
```

5.3.5 外键约束

外键（FOREIGN KEY）约束对两个相关联的表（主表与从表）进行数据插入和删除时，通过参照完整性保证它们之间数据的一致性。利用 FOREIGN KEY 约束定义从表的外键，利用 PRIMARY KEY 约束或 UNIQUE 约束定义主表的主键或唯一键（不允许为空），可实现主表与从表之间的参照完整性。

定义表间参照关系：先定义主表主键约束（或唯一键约束），再对从表定义外键约束。外键约束的定义和删除方法有两种：一是使用 SSMS 定义和删除 FOREIGN KEY 约束；二是使用 T-SQL 语句定义和删除 FOREIGN KEY 约束。

1．使用 SSMS 定义表间的参照关系

例如要建立 XSXX 表与 XSCJ 表之间的参照关系，方法如下：

（1）首先定义主表的主键，在此定义 XSXX 表中学号字段为主键。

（2）右击 SSMS 目录树中 XUESHENG 数据库目录下的"数据库关系图"选项，出现如图 5-14 所示的快捷菜单。

图 5-14　关系图的快捷菜单

（3）在快捷菜单中选择"新建数据库关系图"命令，进入如图 5-15 所示的"添加表"对话框，从可用表中选择要添加到关系图中的表，本例中选择了 XSXX 表与 XSCJ 表。

图 5-15　"添加表"界面

（4）单击"添加"按钮，然后单击"关闭"按钮，进入图 5-16 所示的"关系图"窗口。

在关系图上，将鼠标指针指向主表的主键并拖动到从表。对于本例，将 XSXX 表中的学号字段拖动到从表 XSCJ，出现图 5-17 所示的"表和列"界面，在此界面中，选择主表中的主键及从表中的外键，然后单击"确定"按钮，进入图 5-18 所示的"外键关系"界面。

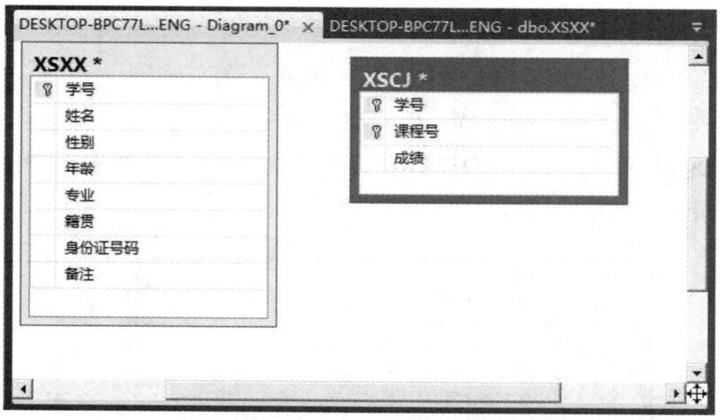

图 5-16 “关系图”界面

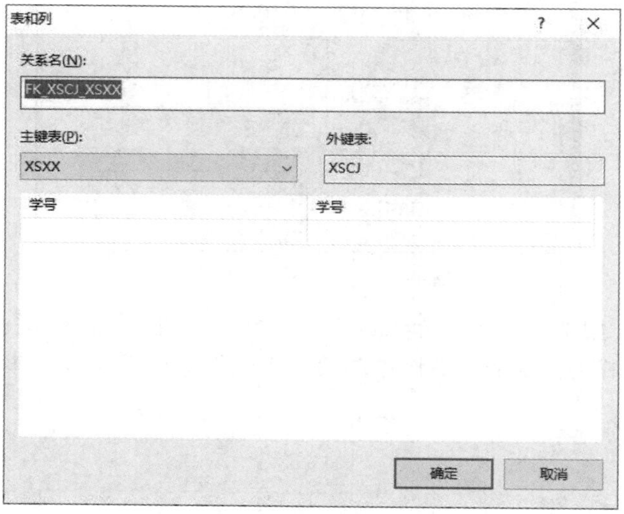

图 5-17 “表和列”界面

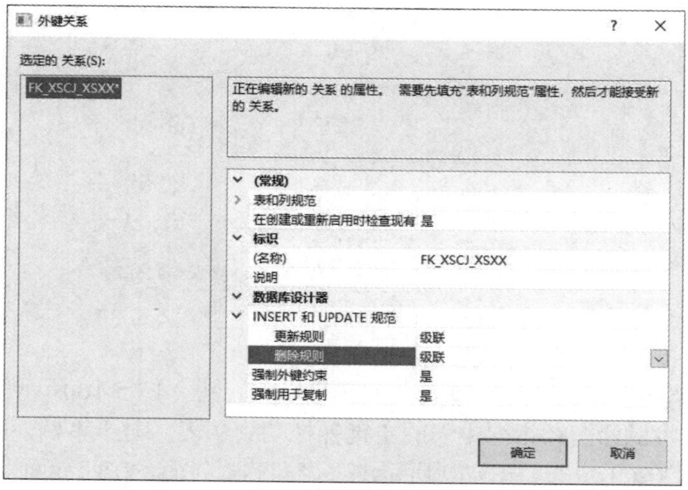

图 5-18 “外键关系”界面

（5）在"外键关系"界面中根据要求可以设置更新规则及删除规则为级联。

（6）退出如图 5-18 所示的界面，并根据提示，将关系图的有关信息存盘，即创建了主表与从表之间的参照关系。

可在主表和从表中插入或删除相关数据，验证它们之间的参照关系。

另外，在 SSMS 中，读者也可以在主表或从表的表设计器中右击，在快捷菜单中选择"关系"命令，单击"添加"按钮，然后通过单击"表和列规范"右侧的按钮，在弹出的"表和列"对话框中定义主表和从表之间的参照关系。

为了提高查询效率，在定义主表与从表间的参照关系前，可考虑先对从表的外键定义索引，然后再定义主表与从表间的参照关系。

2．使用 SSMS 删除表间的参照关系

如果要删除前面建立的 XSXX 表与 XSCJ 表之间的参照关系，可按照以下步骤进行。

（1）打开 XSXX 表的表设计器，右击，出现一个快捷菜单，如图 5-19 所示。

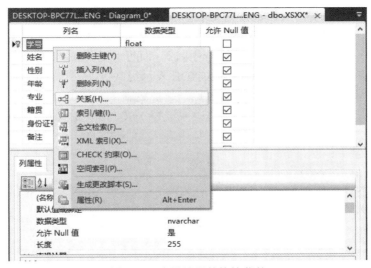

图 5-19　表设计器的快捷菜单

（2）在快捷菜单中选择"关系"命令，出现如图 5-18 所示的"外键关系"界面。

（3）在"外键关系"界面的"选定的 关系"列表框中选择要删除的关系，然后单击"删除"按钮，再单击"关闭"按钮，即可删除参照关系。

3．使用 T-SQL 语句定义表间的参照关系

定义表间参照关系，需要先定义主表主键（或唯一键），再对从表定义外键约束。前面已经介绍了定义主键约束及唯一键约束的方法，在此将介绍通过 T-SQL 语句定义外键的方法。

（1）创建表时定义外键约束。

语法格式：

```
CREATE  TABLE  table_name                      /*指定表名
(column_name  datatype  [CONSTRAINT constraint_name] [FOREIGN KEY]
REFERENCES ref_table (ref_column) [ON DELETE CASCADE|ON UPDATE CASCADE]
)
```

【例 5-15】在 XUESHENG 数据库中创建学生成绩表 XSCJ 时，对学号创建外键约束 wxh。

先打开 XUESHENG 数据库，在查询窗口中输入如下 T-SQL 语句，单击工具栏上的"执行"按钮。

```
CREATE TABLE  成绩
(学号   char(11)  CONSTRAINT  wxh  FOREIGN  KEY  REFERENCES  XSXX(学号),
课程号  char(8),
成绩   tinyint
)
```

（2）修改表时定义外键约束。

语法格式：

```
ALTER TABLE table_name
ADD [CONSTRAINT constraint_name]
FOREIGN KEY (column [,…n])
REFERENCES ref_table (ref_column[,…n])
[ON DELETE CASCADE|ON UPDATE CASCADE]
```

说明：参数 table_name 指定被修改的从表名；column 为从表中外键的列名，当外键由多列组合时列之间用逗号分隔；ref_table 为主表的表名；ref_column 为主表中主键的列名，当主键由多列组合时，列名之间用逗号分隔；n 表示可指定多列。ON DELETE CASCADE 表示级联删除，当在主键表中删除外键引用的主键记录时，为防止孤立外键的产生，将同时删除外键表中引用它的外键记录；ON UPDATE CASCADE 表示级联更新，当在主键表中更新外键引用的主键记录时，外键表中引用它的外键记录也一起被更新。

【例 5-16】在 XUESHENG 数据库中修改成绩表 XSCJ 时，对课程号创建外键约束 wkc。

先打开 XUESHENG 数据库，在查询窗口中输入如下 T-SQL 语句，单击工具栏上的"执行"按钮。

```
Alter  TABLE  XSCJ
Add  CONSTRAINT  wkc  FOREIGN KEY(课程号)  REFERENCES  KC(课程号)
```

4. 使用 T-SQL 语句删除表间的参照关系

删除表间的参照关系，实际上删除从表的外键约束即可。语法格式与前面其他约束删除的格式相同。

语法格式：

```
ALTER  TABLE  table_name
DROP  CONSTRAINT  constraint_name[,…n]
```

【例 5-17】在 XUESHENG 数据库中，修改课程表 XSCJ，删除外键约束 wkc。

先打开 XUESHENG 数据库，在查询窗口中输入如下 T-SQL 语句，单击工具栏上的"执行"按钮。

```
Alter  table  XSCJ
Drop  constraint  wkc
```

5.4 数据表数据的操作

数据表数据的操作

数据表的结构定义好之后，下一步就是存储和管理数据。实现数据存储的前提是向表中添加数据，然后根据用户的需求修改、删除和查询数据，实现数据的有效管理。本节主要介绍数据的添加、修改和删除。

5.4.1　使用 SSMS 添加、修改和删除表中的数据

使用 SSMS 图形界面可以便捷地添加、修改、删除表的数据，其步骤大致如下所述。

（1）在 SSMS 中，展开"对象资源管理器"窗口中"数据库"项下的拟操作的表所在数据库的"表"项，右击拟修改的表，选择快捷菜单中的"编辑前 200 行"命令（图 5-20），进入表操作窗口。

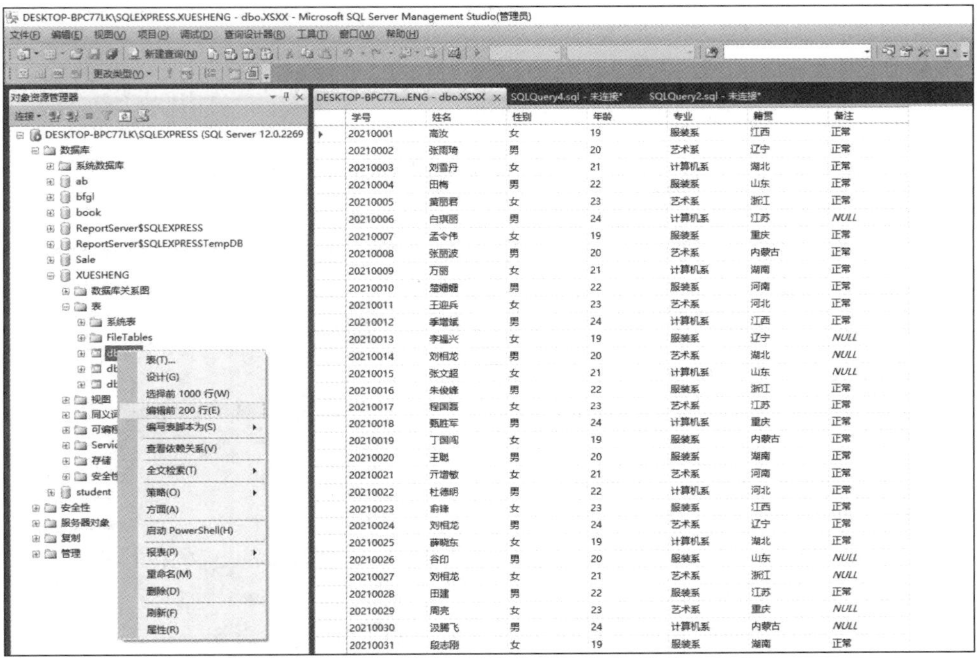

图 5-20　表数据操作窗口

（2）在表数据操作窗口中，可以添加、修改数据，结合鼠标右键快捷菜单，还可以进行剪切、复制、粘贴数据和删除记录等操作。如果要删除多行数据，按住 Ctrl 键的同时，单击每一个要删除的行，然后右击选择的行，从弹出快捷菜单中选择"删除"命令。

5.4.2　使用 T-SQL 语句添加数据

使用 T-SQL 语句的 INSERT 可以向表中插入数据，INSERT 语句常用的格式有两种。

1. 表中所有字段插入数据

语法格式：

```
INSERT table_name
VALUES(constant1,constant2,…)
```

该语句的功能是向由 table_name 指定的表中插入由 VALUES 指定的各列值的行。

注意：使用此方式向表中插入数据时，VALUES 中给出的数据顺序和数据类型必须与表中列的顺序和数据类型一致，而且不可以省略部分列。

【例 5-18】在 XUESHENG 数据库中，向学生信息表 XSXX 插入一条记录，要求每个字段都有输入数据。

先打开 XUESHENG 数据库，在查询窗口中输入如下 T-SQL 语句，单击工具栏上的"执行"按钮。

```
INSERT  XSXX
VALUES('20210046','李忠诚', '男',25,'软件工程','山东','正常')
```

2．表中部分字段插入数据

语法格式：

```
INSERT INTO table_name(column_1,column_2,...column_n)
VALUES(constant_1,constant_2,…constant_n)
```

说明：

（1）在 table_name 后面出现的列，VALUES 里面要有一一对应数据出现。

（2）允许省略列的原则：

1）具有 identity 属性的列，其值由系统根据 seed 和 increment 值自动计算得到。

2）具有默认值的列，其值为默认值。

3）没有默认值的列，若允许为空值，则其值为空值；若不允许为空值，则出错。

（3）插入字符和日期类型数据时要用引号括起来。

【例 5-19】在 XUESHENG 数据库中，向学生信息表 XSXX 插入一条记录，要求对部分字段插入数据。

先打开 XUESHENG 数据库，在查询窗口中输入如下 T-SQL 语句，单击工具栏上的"执行"按钮。

```
INSERT XSDA(学号,姓名,专业,年龄)
VALUES('20210047','李忠诚', '信息',22)
```

【例 5-20】在 XUESHENG 数据库中，向学生信息表 XSXX 插入多条记录（比如 2 条记录），要求对部分字段插入数据。

先打开 XUESHENG 数据库，在查询窗口中输入如下 T-SQL 语句，单击工具栏上的"执行"按钮。

```
INSERT XSDA(学号,姓名,专业,年龄)
VALUES('20210047','李忠诚', '信息',22),('20210048','李诚', '信息',21)
```

5.4.3 使用 T-SQL 语句更新数据

T-SQL 中的 UPDATE 语句可以用来修改表中的数据行，既可以一次修改一行数据，也可以一次修改多行数据，甚至修改所有数据行。

语法格式：

```
UPDATE{table_name|view_name}
SET column_name={expression|DEFAULT|NULL}[,...n]
[WHERE<search_condition>]
```

说明：

（1）table_name：需要修改数据的表名称。

（2）view_name：需要修改数据的视图名称。通过 view_name 来引用的视图必须是可更新的。

（3）SET：指定要更新的列或变量名称的列表。

（4）column_name={expression|DEFAULT|NULL}[,...n]：由表达式的值、默认值或空值去修改指定的列值。

（5）WHERE<search_condition>：指明只对满足该条件的行进行修改，若省略该子句，则对表中的所有行进行修改。

【例 5-21】修改数据表中所有记录的某个字段值。在 XUESHENG 数据库中，修改学生信息表 XSXX 中的"备注"字段为正常。

先打开 XUESHENG 数据库，在查询窗口中输入如下 T-SQL 语句，单击工具栏上的"执行"按钮。

```
UPDATE    XSXX
Set  备注='正常'
```

【例 5-22】修改数据表中部分记录的某个字段值。在 XUESHENG 数据库中，修改学生信息表 XSXX 中的山东籍的学生"备注"字段为"三好学生"。

先打开 XUESHENG 数据库，在查询窗口中输入如下 T-SQL 语句，单击工具栏上的"执行"按钮。

```
UPDATE    XSXX
Set  备注='三好学生'
Where  籍贯='山东'
```

【例 5-23】修改数据表中一条记录的某个字段值。在 XUESHENG 数据库中，修改学生信息表 XSXX 中学号为"20210030"学生的专业为"软件工程"。

先打开 XUESHENG 数据库，在查询窗口中输入如下 T-SQL 语句，单击工具栏上的"执行"按钮。

```
UPDATE    XSXX
Set  专业='软件工程'
Where  学号='20210030'
```

【例 5-24】修改数据表中一条记录的多个字段值。在 XUESHENG 数据库中，修改学生信息表 XSXX 中学号为"20210031"学生的专业为"物联网工程"，备注改为"转专业"。

先打开 XUESHENG 数据库，在查询窗口中输入如下 T-SQL 语句，单击工具栏上的"执行"按钮。

```
UPDATE    XSXX
Set  专业='物联网工程'，备注='转专业'
Where  学号='20210031'
```

5.4.4　使用 T-SQL 语句删除数据

1. 使用 T-SQL 语句删除数据

当表中某些数据不再需要时，要将其删除，使用 T-SQL 的 DELETE 语句可以删除表中的一条记录，也可以同时删除表中多条记录。

语法格式：

```
DELETE [FROM]
{table_name|view_name}
[WHERE <search_condition>]
```

说明：

（1）table_name|view_name：要从其中删除行的表或视图的名称。其中，通过 view_name 来引用的视图必须可更新且正确引用一个基表。

（2）WHERE <search_condition>：指定用于限制删除行数的条件。如果没有提供 WHERE 子句，则 DELETE 删除表中的所有行。

【例 5-25】删除数据表中所有记录。在 XUESHENG 数据库中，删除学生信息表 XSXX 中所有记录。

先打开 XUESHENG 数据库，在查询窗口中输入如下 T-SQL 语句，单击工具栏上的"执行"按钮。

```
DELETE   XSXX
```

【例 5-26】删除数据表中部分记录。在 XUESHENG 数据库中，删除学生信息表 XSXX 中籍贯是"江西"的学生信息。

先打开 XUESHENG 数据库，在查询窗口中输入如下 T-SQL 语句，单击工具栏上的"执行"按钮。

```
DELETE   XSXX
WHERE   籍贯='江西'
```

2. 使用 TRUNCATE TABLE 语句删除表中所有数据

语法格式：

```
TRUNCATE   TABLE   table_name
```

说明：

table_name：需要删除数据的表的名称。

【例 5-27】在 XUESHENG 数据库中，删除学生信息表 XSXX 中所有记录。

先打开 XUESHENG 数据库，在查询窗口中输入如下 T-SQL 语句，单击工具栏上的"执行"按钮。

```
TRUNCATE   TABLE   XSXX
```

TRUNCATE TABLE 语句与 DELETE 语句的区别：使用 TRUNCATE TABLE 语句在功能上与不带 WHERE 子句的 DELETE 语句相同，但 TRUNCATE TABLE 语句比 DELETE 语句快，DELETE 以物理方式一次删除一行，并在事务日志中记录每个删除的行；而 TRUNCATE TABLE 通过释放存储表数据所用的数据页来删除数据，并且只在事务日志记录页释放。因此在执行 TRUNCATE TABLE 语句之前应先对数据库备份，否则被删除的数据将不能再恢复。

课程思政案例

案例主题：Golden Ray 号侧翻事件——严谨的工作态度是守好"安全之门"的法宝

2019 年 9 月 8 日，一艘名为 Golden Ray 的大型汽车运输船（7700CEU）在经过美国乔治亚州不伦瑞克附近的圣西蒙斯海峡时突发侧翻。经事故调查发现，船上大副在计算货物重量时出现错误从而导致对船舶稳性计算出现偏差，这一失误导致这艘滚装船倾覆。Golden Ray 号在出发时不符合国际稳性标准，稳性低于大副计算的数值。当船只从不伦瑞克港出港时，该船在右舷 68 度转弯期间开始迅速向左倾斜。尽管引航员和船员试图对抗横倾，但向右舷转弯的速度增加。这艘船在不到一分钟的时间内倾斜了 60 度以上，之后在航道外搁浅。在船只发生部分倾覆后，打开的水密门让海水迅速蔓延，堵塞了机舱的主要出口，并困住了四名船员。事故发生时，该船上有 23 名船员和 1 名引航员。2 名船员受重伤，4 名船员被困在机舱内近 40

小时才得以获救。倾覆后的 Golden Ray 号因火灾、海水腐蚀等事故持续造成伤害，最终被宣布全损，Golden Ray 号侧翻事故所带来的总损失超过 10 亿美元。

思政映射

Golden Ray 号侧翻事件主要是因为大副填错一个数据，引发超过 10 亿美元的损失。这次侧翻事件，再次证明了严谨细致的工作态度的重要性。作为未来的从业者，在工作与生活中，做任何事情一定要十分谨慎准确、认真细致、一丝不苟，绝不能粗心大意，不然就会铸成大错。认真是一种态度，是一种高度负责的精神，要想把工作做好、做细，唯有坚持严谨细致的工作作风。

小　结

1. 数据类型有两种：系统数据类型和用户自定义数据类型。

2. 创建、修改及删除数据表的命令动词分别是：CREATE TABLE 、ALTER TABLE、DELTET TABLE。

3. 数据完整性一般包括三种类型：域完整性、实体完整性、参照完整性。域完整性又称为列完整性，指给定列输入的有效性，即保证指定列的数据具有正确的数据类型、格式和有效的数据范围。实体完整性又称为行的完整性，是用于保证数据表中每一个特定实体的记录都是唯一的。参照完整性可以保证主表中的数据与从表中数据的一致性。

4. PRIMARY KEY 约束与 UNIQUE 约束的主要区别如下：

（1）一个数据表只能定义一个 PRIMARY KEY 约束，但一个表中可根据需要对不同的列定义若干个 UNIQUE 约束。

（2）PRIMARY KEY 字段的值不允许为 NULL，而 UNIQUE 字段的值可取 NULL。

（3）一般创建 PRIMARY KEY 约束时，系统会自动产生索引，索引的默认类型为簇索引。创建 UNIQUE 约束时，系统会自动产生一个 UNIQUE 索引，索引的默认类型为非簇索引。

5. 域完整性的典型约束类型就是 CHECK 约束。CHECK 约束实际上是字段输入内容的验证规则，表示一个字段的输入内容必须满足 CHECK 约束的条件，若不满足，则数据无法正常输入。

6. 数据表中插入数据、删除数据及修改数据的命令动词分别是：INSERT、DELETE、UPDATE。

习　题

一、选择题

1. 在 T-SQL 语句中，修改数据表的语句是（　　）。
A. CREATE　　　B. ALTER　　　C. UPDATE　　　D. DROP

2. 下列 T-SQL 语句中，（　　）不是数据操纵语句。
A. INSERT　　　B. CREATE　　　C. DELETE　　　D. UPDATE

3. 若用如下的 T-SQL 语句创建了一个表 Stu：
```
CREATE  TABLE  Stu
(SNo   CHAR (6)   NOT NULL,
```

```
SName   CHAR(8)   NOT NULL,
SEX    CHAR(2),
AGE    INTEGER)
```

现向 Stu 表插入如下行时，（   ）可以被插入。

    A．('991001' , '李明芳', 女, '23')   B．('990746', '张为', NULL, NULL)

    C．(NULL, '陈道一', '男', 32)   D．('992345', NULL, '女', 25)

4．下面关于 INSERT 语句说法正确的是（   ）。

    A．一次只能插入一行记录   B．一次可以插入多行记录

    C．对表中所有字段都要输入数据   D．可以结合 WHERE 语句一起使用

5．在 SQL 中，表示外键约束的关键字是（   ）。

    A．PRIMARY KEY   B．FOREIGN KEY

    C．CHECK   D．QNIQUE

二、填空题

1．数据表中数据的类型有系统数据类型和_____。

2．数据完整性一般包括三种类型：域完整性、实体完整性、_____。

3．按照索引记录的存放位置，索引可分为_____与_____。

4．删除数据表的语句_____，删除数据表数据的语句是_____。

5．从学生信息表 XSXX 中，将学号为"2021003"的同学的姓名改为"陈平"，使用的 T-SQL 语句是_____。

三、操作题

使用 T-SQL 语句创建学生—课程数据库（命名为 S-T），然后在 S-T 数据库中使用 T-SQL 语句创建学生情况表 Student 及课程表 Course，表结构见表 5-7 和 5-8。

表 5-7　Student 表结构

列名	描述	数据类型	长度	是否允许为空值	说明
Sno	学号	Char	11	N	主键
Sname	姓名	Char	8	N	
Ssex	性别	Char	2	N	
Sage	年龄	Tinyint		N	
Sdept	所在系	Char	10	N	

表 5-8　Course 表结构

列名	描述	数据类型	长度	是否允许为空值	说明
Cno	课程号	Char	3	N	主键
Cname	课程名	Char	20	N	
Cpno	选修课	Char	10		
Ccredit	学分	Tinyint			

第6章 数据库数据查询

本章导读

在数据库应用中，用户对数据库最频繁的操作是数据查询，它是数据库管理系统中最重要的功能。数据库存储数据的最终目的就是合理使用数据，而合理使用数据的前提就是从数据表中获取数据，查询操作就是一种获取数据信息的方法。本章主要介绍 SELECT 语句的简单查询、条件查询、分类汇总查询、连接查询、子查询和保存查询的结果等。在介绍数据查询案例时，本章还引导大家进行数据科学的分析，培养正确规范的思维方法，提高分析解决数据查询问题的能力。

本章要点

- SELECT 语句的简单查询。
- 条件查询。
- 分类汇总查询。
- 连接查询。
- 子查询。
- 保存查询的结果。

学习目标

- 理解 SELECT 语句的语法格式。
- 能使用 SELECT 语句进行简单查询。
- 能使用 SELECT 语句进行分组筛选和汇总计算。
- 能使用 SELECT 语句进行连接查询。
- 能使用 SELECT 语句进行子查询。

在 SQL Server 2014 数据库系统中，通过使用 SELECT 语句就可以从数据库中按照用户的需要查询数据，并将查询结果以表格的形式输出。在使用 SELECT 语句查询数据时，还可以为结果集排序、分组和统计。

6.1 SELECT 语句的简单查询

SELECT 语句的简单查询

数据查询是按照用户的需要从数据库（DB）中提取并适当组织、输出相关数据的过程，是数据库系统（DBS）应用中最基本、最重要的核心操作。使用 SELECT 语句进行数据查询，

SQL Server 2014 提供了两种执行工具：SSMS 和查询编辑器。而在实际应用中大部分是将 SELECT 语句嵌入在前台编程语言中来执行的。

6.1.1　SELECT 语句的执行方式

1. 使用查询编辑器执行

使用查询编辑器执行 SELECT 语句进行数据查询，方法如下：

（1）单击系统工具栏上的"新建查询"按钮或"数据库引擎查询"按钮；或者选择主菜单"文件"→"新建"→"数据库引擎查询"命令。

（2）在"对象资源管理器"窗口→右击当前数据库中的某张表，选择"选择前 1000 行"命令。

（3）在数据库下拉列表中，选择当前数据库，在编辑器区中输入、编辑 SELECT 语句。

（4）单击工具栏上的按钮，可以检查所选 SQL 语句的语法格式，如果没有选择语句，则检查编辑区中所有语句的语法。

（5）单击工具栏中的按钮，或在菜单栏中选择"查询"→"执行"，可以执行查询语句，并在查询结果栏中显示出查询执行结果，如图 6-1 所示。

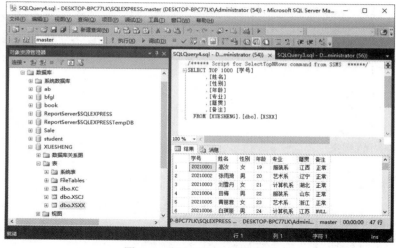

图 6-1　查询编辑器设计窗口

2. 使用 SSMS 执行

使用 SSMS 执行 SELECT 语句进行数据查询，方法如下：

（1）启动 SSMS，在左边窗口选中所要查询的表，右击，从弹出的快捷菜单中选择"选择前 200 行"，在弹出的数据表数据中右击，从弹出的快捷菜单中选择"窗格"可看到有四个窗格，分别是关系图、条件、SQL、结果窗格，如图 6-2 所示。

（2）在"关系图"窗格中，可以将已经设置关联的表显示出来。在"条件"窗格中选择要查询的列、是否排序以及查询条件等。在 SQL 窗格中自动生成 SELECT 语句，并可进行编辑。单击工具栏中的按钮，执行查询，则在"结果"窗格中显示查询结果，如图 6-3 所示。

（3）单击工具栏显示结果窗格按钮，可关闭窗格和打开窗格。

（4）在显示结果窗格中，选择字段的"筛选器"选项输入条件，单击空白处，则查询出符合条件的结果，SQL 语句显示在 SQL 窗格中。

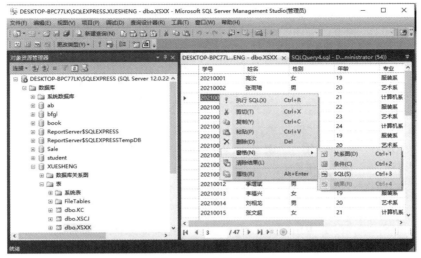

图 6-2 "窗格"界面

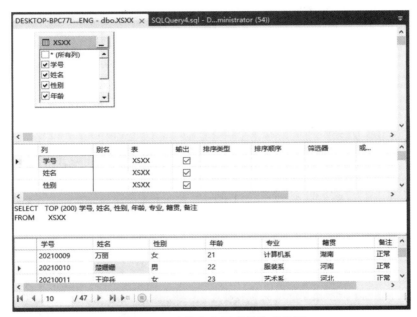

图 6-3 "窗格"各子菜单选项界面

6.1.2 SELECT 语句的语法格式

SELECT 语句是 SQL 中地位最重要、功能最丰富、使用最频繁、用法最灵活的语句。

1. SELECT 语句的基本语法格式如下：

    SELECT <select_list>
    [INTO <new_table>]
    FROM <table_source>
    [WHERE <search_condition>]
    [GROUP BY <group_by_expression>]

    [HAVING <search_condition>]
    [ORDER BY <order_expression>[ASC|DESC]]

2. 参数说明

（1）<select_list>：用于指定要查询的字段，即查询结果中的字段名。

（2）INTO 子句：用于创建一个新表，并将查询结果保存到这个新表中。

（3）FROM 子句：用于指出所要进行查询的数据来源，即表或视图的名称。

（4）WHERE 子句：用于指定查询条件。

（5）GROUP BY 子句：用于指定分组表达式，并对查询结果分组。

（6）HAVING 子句：用于指定分组统计条件。

（7）ORDER BY 子句：用于指定排序表达式和顺序，并对查询结果排序。

SELECT 语句的功能如下：从 FROM 子句列出的数据源表中，找出满足 WHERE 查询条件的记录，按照 SELECT 子句指定的字段列表输出查询结果表，在查询结果表中可以进行分组和排序。

在 SELECT 语句中，SELECT 子句与 FROM 子句是必不可少的，其余的子句是可选的。

6.1.3 SELECT 语句的基本查询

SELECT 子句是对表中的列进行选择查询，也是 SELECT 语句最基本的使用，基本形式如下：

    SELECT 列名 1[,…列名 n]

在上述基本形式的基础上，通过加上不同的选项，可以实现多种形式的列选择查询，下面分别予以介绍。

1. 查询表中指定的列

使用 SELECT 语句选择一个表中的某些列进行查询，要在 SELECT 后写出要查询的字段名，并用逗号分隔，查询结果将按照 SELECT 语句中指定的列的顺序来显示这些列。

【例 6-1】查询 sale 数据库的客户信息表中所有客户的买家姓名、公司名称、注册年份。

先打开 sale 数据库，在查询窗口中输入如下 SQL 语句，单击工具栏上的"执行"按钮，执行结果如图 6-4 所示。

    SELECT 买家姓名,公司名称,注册年份
    FROM 客户信息

图 6-4　客户信息指定列查询

如果需要选择表中的所有列进行查询显示，可在 SELECT 后用"*"号表示所有字段，查询结果将会按照用户创建表时指定的列的顺序来显示所有列。

【例 6-2】查询 sale 数据库的客户信息表中所有客户信息。

先打开 sale 数据库，在查询窗口中输入如下 SQL 语句，单击工具栏上的"执行"按钮。

    SELECT *
    FROM　客户信息

2. 按指定顺序查询表中部分列

可以根据不同需求更改字段列的显示顺序，让查询结果中的字段顺序与选择列表指定的顺序相同。

【例 6-3】查询 sale 数据库客户信息表中所有客户的注册年份、公司名称、注册国家。

先打开 sale 数据库，在查询窗口中输入如下 SQL 语句，单击工具栏上的"执行"按钮，执行结果如图 6-5 所示。

    SELECT 注册年份,公司名称,注册国家
    FROM　客户信息

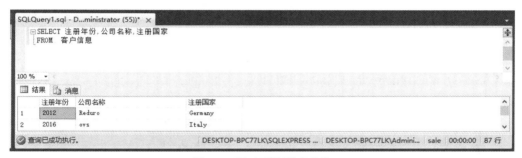

图 6-5　更改列的顺序查询

3. 修改查询结果中的列标题

当希望查询结果中的某些列不显示表结构中规定的列标题，而使用用户自己另外选择的列标题时，可以在列名之后使用 as 子句来更改查询结果中的列标题名。

【例 6-4】查询 sale 数据库客户信息表中所有客户的注册年份、公司名称、注册国家，要求各列的标题分别指定为 zc_nf、cm_name 和 zc_ct。

先打开 sale 数据库，在查询窗口中输入如下 SQL 语句，单击工具栏上的"执行"按钮，执行结果如图 6-6 所示。

    SELECT 注册年份 as zc_nf,公司名称 as　cm_name,注册国家 as zc_ct
    FROM　客户信息

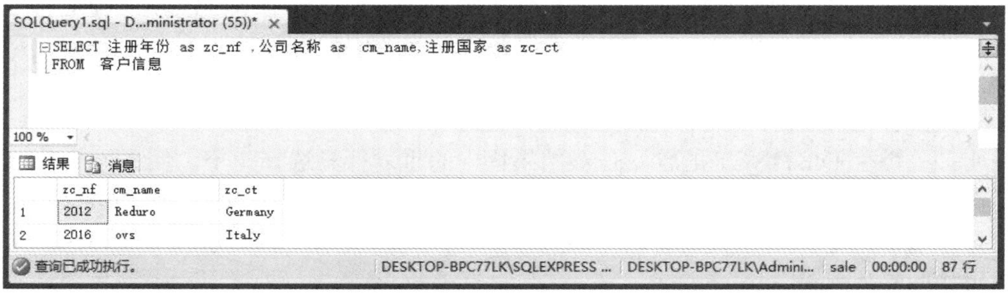

图 6-6　更改列的标题

修改查询结果中的列标题也可以使用以下形式。例如：

```
SELECT   zc_nf=注册年份, cm_name=公司名称,zc_ct=注册国家
FROM  客户信息
```

上述语句的执行结果与上例完全相同。

注意：当自定义的列标题中含有空格时，必须使用单引号将标题括起来。例如：

```
SELECT 'zc nf'=注册年份, 公司名称  as 'cm name'
FROM  客户信息
```

4. 计算列值

使用 SELECT 语句对列进行查询时，在结果中可以输出对列值计算后的值，即 SELECT 子句可使用表达式作为查询结果。格式如下：

```
SELECT expression [, expression ]
```

【例 6-5】假设 XUESHENG 数据库中的 XSCJ 表中提供的所有学生的成绩均为期末考试成绩，计算总成绩时，只占 60%，要求按照公式"期末成绩=成绩*0.8"换算成期末成绩显示出来。

先打开 XUESHENG 数据库，在查询窗口中输入如下 SQL 语句，单击工具栏上的"执行"按钮，执行结果如图 6-7 所示。

```
SELECT  学号,课程号,成绩,期末成绩=成绩*0.6
FROM XSCJ
```

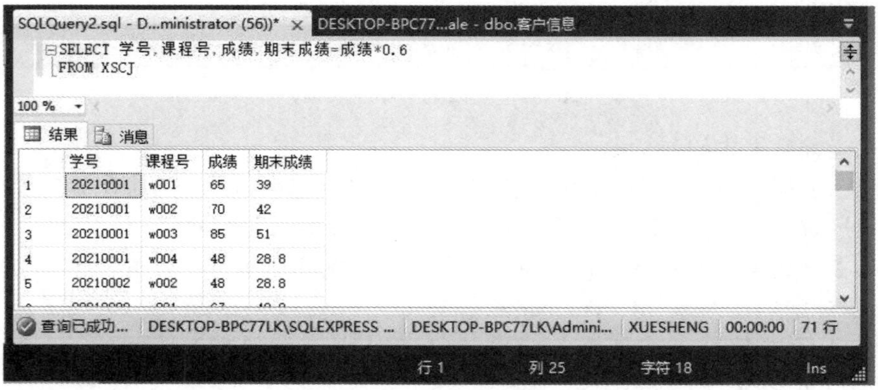

图 6-7   计算列值

5. 消除结果集中的重复行

对表只选择某些列时，可能会出现重复行。例如，若对 XSDA 表只选择系名，则会出现多行重复的情况。可以使用 DISTINCT 关键字消除结果集中的重复行。

语法格式：

```
SELECT DISTINCT column_name[,column_name…]
```

说明：关键字 DISTINCT 的含义是对结果集中的重复行只选择一个，保证行的唯一性。

【例 6-6】查询 sale 数据库中的客户信息表中注册年份，消除结果集中的重复行。

先打开 sale 数据库，在查询窗口中输入如下 SQL 语句，单击工具栏上的"执行"按钮，执行结果如图 6-8 所示。

```
SELECT DISTINCT 注册年份
FROM  客户信息
```

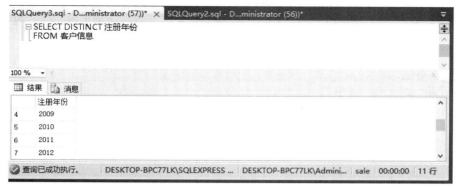

图 6-8　消除结果集中的重复行

注意以下格式的使用：

SELECT ALL column_name [,column_name…]

与 DISTINCT 相反，当使用关键字 ALL 时，将保留结果集中的所有行。当 SELECT 语句中省略 ALL 与 DISTINCT 时，默认值为 ALL。

6．限制结果集返回行数

如果 SELECT 语句返回的结果集中的行数特别多，不利于信息的整理和统计，可以使用 TOP 选项限制其返回的行数。TOP 选项的基本格式如下：

TOP　n [PERCENT]

其中 n 是一个正整数，表示返回查询结果集的前 n 行。若带 PERCENT 关键字，则表示返回结果集的前 n%行。

【例 6-7】查询 sale 数据库客户信息表中所有客户的注册年份、公司名称、注册国家，只返回结果集的前 10 行。

先打开 sale 数据库，在查询窗口中输入如下 SQL 语句，单击工具栏上的"执行"按钮，执行结果如图 6-9 所示。

SELECT top 10 注册年份,公司名称,注册国家

FROM　客户信息

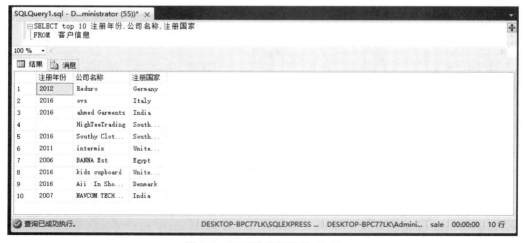

图 6-9　返回结果集的前 10 行

【例 6-8】查询客户信息表中所有客户的注册年份、公司名称、注册国家，只返回结果集的前 10%行。

先打开 sale 数据库，在查询窗口中输入如下 SQL 语句，单击工具栏上的"执行"按钮。

```
SELECT TOP 10 PERCENT 注册年份,公司名称,注册国家
FROM  客户信息
```

条件查询　　　模式匹配查询

6.2　条件查询

在数据库表中存储的数据比较多而执行查询时，用户往往根据自己的需求由条件进行选择查询，在表中查询满足条件的元组可以通过 WHERE 子句实现。WHERE 子句是对表中的行进行选择查询，即通过在 SELECT 语句中使用 WHERE 子句可以从数据表中过滤出符合 WHERE 子句指定的选择条件的记录，从而实现行的查询。WHERE 子句必须紧跟在 FROM 子句之后，其基本格式如下：

```
WHERE <search_condition>
```

其中 search_condition 为查询条件，查询条件是一个逻辑表达式，其中可以包含的运算符见表 6-1。

表 6-1　查询条件中常用的运算符

运算符	用途
=, <>, >, >=, <, <=, !=, !<, !>	比较大小
AND，OR，NOT	设置多重条件
BETWEEN AND	确定范围
IN，NOT IN，ANY | SOME，ALL	确定集合或表示子查询
LIKE	字符匹配，用于模糊查询
IS [NOT] NULL	测试空值

6.2.1　比较条件查询

1．比较表达式

使用比较表达式作为查询条件的一般格式是：

expression 比较运算符 expression

说明：expression 是除 text、ntext、image 之外类型的表达式。比较运算符用于比较两个表达式的值，共九个，分别是=（等于）、<（小于）、<=（小于等于）、>（大于）、>=（大于等于）、<>（不等于）、!=（不等于）、!<（不小于）、!>（不大于）。

当两个表达式的值均不为空值（NULL）时，比较运算符返回逻辑值 TRUE（真）或 FALSE（假）；而当两个表达式值中有一个为空值或都为空值时，比较运算符将返回 UNKNOWN。

2．比较表达式作查询条件

【例 6-9】查询 sale 数据库客户信息表中注册国家是 South Africa 的客户信息。

先打开 sale 数据库，在查询窗口中输入如下 SQL 语句，单击工具栏上的"执行"按钮，执行结果如图 6-10 所示。

```
SELECT *
FROM    客户信息
WHERE  注册国家='South Africa'
```

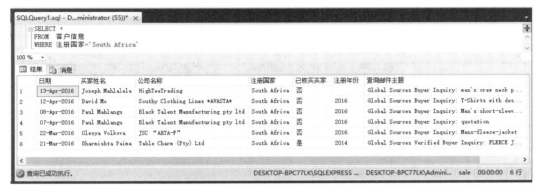

图 6-10　返回注册国家是 South Africa 的客户信息

【例 6-10】查询 sale 数据库客户信息表中注册年份在 2012 年以后的客户信息。

先打开 sale 数据库，在查询窗口中输入如下 SQL 语句，单击工具栏上的"执行"按钮，执行结果如图 6-11 所示。

```
SELECT *
FROM    客户信息
WHERE  注册年份>'2012-12-31'
```

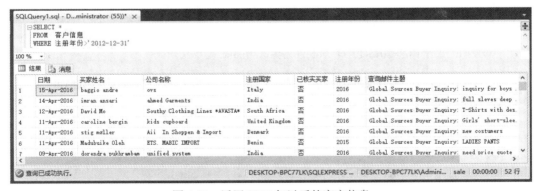

图 6-11　返回 2012 年以后的客户信息

6.2.2　逻辑条件查询

逻辑运算符用于连接一个或多个条件表达式。相关的符号和具体含义，以及注意事项如下：

（1）AND（与）：当相连接的两个表达式都成立时才成立。

（2）OR（或）：当相连接的两个表达式有一个成立就成立。

（3）NOT（非）：原表达式成立，则语句不成立；原表达式不成立，则语句成立。

三个逻辑运算符的优先级从高到低为 NOT、AND、OR，可以使用小括号改变系统执行顺序。

使用逻辑表达式作为查询条件的一般格式是：

expression AND expression 或 expression OR expression 或 NOT expression

【例 6-11】查询 sale 数据库客户信息表中注册年份在 2014 年以后 India 国家的客户信息。

先打开 sale 数据库，在查询窗口中输入如下 SQL 语句，单击工具栏上的"执行"按钮，执行结果如图 6-12 所示。

```
SELECT *
FROM  客户信息
WHERE 注册年份>'2014-12-31'  and 注册国家='India'
```

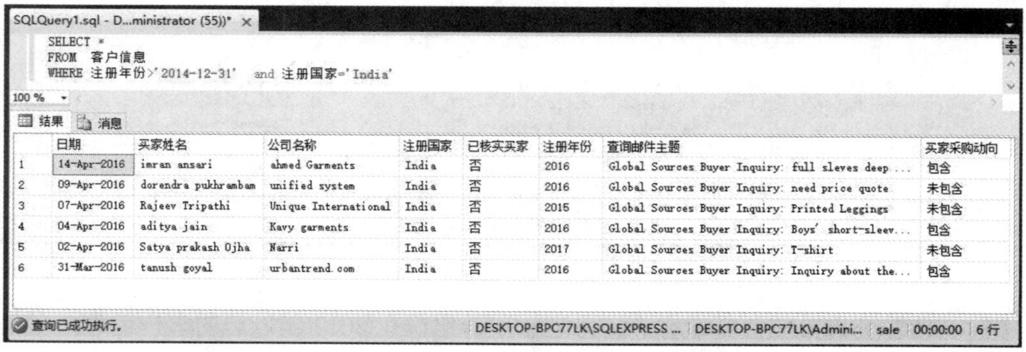

图 6-12　返回逻辑与条件的客户信息

【例 6-12】查询 sale 数据库客户信息表中注册年份在 2015 年以后，或注册国家是 India 国家的客户信息。

先打开 sale 数据库，在查询窗口中输入如下 SQL 语句，单击工具栏上的"执行"按钮，执行结果如图 6-13 所示。

```
SELECT *
FROM  客户信息
WHERE 注册年份>'2015-12-31'  or 注册国家='India'
```

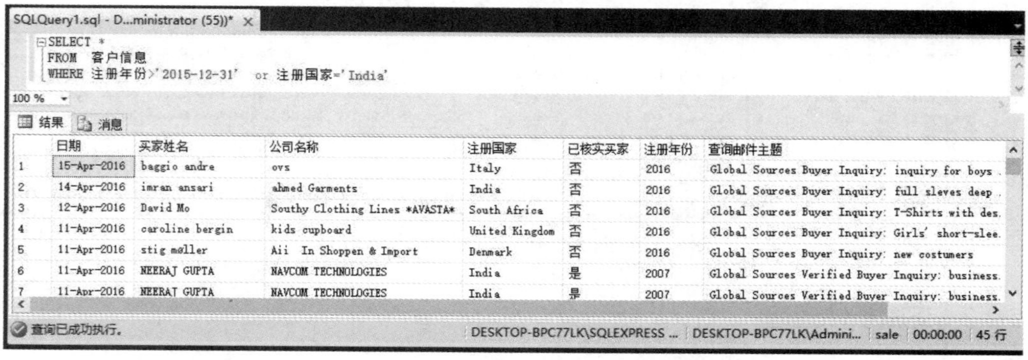

图 6-13　返回逻辑或条件的客户信息

6.2.3　模式匹配查询

在实际应用中，用户不是总能够给出精确的查询条件。因此，经常需要根据一些不确切的线索来搜索信息，这就是模糊查询。使用 LIKE 关键字进行模式匹配，LIKE 用于指出一个字符串是否与指定的字符串相匹配，返回逻辑值 TRUE 或 FALSE。

语法格式：

　　　　string_expression [NOT] LIKE string_expression

SQL Server 提供了通配符与 LIKE 关键词结合使用，比如，"%"代表任意零个或多个字符，如查找姓名时可以使用"赵%"，查找所有姓赵的员工信息。

【例 6-13】查询 sale 数据库客户信息表中买家姓名以字母 t 开头的客户信息。

先打开 sale 数据库，在查询窗口中输入如下 SQL 语句，单击工具栏上的"执行"按钮，执行结果如图 6-14 所示。

　　　　SELECT *
　　　　FROM　客户信息
　　　　WHERE　买家姓名　like 't%'

图 6-14　返回"t"开头的客户信息

【例 6-14】查询 sale 数据库客户信息表中买家姓名包含字母 n 的客户信息。

先打开 sale 数据库，在查询窗口中输入如下 SQL 语句，单击工具栏上的"执行"按钮。

　　　　SELECT *
　　　　FROM　客户信息
　　　　WHERE　买家姓名　like '%n%'

6.2.4　范围比较查询

用于范围比较的关键字有两个：BETWEEN 和 IN。

（1）BETWEEN 关键字。使用 BETWEEN 关键字可以方便地限制查询数据的范围。

语法格式：

　　　　expression [NOT] BETWEEN expression1 AND expression2

说明：当不使用 NOT 时，若表达式 expression 的值在表达式 expression1 与 expression2 之间（包括这两个值），则返回 TRUE，否则返回 FALSE；使用 NOT 时，返回值刚好相反。

注意：expression1 的值不能大于 expression2 的值。

【例 6-15】查询 sale 数据库客户信息表中注册年份在 2014－2016 年之间的买家姓名、公司名称及注册年份。

先打开 sale 数据库，在查询窗口中输入如下 SQL 语句，单击工具栏上的"执行"按钮，执行结果如图 6-15 所示。

　　　　SELECT　买家姓名,公司名称,注册年份
　　　　FROM　客户信息
　　　　WHERE　注册年份　BETWEEN 2014 AND 2016

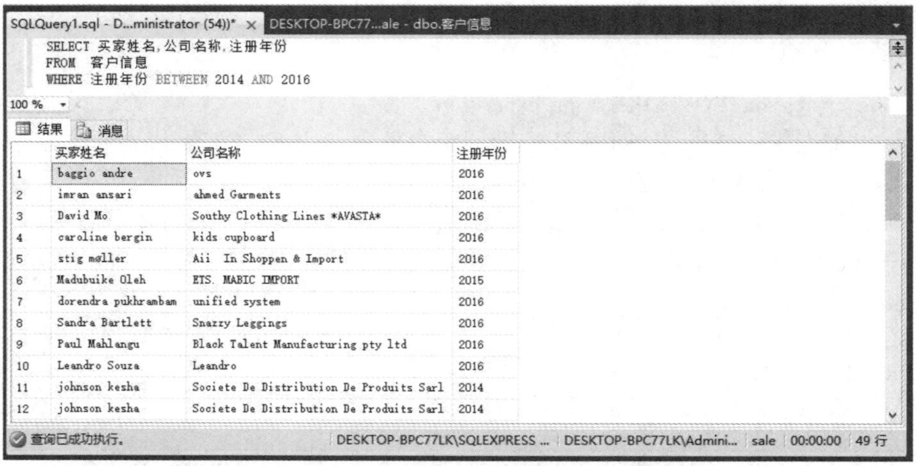

图 6-15　返回 2014－2016 年的客户信息

【例 6-16】查询 XUESHENG 数据库中 XSXX 表中年龄在 18 到 20 岁之间的学生信息。

先打开 XUESHENG 数据库，在查询窗口中输入如下 SQL 语句，单击工具栏上的"执行"按钮，执行结果如图 6-16 所示。

```
SELECT *
FROM XSXX
WHERE 年龄 BETWEEN 18 AND 20
```

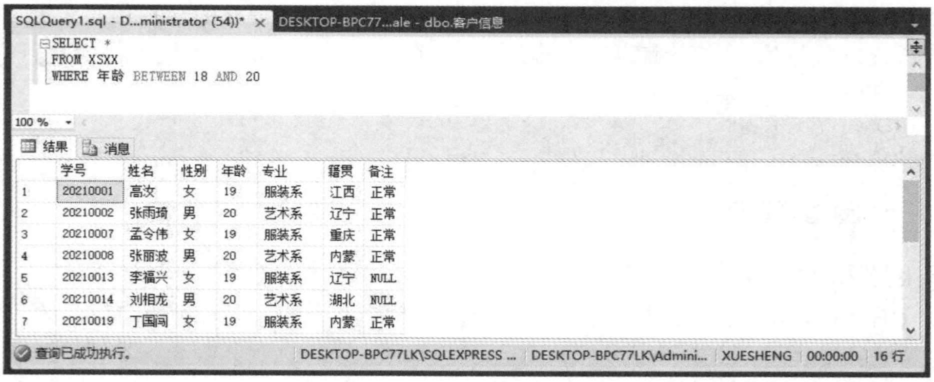

图 6-16　返回年龄在 18 到 20 岁之间的学生信息

（2）IN 关键字。使用 IN 关键字可以指定一个值表，值表中列出所有可能的值，当与值表中的任何一个值匹配时，即返回 TRUE，否则返回 FALSE。使用 NOT 时，返回值刚好相反。

语法格式：

```
expression [NOT] IN (expression [,…n])
```

【例 6-17】查询 XUESHENG 数据库中 XSXX 表中籍贯在山东、辽宁及江西的学生信息。

先打开 XUESHENG 数据库，在查询窗口中输入如下 SQL 语句，单击工具栏上的"执行"按钮，执行结果如图 6-17 所示。

```
SELECT *
FROM XSXX
WHERE 籍贯 in('山东','辽宁','江西')
```

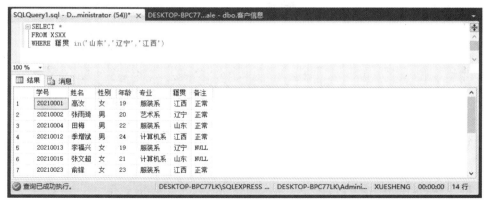

图 6-17　返回属于某些籍贯的学生信息

【例 6-18】查询 XUESHENG 数据库中 KC 表中 3、4、5 学期开设的课程情况。

先打开 XUESHENG 数据库，在查询窗口中输入如下 SQL 语句，单击工具栏上的"执行"按钮。

```
SELECT *
FROM KC
WHERE  开课学期  IN (3,4,5)
```

6.2.5　空值比较

当需要判定一个表达式的值是否为空值时，使用 IS NULL 关键字，格式如下：

expression IS [NOT] NULL

说明：当不使用 NOT 时，若表达式 expression 的值为空值，返回 TRUE，否则返回 FALSE；当使用 NOT 时，结果刚好相反。

【例 6-19】查询 XUESHENG 数据库中 XSXX 表中没有备注的学生情况。

先打开 XUESHENG 数据库，在查询窗口中输入如下 SQL 语句，单击工具栏上的"执行"按钮，执行结果如图 6-18 所示。

```
SELECT    *
FROM XSXX
WHERE  备注  IS NULL
```

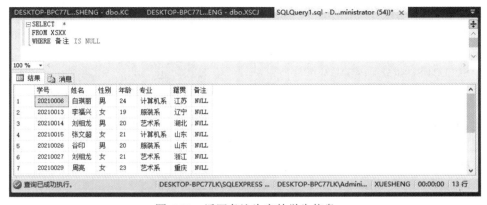

图 6-18　返回备注为空的学生信息

分类汇总查询

6.3　分类汇总查询

对表数据进行检索时，经常需要对查询结果进行分类、汇总或计算。例如在 XS 数据库中求某门课程的平均分、统计各分数段的人数等。使用聚合函数进行汇总查询包括 SUM、AVG、MAX、MIN、COUNT。使用 GROUP BY 子句和 HAVING 子句进行分组筛选，用聚合函数进行汇总。

6.3.1　使用常用聚合函数查询

聚合函数用于计算表中的数据，返回单个计算结果。常用的聚合函数见表 6-2。

表 6-2　聚合函数

函数名	功能
SUM()	返回表达式中所有值的和
AVG()	返回表达式中所有值的平均值
MAX()	求最大值
MIN()	求最小值
COUNT()	用于统计组中满足条件的行数或总行数

1. SUM 函数

SUM 用于求表达式中所有值项的总和。

语法格式：

　　　SUM ([ALL | DISTINCT] expression)

说明：expression 可以是常量、列、函数或表达式，其数据类型只能是 int、smallint、tinyint、bigint、decimal、numeric、float、real、money、smallmoney。ALL 表示对所有值进行运算，DISTINCT 表示对去除重复值后的值进行运算，默认为 ALL。SUM 忽略 NULL 值。

【例 6-20】查询 XUESHENG 数据库中 XSCJ 表中学号为 "20210001" 的学生选修课程的总成绩。

先打开 XUESHENG 数据库，在查询窗口中输入如下 SQL 语句，单击工具栏上的 "执行" 按钮，执行结果如图 6-19 所示。

　　　SELECT SUM(成绩) AS '总成绩'
　　　FROM XSCJ
　　　WHERE　学号='20210001'

注意：使用聚合函数作为 SELECT 的选择列时，若不为其指定列标题，则系统将对该列输出标题 "（无列名）"。SELECT 子句的列表中不是聚合函数中指定的其他字段列不能显示，否则会报错，如在 SELECT 子句后面加上学号字段，就弹出错误信息，如图 6-20 所示。

图 6-19 返回学生的总成绩

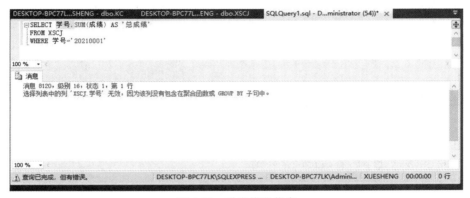

图 6-20 弹出错误信息

2. AVG 函数

AVG 用于求表达式中所有值项的平均值。

语法格式：

AVG ([ALL | DISTINCT] expression)

说明：AVG 函数的参数设置要求跟 SUM 函数一样。

【例 6-21】查询 XUESHENG 数据库中 XSCJ 表中学号为"20210001"的学生选修课程的平均成绩。

先打开 XUESHENG 数据库，在查询窗口中输入如下 SQL 语句，单击工具栏上的"执行"按钮。

```
SELECT AVG(成绩) AS '平均成绩'
FROM XSCJ
WHERE  学号='20210001'
```

3. MAX 函数

MAX 用于求表达式中所有值项的最大值。

语法格式：

MAX ([ALL | DISTINCT] expression)

说明：expression 可以是常量、列、函数或表达式，其数据类型可以是数字、字符和日期时间类型。ALL 和 DISTINCT 的含义及默认值与 SUM/AVG 函数相同。MAX 忽略 NULL 值。

【例 6-22】查询 XUESHENG 数据库中 XSCJ 表中学号为"20210001"的学生选修课程的最高成绩。

先打开 XUESHENG 数据库，在查询窗口中输入如下 SQL 语句，单击工具栏上的"执行"按钮，执行结果如图 6-21 所示。

```
SELECT MAX(成绩) AS '最高成绩'
FROM XSCJ
WHERE 学号='20210001'
```

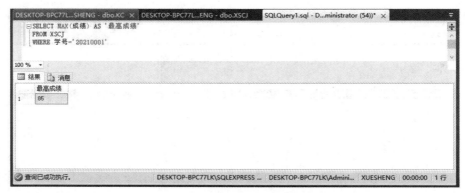

图 6-21　返回学生的最高成绩

4. MIN 函数

MIN 用于求表达式中所有值项的最小值。

语法格式：

MIN ([ALL | DISTINCT] expression)

说明：MIN 函数的参数设置要求跟 MAX 函数一样。

【例 6-23】查询 XUESHENG 数据库中 XSCJ 表中学号为"20210001"的学生选修课程的最低成绩。

先打开 XUESHENG 数据库，在查询窗口中输入如下 SQL 语句，单击工具栏上的"执行"按钮。

```
SELECT MIN(成绩) AS '最低成绩'
FROM XSCJ
WHERE 学号='20210001'
```

5. COUNT 函数

COUNT 用于统计组中满足条件的行数或总行数。

语法格式：

COUNT ({[ALL | DISTINCT] expression}|*)

说明：expression 是一个表达式，其数据类型是除 uniqueidentifier、text、image、ntext 之外的任何类型。ALL 和 DISTINCT 的含义及默认值与 SUM/AVG 函数相同。选择*时将统计总行数。COUNT 忽略 NULL 值。

【例 6-24】查询 XUESHENG 数据库中 XSXX 表中男生的总人数。

先打开 XUESHENG 数据库，在查询窗口中输入如下 SQL 语句，单击工具栏上的"执行"按钮，执行结果如图 6-22 所示。

```
SELECT    COUNT(*)    AS    '男生总人数'
FROM    XSXX
WHERE   性别='男'
```

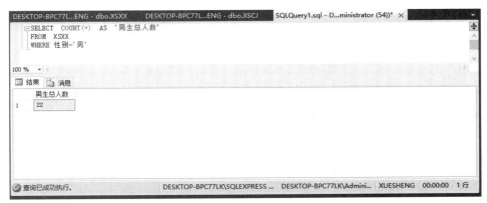

图 6-22　返回男生的总人数

【例 6-25】查询 XUESHENG 数据库中 XSCJ 表中选修了课程的学生的总人数。

先打开 XUESHENG 数据库，在查询窗口中输入如下 SQL 语句，单击工具栏上的"执行"按钮。

```
SELECT COUNT(DISTINCT 学号)    AS    '选修课程的学生总人数'
FROM    XSCJ
```

6.3.2　分组查询

分组是按照某一列数据的值或某个列组合的值将查询出的行分成若干组，每组在指定列或列组合上具有相同的值。分组可通过使用 GROUP BY 子句来实现。

语法格式：

```
[GROUP BY group_by_expression[,…n]]
```

说明：group_by_expression 是用于分组的表达式，其中通常包含字段名。SELECT 子句的列表中只能包含在 GROUP BY 中指出的列或在聚合函数中指定的列。

1. 简单分组

【例 6-26】查询 XUESHENG 数据库中 XSXX 表中男女生人数。

先打开 XUESHENG 数据库，在查询窗口中输入如下 SQL 语句，单击工具栏上的"执行"按钮，执行结果如图 6-23 所示。

```
SELECT  性别,COUNT(*) AS '人数'
FROM    XSXX
GROUP   BY   性别
```

【例 6-27】查询 XUESHENG 数据库中 XSXX 表中各个省份男女生人数。

先打开 XUESHENG 数据库，在查询窗口中输入如下 SQL 语句，单击工具栏上的"执行"按钮，执行结果如图 6-24 所示。

```
SELECT  籍贯,性别,COUNT(*) AS '人数'
FROM    XSXX
GROUP   BY   籍贯,性别
```

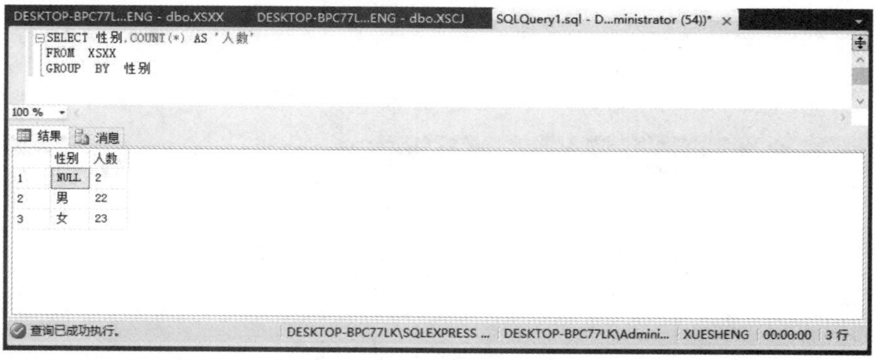

图 6-23　返回男女生的总人数

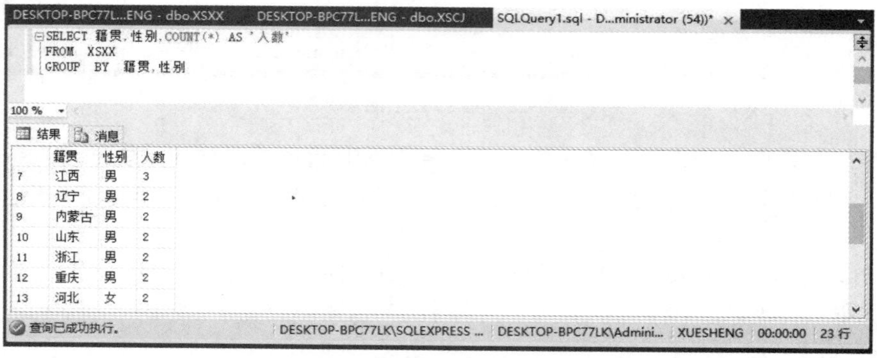

图 6-24　返回各个省份男女生的总人数

2．使用 HAVING 筛选结果

使用 GROUP BY 子句和聚合函数对数据进行分组后，还可以使用 HAVING 子句对分组数据进行进一步筛选。

语法格式：

    [HAVING <search_condition>]

说明：search_condition 为查询条件，与 WHERE 子句的查询条件类似，并且可以使用聚合函数。

【例 6-28】查询 XUESHENG 数据库中 XSCJ 表中平均成绩在 90 分以上的学生的学号和平均分。

先打开 XUESHENG 数据库，在查询窗口中输入如下 SQL 语句，单击工具栏上的"执行"按钮，执行结果如图 6-25 所示。

    SELECT 学号, AVG(成绩) AS '平均分'
    FROM XSCJ
    GROUP BY 学号
    HAVING AVG(成绩)>=90

注意：在 SELECT 语句中，当 WHERE、GROUP BY 与 HAVING 子句同时被使用时，要注意它们的作用和执行顺序：WHERE 用于筛选由 FROM 指定的数据对象，即从 FROM 指定的基表或视图中检索满足条件的记录；GROUP BY 用于对 WHERE 的筛选结果进行分组；HAVING 则是对使用 GROUP BY 分组以后的数据进行过滤。

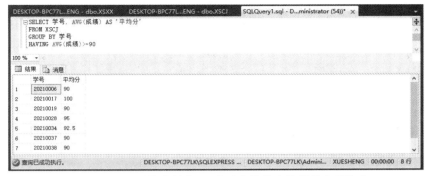

图 6-25　返回平均成绩在 90 分以上的学生的学号和平均分

【例 6-29】查询 XUESHENG 数据库中 XSCJ 表中选修课程超过 2 门，并且成绩都在 60 分以上的学生的学号。

先打开 XUESHENG 数据库，在查询窗口中输入如下 SQL 语句，单击工具栏上的"执行"按钮，执行结果如图 6-26 所示。

```
SELECT  学号
FROM XSCJ
WHERE  成绩>=60
GROUP BY  学号
HAVING COUNT(*)>2
```

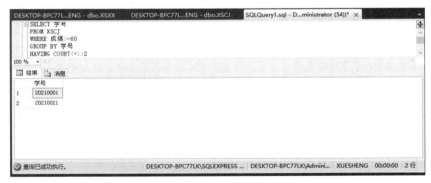

图 6-26　返回多条件的分组查询

3．排序

在实际应用中经常要对查询的结果排序输出，例如将学生成绩由高到低排序输出。在 SELECT 语句中，使用 ORDER BY 子句对查询结果进行排序。

语法格式：

ORDER BY {order_by_expression [ASC|DESC]}[,…n]

说明：order_by_expression 是排序表达式，可以是列名、表达式或一个正整数。当 order_by_expression 是一个正整数时，表示按表中的该位置上的列排序。当出现多个排序表达式时，各表达式在 ORDER BY 子句中的顺序决定了排序依据的优先级。ASC 是升序，DESC 是降序，默认的排序是升序。

【例 6-30】查询 XUESHENG 数据库中 XSXX 表中所有计算机系学生，按年龄从小到大的顺序排序输出。

先打开 XUESHENG 数据库，在查询窗口中输入如下 SQL 语句，单击工具栏上的"执行"按钮，执行结果如图 6-27 所示。

```
SELECT *
FROM XSXX
WHERE  专业='计算机系'
ORDER BY  年龄  DESC
```

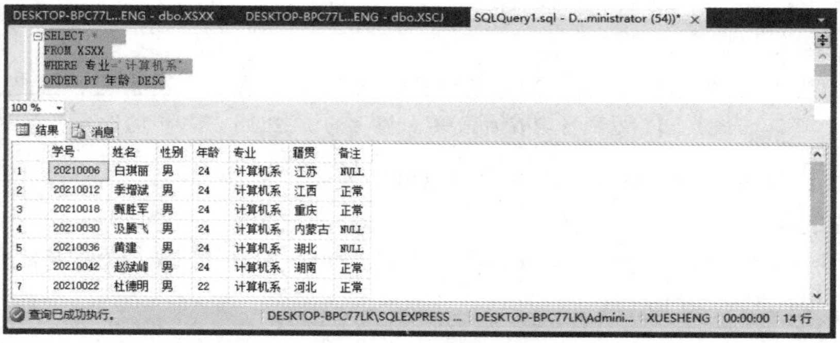

图 6-27　返回计算机系学生按年龄降序

【例 6-31】查询 XUESHENG 数据库中 XSXX 表中各个省份男女生人数，按籍贯升序，按性别降序。

先打开 XUESHENG 数据库，在查询窗口中输入如下 SQL 语句，单击工具栏上的"执行"按钮，执行结果如图 6-28 所示。

```
SELECT  籍贯,性别,COUNT(*) AS '人数'
FROM   XSXX
GROUP   BY   籍贯,性别
ORDER BY  籍贯  ASC,性别  DESC
```

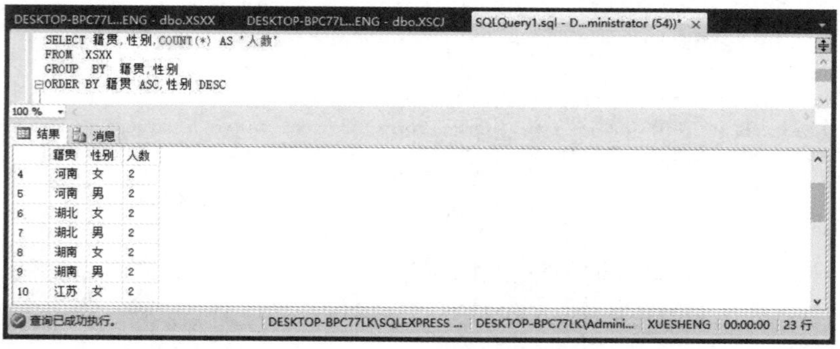

图 6-28　返回多个字段的排序

连接查询

数据查询的实践操作

6.4　连接查询

前面介绍的所有查询都是针对一个表进行的，而在实际应用中，我们查询的内容往往涉及多个表，这时就需要进行多个表之间的连接查询。连接查询是关系数据库中最主要的查询方式，连接查询的目的是通过加载连接字段条件将多个表连接起来，以便从多个表中检索用户所需要的数据。

在 SQL Server 中，连接查询有两类表示形式：一类是符合 SQL 标准连接谓词的表示形式，在 WHERE 子句中使用比较运算符给出连接条件，对表进行连接，这是早期 SQL Server 连接的语法形式；另一类是 T-SQL 扩展的使用关键字 JOIN 指定连接的表示形式，在 FROM 子句中使用 JOIN ON 关键字，连接条件写在 ON 之后，从而实现表的连接。SQL Server 2014 推荐使用 JOIN 形式的连接。

在 SQL Server 中，连接查询分为内连接、外连接、交叉连接和自连接。

6.4.1　内连接

内连接是将两个表中满足连接条件的行组合起来，返回满足条件的行。

语法格式：

FROM <table_source> [INNER] JOIN <table_source> ON <search_condition>

说明：<table_source>为需要连接的表，ON 用于指定连接条件，<search_condition>为连接条件。INNER 表示内连接。

【例 6-32】查询 XUESHENG 数据库中每个学生的情况以及选修的课程情况。

先打开 XUESHENG 数据库，在查询窗口中输入如下 SQL 语句，单击工具栏上的"执行"按钮，执行结果如图 6-29 所示。

SELECT *
FROM XSXX INNER JOIN XSCJ ON XSXX.学号=XSCJ.学号 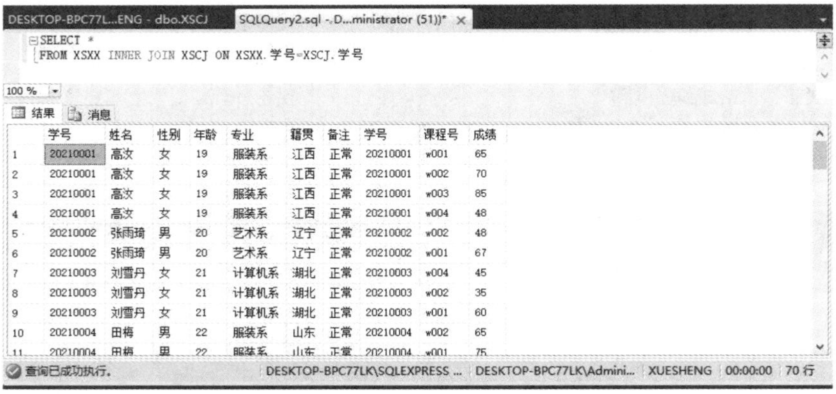

图 6-29　等值连接的查询结果

连接条件中的两个字段称为连接字段，它们必须是可比的。例如例 6-32 的连接条件中的两个字段分别是 XSXX 表和 XSCJ 表中的学号字段。

连接条件中的比较运算符可以是<、<=、=、>、>=、!=、<>、!<、!>，当比较运算符是"="时，就是等值连接。若在等值连接结果集的目标列中去除相同的字段名，则为自然连接。

【例 6-33】对例 6-32 进行自然连接查询。

先打开 XUESHENG 数据库，在查询窗口中输入如下 SQL 语句，单击工具栏上的"执行"按钮，执行结果如图 6-30 所示。

SELECT　XSXX.*,XSCJ.课程编号,XSCJ.成绩
FROM　XSXX　INNER　JOIN　XSCJ　ON　XSXX.学号=XSCJ.学号

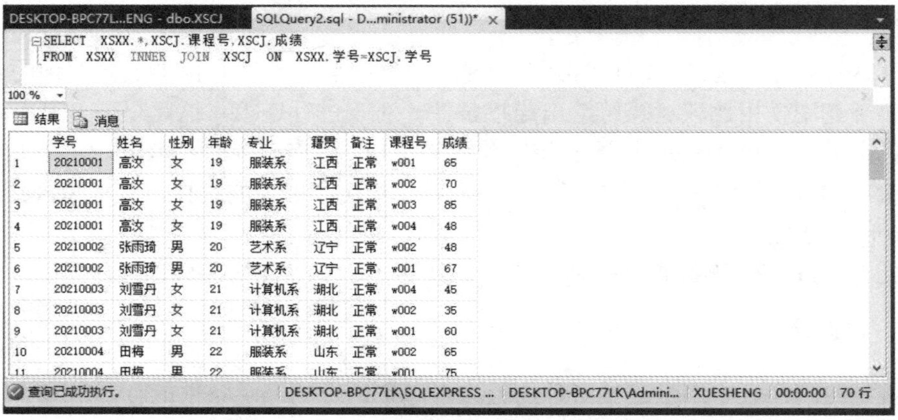

图 6-30　自然连接的查询结果

注意：本例所得的结果表中去除了重复字段（学号）。若选择的字段名在各个表中是唯一的，则可以省略字段名前的表名。比如例 6-33 中的 SELECT 子句也可写为

SELECT XSXX.*,课程编号,成绩

FROM　XSXX　INNER　JOIN　XSCJ　ON　XSXX.学号=XSCJ.学号

内连接是系统默认的，可以省略 INNER 关键字。使用内连接后仍可使用 WHERE 子句指定条件。

【例 6-34】查询 XUESHENG 数据库中选修了 w001 号课程并且成绩高于 70 分学生的姓名及成绩。

先打开 XUESHENG 数据库，在查询窗口中输入如下 SQL 语句，单击工具栏上的"执行"按钮，执行结果如图 6-31 所示。

SELECT　姓名,成绩

FROM　XSXX　JOIN　XSCJ　ON　XSXX.学号=XSCJ.学号

WHERE　课程号='w001'　AND　成绩>=70

图 6-31　带 WHERE 子句的内连接的查询结果

有时用户需要检索的字段来自两个以上的表，那么就要对两个以上的表进行连接，称为多表连接。

【例 6-35】查询 XUESHENG 数据库中选修了"数据库原理及应用"课程并且成绩优秀的学生的学号、姓名、课程名称及成绩。

先打开 XUESHENG 数据库，在查询窗口中输入如下 SQL 语句，单击工具栏上的"执行"按钮，执行结果如图 6-32 所示。

SELECT XSXX.学号,姓名,课程名称,成绩
FROM　XSXX　JOIN　XSCJ　JOIN　KC
ON XSCJ.课程号=KC.课程号　ON XSXX.学号=XSCJ.学号
WHERE　课程名称='数据库原理及应用' AND　成绩>=90

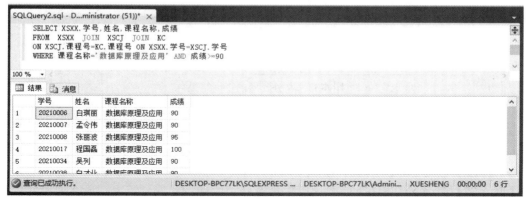

图 6-32　多表连接的查询结果

注意：使用 JOIN 进行多表连接时，连接采用递归形式。比如例 6-35 中的三个表连接过程如下：首先将 XSCJ 表和 KC 表按照 XSCJ.课程号=KC.课程号进行连接，假设形成结果表 1，然后再将 XSXX 表和刚才形成的结果表 1 按照 XSXX.学号=XSCJ.学号进行连接，形成最终的结果表。

6.4.2　外连接

内连接只会显示满足条件的元组，而在外连接中，参与连接的表有主从之分，以主表的每行数据去匹配从表的数据列。符合连接条件的数据将直接返回到结果集中，对那些不符合连接条件的列，将被填上 NULL 值后再返回到结果集中（对 BIT 类型的列，由于 BIT 数据类型不允许有 NULL 值，因此将会被填上 0 值再返回到结果中）。

外部连接分为左外连接、右外连接和完全外连接三种。以主表所在的方向区分外部连接，主表在左边，则称为左外连接；主表在右边，则称为右外连接。

1. 左外连接

左外连接的结果表中除了包括满足连接条件的行外，还包括左表的所有行。

语法格式：

FROM <table_source> LEFT [OUTER] JOIN <table_source> ON <search_condition>

【例 6-36】查询 XUESHENG 数据库中所有学生选课的情况，没有选课的学生也要显示其学生信息，并在 XSCJ 表的相应列中显示 NULL。

先打开 XUESHENG 数据库，在查询窗口中输入如下 SQL 语句，单击工具栏上的"执行"按钮，执行结果如图 6-33 所示。

SELECT　XSXX.*,XSCJ.课程号,XSCJ.成绩
FROM　XSXX　LEFT　JOIN　XSCJ　ON　XSXX.学号=XSCJ.学号

注意：本例执行时，若有学生未选任何课程，则结果表中相应行的课程编号字段和成绩字段的值均为 NULL。

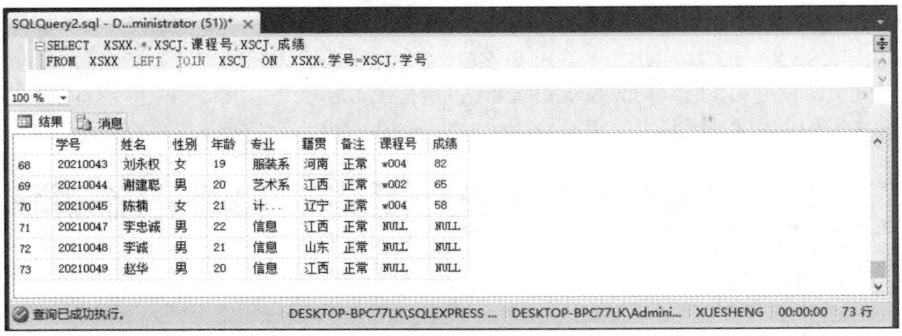

图 6-33　左外连接的查询结果

2. 右外连接

右外连接的结果表中除了包括满足连接条件的行外，还包括右表的所有行。

语法格式：

FROM <table_source> RIGHT [OUTER] JOIN <table_source> ON <search_condition>

【例 6-37】查询 XUESHENG 数据库中被选修了的课程的选修情况和所有开设的课程名称及学分。

先打开 XUESHENG 数据库，在查询窗口中输入如下 SQL 语句，单击工具栏上的"执行"按钮，执行结果如图 6-34 所示。

SELECT XSCJ.*,课程名称,学分

FROM　XSCJ　RIGHT　OUTER　JOIN　KC　ON XSCJ.课程号=KC.课程号 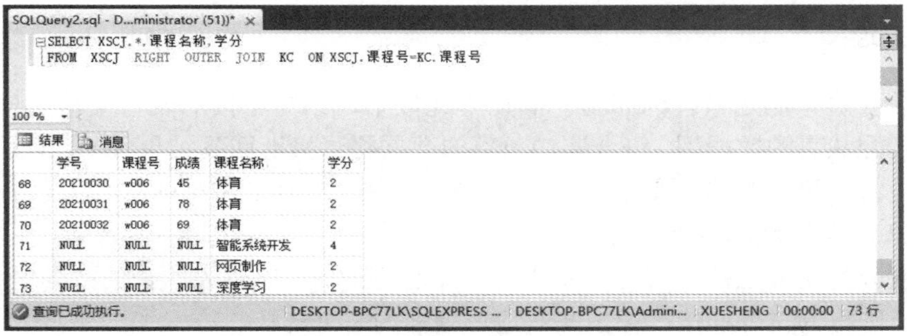

图 6-34　右外连接的查询结果

注意：本例执行时，若某课程未被选修，则结果表中相应行的学号、课程编号和成绩字段值均为 NULL。

3. 完全外连接

完全外连接的结果表中除了包括满足连接条件的行外，还包括两个表的所有行。

语法格式：

FROM <table_source> FULL [OUTER] JOIN <table_source> ON <search_condition>

说明：完全外连接只能对两个表进行，其中的 OUTER 关键字均可以省略

【例 6-38】查询 XUESHENG 数据库中所有开设的课程情况及选修情况，没有满足条件的也全部显示。

先打开 XUESHENG 数据库，在查询窗口中输入如下 SQL 语句，单击工具栏上的"执行"按钮，执行结果如图 6-35 所示。

SELECT XSCJ.*,课程名称,学分
FROM XSCJ full OUTER JOIN KC ON XSCJ.课程号=KC.课程号

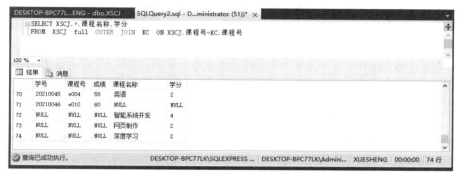

图 6-35　完全外连接的查询结果

注意：正常情况下成绩表是不能输入没有开始课程的成绩。

6.4.3　交叉连接

交叉连接实际上是将两个表进行笛卡儿积运算，结果表是由第一个表的每一行与第二个表的每一行拼接后形成的表，因此结果表的行数等于两个表行数之积。

交叉查询（CROSS JOIN）相当于对连接查询的表没有特殊的要求，任何表都可以进行交叉查询操作。

【例 6-39】查询 XUESHENG 数据库中所有学生所有可能的选课情况。

先打开 XUESHENG 数据库，在查询窗口中输入如下 SQL 语句，单击工具栏上的"执行"按钮，执行结果如图 6-36 所示。

SELECT　学号,姓名,课程号,课程名称
FROM XSXX CROSS JOIN KC

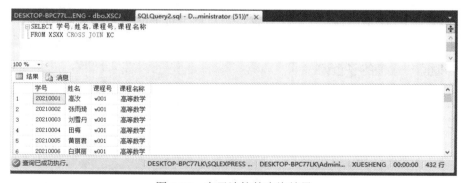

图 6-36　交叉连接的查询结果

注意：交叉连接不能有条件，且不能带 WHERE 子句。

6.4.4　自连接

连接操作不仅可以在不同的表上进行，也可以在同一张表内进行自连接，即将同一个表的不同行连接起来。自连接可以看作一张表的两个副本之间的连接。若要在一个表中查找具有

相同列值的行，则可以使用自连接。使用自连接时需要为表指定两个别名，使之在逻辑上成为两张表。对所有列的引用均要用别名限定。

【例 6-40】查询 XUESHENG 数据库 XSXX 表中同名学生的学号和姓名。

先打开 XUESHENG 数据库，在查询窗口中输入如下 SQL 语句，单击工具栏上的"执行"按钮，执行结果如图 6-37 所示。

```
SELECT  XSXX1.姓名, XSXX1.学号, XSXX2.学号
FROM  XSXX  AS  XSXX1  JOIN  XSXX  AS  XSXX2
 ON XSXX1.姓名= XSXX2.姓名
WHERE XSXX1.学号<> XSXX2.学号
```

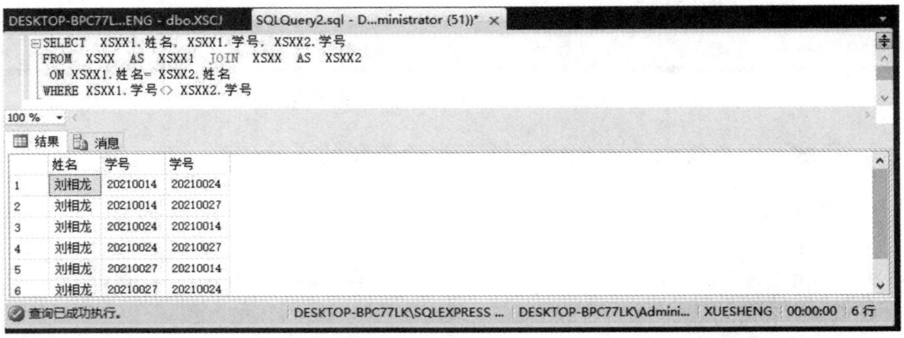

图 6-37　自连接的查询结果

6.5　子查询

子查询是指在 SELECT 语句的 WHERE 或 HAVING 子句中嵌套另一条 SELECT 语句。外层的 SELECT 语句称为外查询，内层的 SELECT 语句称为内查询（或子查询）。子查询必须使用括号括起来。子查询通常与 IN、EXIST 谓词及比较运算符结合使用。

子查询执行的顺序是：首先执行子查询，然后把子查询的结果作为父查询条件的值。子查询只执行一次，而父查询所涉及的所有记录行都与其结果进行比较以确定查询结果集合。

6.5.1　返回一个值的子查询

当子查询的返回值只有一个时，可以使用比较运算符（=、>、<、>=、<=、!=）将父查询与子查询连接起来。

【例 6-41】查询 XUESHENG 数据库 XSXX 表中与"高汝"同一个地方同学的学号、姓名、籍贯。

先打开 XUESHENG 数据库，在查询窗口中输入如下 SQL 语句，单击工具栏上的"执行"按钮，执行结果如图 6-38 所示。

```
SELECT  学号,姓名,籍贯
From XSXX
WHERE  籍贯=( SELECT  籍贯
              From   XSXX
              WHERE  姓名='高汝'
              )
```

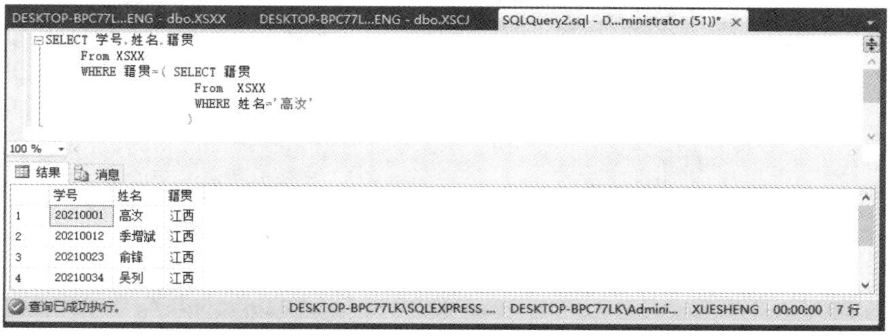

图 6-38　返回单值子查询的结果

此查询相当于将查询分成两个查询块来执行。先执行的子查询为

SELECT　籍贯

From　XSXX

WHERE　姓名='高汝'

子查询向主查询返回一个值，即高汝同学的籍贯是"江西"，然后以此作为父查询的条件，相当于再执行父查询，查询籍贯为"江西"的学号、姓名、籍贯。

6.5.2　返回多个值的子查询

1. IN 子查询

IN 子查询用于进行一个给定值是否在子查询结果集中的判断。

语法格式：

expression [NOT] IN (subquery)

说明：subquery 是子查询。当表达式 expression 与子查询 subquery 的结果表中的某个值相等时，IN 谓词返回 TRUE，否则返回 FALSE；若使用了 NOT，则返回的值刚好相反。

【例 6-42】查询 XUESHENG 数据库选修了 w002 号课程的学生的学号、姓名、性别、专业。

先打开 XUESHENG 数据库，在查询窗口中输入如下 SQL 语句，单击工具栏上的"执行"按钮，执行结果如图 6-39 所示。

SELECT　学号,姓名,性别,专业

FROM XSXX

WHERE　学号　IN

(SELECT　学号

FROM XSCJ

WHERE　课程号='w002')

在执行包含子查询的 SELECT 语句时，系统先执行子查询，产生一个结果表，再执行外层查询。在本例中，先执行子查询：

SELECT　学号

FROM XSCJ

WHERE　课程编号='w002'

得到一个只含有学号列的表，XSCJ 表中的每一个课程编号列值为 w002 的行在结果表中都有一行，即得到一个所有选修 w002 号课程的学生的学号列表。再执行外查询，若 XSXX 表中某行的学号列值等于子查询结果表中的任一个值，则该行就被选择。

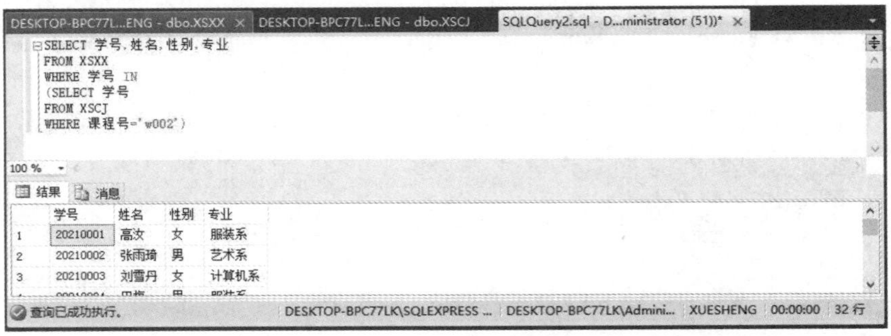

图 6-39　返回 IN 子查询的查询结果

【例 6-43】查询 XUESHENG 数据库未选修"数据库原理及应用"课程的学生的学号、姓名、性别、专业。

先打开 XUESHENG 数据库，在查询窗口中输入如下 SQL 语句，单击工具栏上的"执行"按钮，执行结果如图 6-40 所示。

```
SELECT 学号,姓名,性别,专业
FROM XSXX
WHERE 学号 NOT IN
(SELECT 学号
FROM XSCJ
WHERE 课程号 IN
(SELECT 课程号
FROM KC
WHERE 课程名称='数据库原理及应用'
)
)
```

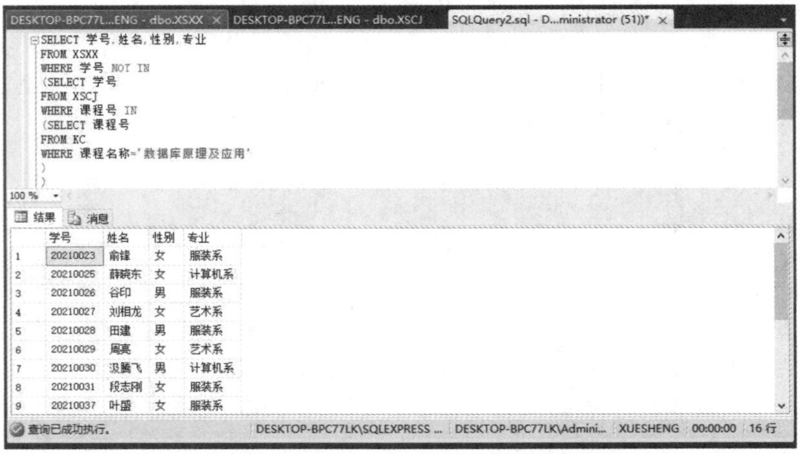

图 6-40　返回嵌套的 IN 子查询的查询结果

2. 比较子查询

比较子查询可以认为是 IN 子查询的扩展，它使表达式的值与子查询的结果进行比较运算。
语法格式：

```
expression{<|<=|=|>|>=|!=|<>||!<|!>} {ALL|SOME|ANY}(subquery)
```

说明：expression 为要进行比较的表达式，subquery 是子查询。ALL、SOME 和 ANY 说明对比较运算的限制。

ALL 指定表达式要与子查询结果集中的每个值都进行比较，当表达式与每个值都满足比较的关系时，才返回 TRUE，否则返回 FALSE。

SOME 或 ANY 表示表达式只要与子查询结果集中的某个值满足比较的关系时，就返回 TRUE，否则返回 FALSE。

【例 6-44】查询 XUESHENG 数据库 XSXX 表中高于所有女生的年龄的学生的情况。

先打开 XUESHENG 数据库，在查询窗口中输入如下 SQL 语句，单击工具栏上的"执行"按钮，执行结果如图 6-41 所示。

```
SELECT *
FROM XSXX
WHERE 年龄 >ALL
(SELECT 年龄
FROM XSXX
WHERE 性别='女')
```

图 6-41　返回 ALL 比较子查询的查询结果

【例 6-45】查询 XUESHENG 数据库选修 w002 号课程的成绩不低于所有选修 w001 号课程的学生的最低成绩的学生的学号。

先打开 XUESHENG 数据库，在查询窗口中输入如下 SQL 语句，单击工具栏上的"执行"按钮，执行结果如图 6-42 所示。

```
SELECT 学号
FROM XSCJ
WHERE 课程号='w002' AND 成绩!<ANY
(SELECT 成绩
FROM XSCJ
WHERE 课程号='w001'
)
```

图 6-42　ANY 比较子查询的查询结果

　　连接查询和子查询可能都要涉及两个或多个表，要注意连接查询和子查询的区别：连接查询可以合并两个或多个表中的数据，而带子查询的 SELECT 语句的结果只能来自一个表，子查询的结果是用来作为选择结果数据时进行参照的。

　　有的查询既可以使用子查询来表示，也可以使用连接查询表示。通常使用子查询表示时，可以将一个复杂的查询分解为一系列的逻辑步骤，条理清晰；而使用连接查询表示有执行速度快的优点。因此，应尽量使用连接查询。

6.6　保存查询的结果

　　SELECT 语句提供了两个子句来保存、处理查询结果，分别是 INTO 子句和 UNION 子句，下面分别予以介绍。

6.6.1　INTO 子句

　　使用 INTO 子句可以将 SELECT 查询所得的结果保存到一个新建的表中。
　　语法格式：
　　　　[INTO new_table]
　　说明：new_table 是要创建的新表名。包含 INTO 子句的 SELECT 语句执行后所创建的表的结构由 SELECT 所选择的列决定。新创建的表中的记录由 SELECT 的查询结果决定。若 SELECT 的查询结果为空，则创建一个只有结构而没有记录的空表。

　　【例 6-46】在 XUESHENG 数据库由 XSXX 表创建"计算机系学生表"，包括学号、姓名、性别及专业。

　　先打开 XUESHENG 数据库，在查询窗口中输入如下 SQL 语句，单击工具栏上的"执行"按钮，执行结果如图 6-43 所示。
　　　　SELECT 学号,姓名,性别,专业
　　　　INTO 计算机系学生表
　　　　FROM XSXX
　　　　WHERE 系名='计算机系'

图 6-43　INTO 子句保存查询结果

本例所创建的"计算机系学生表"包括四个字段：学号、姓名、性别、专业。其数据类型与 XSXX 表中的同名字段相同。

注意：INTO 子句不能与 COMPUTE 子句一起使用。

6.6.2　UNION 子句

使用 UNION 子句可以将两个或多个 SELECT 查询的结果合并成一个结果集。

语法格式：

{<query specification>|(<query expression>)} UNION [ALL] <query specification>|(<query expression>)

说明：query specification 和 query expression 都是 SELECT 查询语句。关键字 ALL 表示合并的结果中包括所有行，不去除重复行，不使用 ALL 则在合并的结果中去除重复行，含有 UNION 的 SELECT 查询也称为联合查询，若不指定 INTO 子句，结果将合并到第一个表中。

【例 6-47】假设在 XUESHENG 数据库中已经建立了两个表：计算机系学生表、艺术系学生表，表结构与 XSXX 表相同，这两个表分别存储计算机系和艺术系的学生档案情况，要求将这两个表的数据合并到 XSXX 表中。

先打开 XUESHENG 数据库，在查询窗口中输入如下 SQL 语句，单击工具栏上的"执行"按钮。

```
SELECT *
FROM XSXX
UNION ALL
SELECT *
FROM 计算机系学生表
UNION ALL
SELECT *
FROM 艺术系学生表
```

注意：

（1）联合查询是将两个表（结果集）顺序连接。

（2）UNION 中的每一个查询所涉及的列必须具有相同的列数，相同位置的列的数据类型要相同。若长度不同，以最长的字段作为输出字段的长度。

（3）最后结果集中的列名来自第一个 SELECT 语句。

（4）最后一个 SELECT 查询可以带 ORDER BY 子句，对整个 UNION 操作结果集起作用，且只能用第一个 SELECT 查询中的字段作排序列。

（5）系统自动删除结果集中重复的记录，除非使用 ALL 关键字。

课程思政案例

案例主题：一条 SQL 语句引发的故障——科学规范的操作是避免事故的"灵丹妙药"

某大型电商公司数据仓库系统，正常情况下每天 0～9 点会执行大量作业，生成前一天的业务报表，供管理层分析使用。某天早晨 6 点开始，监控人员就频繁收到业务报警，大批业务报表突然出现大面积延迟。原本 8 点前就应生成的报表，一直持续到 10 点仍然没有结果。公司领导非常重视，严令在 11 点前必须解决问题。

DBA 紧急介入处理，通过 TOP 命令查看到某个进程占用了大量资源，关掉后不久还会再次出现。经与开发人员沟通，这是由于调度机制所致，非正常结束的作业会反复执行。暂时设置该作业无效，并从脚本中排查可疑 SQL。同时对比从线上收集的 ASH/AWR 报告，最终定位到某条 SQL 比较可疑。经与开发人员确认系一新增功能，因上线紧急，只做了简单的功能测试，未严格按照规范的测试流程进行。正是因为这一条 SQL，导致整个系统运行缓慢，大量作业受到影响。这条语句执行计划触目惊心，优化器评估返回的数据量为 3505T 条记录，计划返回量 127P 字节，总成本 9890G，返回时间 999:59:59，修改 SQL 后系统恢复正常。

思政映射

本次事故是一个典型的多表关联缺乏连接条件，导致笛卡儿积引发性能问题的案例。从案例本身来讲并没有什么特别之处，主要是工作人员疏忽导致运行一条质量很不规范的 SQL 语句。但从更深层次来讲，它告诉我们原来数据库竟是如此脆弱，在运行 SQL 语句时要时刻保持规范的操作，严谨认真的工作态度，对数据库要永远保持"敬畏"之心。

小　结

1．简单查询：包括用 SELECT 子句选取字段，用 WHERE 子句选取记录并进行简单的条件查询，用 ORDER BY 子句对查询结果进行排序。

2．分类汇总：包括五个聚合函数（SUM、AVG、MAX、MIN 和 COUNT）的使用，用 GROUP BY 子句和 HAVING 子句进行分组筛选。SELECT 子句的列表中只能包含在 GROUP BY 中指出的列或在聚合函数中指定的列。

3．在 SELECT 语句中，当 WHERE、GROUP BY 与 HAVING 子句同时被使用时，要注意它们的作用和执行顺序：WHERE 用于筛选由 FROM 指定的数据对象，即从 FROM 指定的基表或视图中检索满足条件的记录；GROUP BY 用于对 WHERE 的筛选结果进行分组；HAVING 则是对使用 GROUP BY 分组以后的数据进行过滤。

4．连接查询：连接查询包括四种类型：内连接、外连接、交叉连接和自连接。

5．子查询：包括 IN 子查询和比较子查询。IN 子查询用于进行一个给定值是否在子查询结果集中的判断，IN 和 NOT IN 子查询只能返回一列数据。对于较复杂的查询，可以使用嵌套的子查询。比较子查询可以认为是 IN 子查询的扩展，它使表达式的值与子查询的结果进行比较运算。

6．查询结果的保存：使用 INTO 子句可以将 SELECT 查询所得的结果保存到一个新建的表中，使用 UNION 子句可以将两个或多个 SELECT 查询的结果合并成一个结果集。

习　题

一、选择题

1. 在 SELECT 语句中，需要显示的内容使用 "*" 表示（　　　）。
   - A. 选择部分属性
   - B. 选择所有属性
   - C. 选择所有元组
   - D. 选择主键
2. 使用 SQL 语句查询时，去掉重复的元组使用的关键字是（　　　）。
   - A. ALL
   - B. UNION
   - C. LIKE
   - D. DISTINCT
3. 在使用 LIKE 关键字进行模式匹配查询时，表达式 "%a" 代表的选项是（　　　）。
   - A. abcde
   - B. bader
   - C. cderea
   - D. dddfeabere
4. 使用 SELECT 语句进行分组查询时，SELECT 后面可以显示的是（　　　）。
   - A. 任意字段
   - B. 只能是分组的字段
   - C. 只能是聚合函数指定的列
   - D. 分组的字段或者是聚合函数指定的列
5. 在 SQL 中，不属于外连接查询的是（　　　）。
   - A. 左外连接
   - B. 自连接
   - C. 右外连接
   - D. 完全外连接

二、填空题

1. 在 SQL 语句查询中，进行分组查询的语句是_____。
2. 在 SQL 语句查询中，对数据进行排序的语句是_____。
3. 用于范围比较的关键字有两个，分别是_____与_____。
4. 对分组数据进一步筛选使用的子句是_____。
5. 子查询外层的 SELECT 语句称为外查询，内层的 SELECT 语句称为_____。

三、操作题

1. 查询学生信息表中所有男生的信息。
2. 查询学生信息表中籍贯为江西的女生信息。
3. 查询学生信息表中所有姓李的学生信息。
4. 查询学生信息表中的姓王、刘、黄的学生信息。
5. 查询学生信息表中年龄在 19 至 21 岁之间的学生信息。
6. 查询学生籍贯为山东、江苏、重庆的女生信息。
7. 查询选修课超过两门且成绩都在 80 分以上的学生学号。
8. 统计学生表中各个省份男、女生总人数。
9. 查找选修了 w002 号课程的学生的学号、姓名、性别、专业。
10. 查找选修 "数据结构" 课程的学生的学号、姓名、性别。

第7章　视图和索引的创建及管理

本章导读

　　视图是数据库中的一种基本对象，它是关系数据库系统提供给用户以多种角度观察数据库中数据的重要机制。用户通过视图可以多角度地查询数据库中的数据，还可以通过视图修改、删除原基本表中的数据。用户对数据库最频繁的操作是数据查询。一般情况下，在进行查询操作时，SQL Server 需要对整个数据表进行数据搜索，如果数据表中的数据非常多，这个搜索就需要比较长的时间，从而影响了数据库的整体性能。善用索引技术能有效提高搜索数据的速度。

　　本章主要介绍视图、索引的基础知识和视图、索引的操作方法等。在介绍索引提高查询效率的案例时，本章反复通过实例测验，寻找最优的解决方案，引导大家养成精益求精的工匠精神和职业素养。

本章要点

- 创建视图。
- 管理视图。
- 通过视图操作数据。
- 创建索引。
- 管理索引。

学习目标

- 理解视图和索引的作用。
- 能熟练创建、修改、删除视图。
- 能熟练创建索引、重新命名索引、删除索引。
- 能对索引进行分析与维护。

　　在数据库应用中，最主要的操作就是查询。为了增强查询的灵活性，就需要在表上创建视图，满足用户复杂的查询需要。视图是构建在基本表上的虚表，面向用户需求设计，可以根据不同角色的用户设计不同视图。索引是加快表查询速度的有效手段，通过索引可以快速查找所需要的数据。

视图的创建和管理

7.1　创建视图

　　视图是一个虚拟表，其内容由查询定义。同基本表一样，视图包含一系列带有名称的列和行数据。视图在数据库中并不是以数据值存储集形式存在，除非是索引视图。行和列数据来自定义视图的查询所引用的基本表，并且在引用视图时动态生成。

7.1.1　视图概述

1. 视图的定义

视图是关系数据库系统（RDBS）提供给用户以多种角度观察数据库中数据的重要机制。

视图是按某种特定要求从 DB 的基本表或其他视图中导出的虚拟表。从用户角度看，视图也是由数据行和数据列构成的二维表，但视图展示的数据并不以视图结构实际存在，而是其引用的基本表的相关数据的映像。

视图的内容由查询来定义。视图一经定义便存储在数据库中。视图的操作与表一样，可进行查询、修改、删除。对通过视图看到的数据所做的修改可返回基本表，基本表的数据变化也可自动反映到视图中。

2. 视图的类型

在 SQL Server 2014 中，视图可以分为标准视图、索引视图和分区视图。

（1）标准视图。标准视图组合了一个或多个表中的数据，用户可以使用标准视图对数据库中自己感兴趣和有权限使用的数据进行查询、修改、删除等操作。

（2）索引视图。索引视图是被具体化了的视图，即它已经过计算并存储。可以为视图创建索引，即对视图创建一个唯一的聚集索引。索引视图可以显著提高某些类型查询的性能。索引视图尤其适用于聚合许多行的查询，但不太适用于经常更新的基本数据集。

（3）分区视图。分区视图在一台或多台服务器间水平连接一组成员表中的分区数据，这样，数据看上去如同来自一个表。连接同一个 SQL Server 实例中的成员表的视图是一个本地分区视图。如果视图在服务器间连接表中的数据，则它是分布式分区视图，用于实现数据库服务器联合。

3. 视图的作用

视图的主要作用表现在下列几个方面。

（1）简化用户操作。可将经常使用的连接、投影、联合查询和选择查询等定义为视图，这样，用户每次对特定数据执行操作时，不必指定所有条件和限定。例如，一个用于报表目的，并执行子查询、外连接及联合以从一组表中检索数据的复合查询，就可创建为一个视图，这样，每次生成报表时无需提交基础查询，而是查询视图即可。

（2）定制用户数据。对其中所引用的基础表来说，视图的作用类似于筛选。定义视图的筛选可以来自当前或其他数据库的一个或多个表，或者其他视图。因而视图能为不同的用户提供他们需要和允许获取的特定数据，帮助他们完成所负责的特定任务，而且允许用户以不同的方式查看数据，即使同时使用相同的数据时也如此。这在具有不同目的和技术水平的用户共享同一个数据库时尤为有利。例如，可定义一个视图不仅查询由客户经理处理的客户数据，还可根据使用该视图的客户经理的登录 ID 决定查询哪些数据。

（3）减少数据冗余。数据库内只需将所有基本数据最合理、开销最小地存储在各个基本表中。对于各种用户对数据的不同要求，可通过视图从各基本表提取、聚集，形成他们所需要的数据组织，不需要在物理上为满足不同用户的需求而按其数据要求重复组织数据存储，因而大大减少数据冗余。

（4）增强数据安全。可将分布在若干基本表中、允许特定用户访问的部分数据通过视图提供给用户，而屏蔽这些表中对用户来说不必要或不允许访问的其他数据，并且可用同意（GRANT）和撤回（REVOKE）命令为各种用户授予在视图上的操作权限，不授予用户在表上的操作权限。这样通过视图，用户只能查询或修改各自所能见到的数据，数据库中的其他数据用户是不可见或不可修改的，从而自动对数据提供一定的安全保护。

（5）方便导出数据。可以建立一个基于多个表的视图，然后用 SQL Server Bulk Copy Program（批复制程序）复制视图引用的行到一个平面文件中。这个文件可以加载到 Excel 或类似的程序中供分析用。

7.1.2 使用 SSMS 创建视图

1. 创建视图的原则

（1）只能在当前数据库中创建视图。但如果使用分布式查询定义视图，则新视图所引用的表和视图可以存在于其他数据库或者其他服务器中。

（2）视图名称必须遵循标识符的规则，且对每个架构都必须唯一。此外，该名称不得与该架构包含的任何表的名称相同。

（3）可以对其他视图创建视图。SQL Server 2014 允许视图嵌套，但嵌套不得超过 32 层。根据视图的复杂性及可用内存，视图嵌套的实际限制可能低于该值。

（4）不能将规则、DEFAULT 定义、AFTER 触发器与视图相关联（INSTEAD OF 触发器可与之相关联）。

（5）定义视图的查询不能包含 COMPUTE 子句、COMPUTE BY 子句、INTO 关键字、TABLESAMPLE 子句、OPTION 子句；不能包含 ORDER BY 子句（除非在 SELECT 语句的选择列表中还有一个 TOP 子句）。

（6）不能为视图定义全文索引定义。

（7）不能创建临时视图，也不能对临时表创建视图。

（8）不能删除参与到使用 SCHEMABINDING 子句创建的视图中的视图、表或函数，除非该视图已被删除或更改而不再具有架构绑定。另外，如果对参与具有架构绑定的视图的表执行 ALTER TABLE 语句，而这些语句又会影响该视图的定义，则这些语句将会失败。

（9）查询引用已配置全文索引的表时，视图定义可包含全文查询，但不能对视图执行全文查询。

（10）下列情况下必须指定视图中每列的名称：视图中的任何列都是从算术表达式、内置函数或常量派生而来的；视图中有两列或多列具有相同名称（通常由于视图定义包含连接，因此来自两个或多个不同表的列具有相同的名称）；希望为视图中的列指定一个与其源列不同的名称。

2. 使用 SSMS 创建视图

要创建视图必须拥有创建视图的权限，如果使用架构绑定创建视图，必须对视图定义中所引用的表或视图具有适当的权限。

下面，以在 XUESHENG 数据库中创建 CM_XS（计算机系学生）视图为例，说明在 SSMS 中创建视图的过程。

（1）打开 SSMS，展开数据库 XUESHENG，在对象"视图"上右击，在弹出的快捷菜单中选择"新建视图"命令，如图 7-1 所示。也可以在右边的窗格中右击"视图"对象，在弹出的快捷菜单中选择"新建视图"。

（2）在出现的如图 7-2 所示的对话框中添加表。选择与视图相关的基本表 XSXX，单击"添加"按钮，选择完毕后，单击"关闭"按钮返回到上一级窗口，如图 7-3 所示。

图 7-1　创建视图

图 7-2　添加表

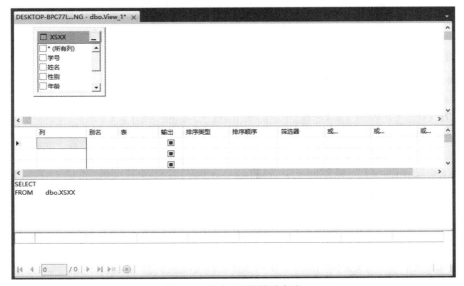

图 7-3　选择视图所需字段

（3）在图 7-3 所示的窗口的第二个窗格中选择所需的字段，根据需要指定列的别名、排序方式和规则等，如图 7-4 所示。

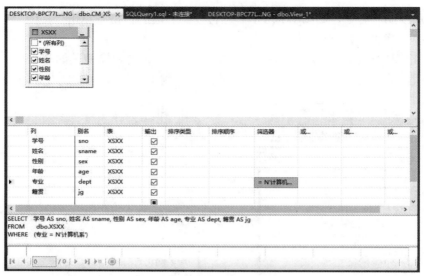

图 7-4　选择字段列

（4）单击"保存"按钮，出现图 7-5 所示的"另存为"对话框，输入视图名，单击"确定"按钮退出。

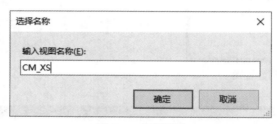

图 7-5　保存视图

3. 使用 T-SQL 语句创建视图

可以使用 T-SQL 提供的视图创建语句 CREATE VIEW 创建视图。

语法格式：

```
CREATE   VIEW   [ <owner>.] view_name [(column_name[,…])]
         AS select_statement
```

参数说明：

（1）view_name：是需要创建的视图的名字，应符合 T-SQL 标识符的命名规则，并且不能与其他的数据库对象同名。可以选择是否指定视图所有者名称。

（2）column_name：是视图中的列名，它是视图中包含的列名。当视图中使用与源表（或视图）相同的列名时，不必给出 column_name。

但在以下情况下必须指定列名：当列是从算术表达式、函数或常量派生的；两个或更多的列可能会具有相同的名称（通常是因为连接）；视图中的某列被赋予了不同于派生来源列的名称时。列名也可以在 SELECT 句中通过别名指派。

（3）select_statement：是定义视图的 SELECT 语句，可在 SELECT 语句中查询多个表或视图，以表明新创建的视图所参照的表或视图。

注意：

（1）创建视图的用户必须对所参照的表或视图有查询权限，即可以执行 SELECT 语句。

（2）创建视图时，不能使用 COMPUTE、COMPUTE BY、INTO 子句。也不能使用 ORDER BY 子句，除非在 SELECT 语句的选择列表中包含一个 TOP 子句。

（3）不能在临时表或表变量上创建视图。

（4）不能为视图定义全文索引。

（5）可以在其他视图的基础上创建视图，SQL Server 允许嵌套视图，但嵌套层次不得超过 32 层。

（6）不能将 AFTER 触发器与视图相关联，只有 INSTEAD OF 触发器可以与之相关联。

【例 7-1】在 XUESHENG 数据库由 XSXX 表创建所有姓张的学生信息视图 ZHANG_XS。

先打开 XUESHENG 数据库，在查询窗口中输入如下 T-SQL 语句，单击工具栏上的"执行"按钮，执行结果如图 7-6 所示。

```
Create   view   ZHANG_XS
As
Select    *
From XSXX
Where  姓名  like '张%'
```

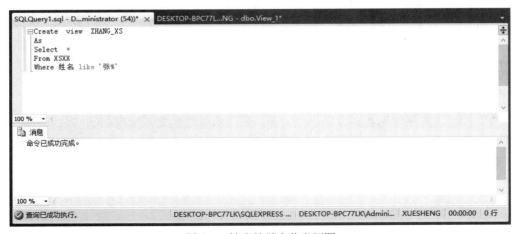

图 7-6　姓张的学生信息视图

【例 7-2】在 XUESHENG 数据库创建学生平均成绩视图 AVG_VIEW，内容包括学生的学号、平均成绩。

先打开 XUESHENG 数据库，在查询窗口中输入如下 T-SQL 语句，单击工具栏上的"执行"按钮，执行结果如图 7-7 所示。

```
Create    view   AVG_VIEW
As
Select    XSXX.学号，AVG(成绩) as  平均成绩
From XSXX join XSCJ
ON XSXX.学号=XSCJ.学号
GROUP BY XSXX.学号
```

图 7-7　学生平均成绩视图

【例 7-3】在 XUESHENG 数据库创建学生成绩视图 XSCJ_VIEW，包括所有学生的学号、姓名及其所学课程的课程号、课程名称和成绩。

先打开 XUESHENG 数据库，在查询窗口中输入如下 T-SQL 语句，单击工具栏上的"执行"按钮。

```
Create   view   XSCJ_VIEW
As
SELECT   XSXX.学号,姓名,XSCJ.课程号,课程名称,成绩
FROM   XSXX   JOIN   XSCJ   JOIN   KC
ON XSCJ.课程号=KC.课程号  ON XSXX.学号=XSCJ.学号
```

视图的管理

7.2　管理视图

视图作为数据库的一个对象，视图的管理主要包括视图的修改和删除。视图的修改包含两个方面的内容：一是修改视图的名称，二是修改视图的定义。视图的名称可以通过系统存储过程 SP_RENAME 来修改。在本节中，主要讨论修改视图及删除视图，其中修改视图特指视图定义的修改。

7.2.1　修改视图

1.　使用 SSMS 修改视图

视图的很多操作可以看作跟表一样。在 SSMS 中完成视图的修改。下面将 CM_XS 视图内容修改为艺术系学生的信息，视图修改的步骤如下：

（1）在 SSMS 中，展开 XUESHENG 数据库，选中视图，该数据库中所有的视图对象出现在左边的窗格中。

（2）选中 CM_XS，右击，在弹出的快捷菜单中选择"设计"命令，弹出如图 7-8 所示的窗口。

（3）下面的操作与创建视图类似，可以根据需要，在第一个窗格中添加或删除表，在第二个窗格进行列的选择与指定列的别名、排序方式和规则等。在这里，将 XSDA 中其他列添加到视图中，还可以根据需要，调整各列的排列顺序，如图 7-9 所示。

（4）修改完毕后，单击"保存"按扭保存，退出即可。

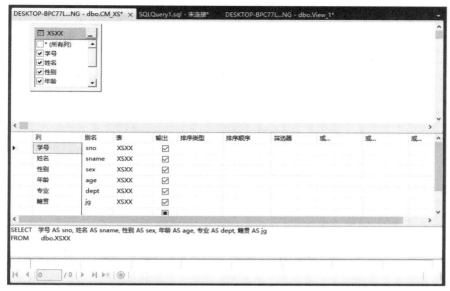

图 7-8　设计视图

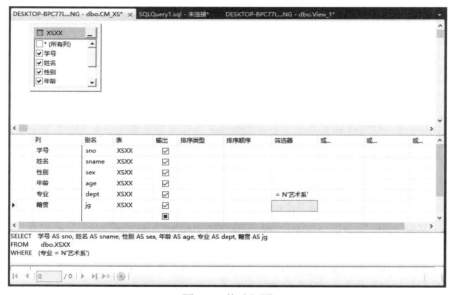

图 7-9　修改视图

2. 使用 T-SQL 语句修改视图

视图的修改不仅可以通过 SSMS 实现，也可以通过 T-SQL 的 ALTER VIEW 命令来完成。

语法格式：

ALTER VIEW　[< owner > .] view_name [(column_name[,…])]
　　AS select_statement

说明：

（1）view_name：是需要修改视图的名字，它必须是一个已存在于数据库中的视图名称，此名称在修改视图操作中是不能更改的。

（2）column_name：是需要修改视图中的列名，这部分内容可以根据需要进行修改。

（3）select_statement：是定义视图的 SELECT 语句，这是修改视图定义的主要内容。修改视图绝大部分操作就在于修改定义视图的 SELECT 语句。

【例 7-4】在 XUESHENG 数据库将 CM_XS 视图修改为只包含服装系学生的学号、姓名、性别及专业。

先打开 XUESHENG 数据库，在查询窗口中输入如下 T-SQL 语句，单击工具栏上的"执行"按钮，执行结果如图 7-10 所示。

```
Alter   view   CM_XS
As
Select 学号,姓名,性别,专业
From XSXX
Where 专业='服装系'
```

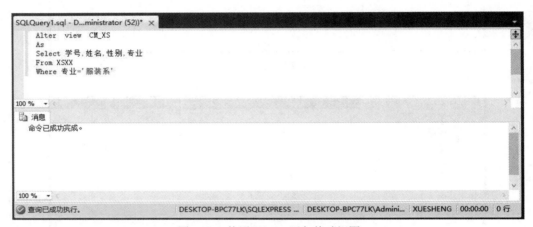

图 7-10　使用 T-SQL 语句修改视图

7.2.2　删除视图

当一个视图所基于的基本表或视图不存在时，这个视图不再可用，但这个视图在数据库中还存在着。删除视图是指将视图从数据库中去除，数据库中不再存储这个对象，除非你再重新创建它。当一个视图不再需要时，应该将它删除。删除视图既可以在 SSMS 中完成，也可以使用 T-SQL 语句。

1. 使用 SSMS 删除视图

在 SSMS 中删除视图的操作方法如下：

（1）展开数据库与视图，在需要删除的视图上右击，出现如图 7-11 所示的窗口。

（2）在弹出的快捷菜单中选择"删除"命令，出现如图 7-12 所示的窗口，选中指定的视图，单击"确定"按钮即可。

2. 使用 T-SQL 语句删除视图

使用 T-SQL 语句删除视图的语法格式如下：

```
DROP   VIEW   view_name[,...n]
```

其中，view_name 是需要删除视图的名字，当一次删除多个视图时，视图名之间用逗号隔开。

图 7-11 选择视图对象

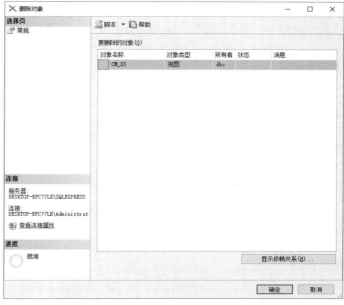

图 7-12 删除视图对象

【例 7-5】在 XUESHENG 数据库将 AVG_VIEW 视图删除。

先打开 XUESHENG 数据库，在查询窗口中输入如下 T-SQL 语句，单击工具栏上的"执行"按钮，执行结果如图 7-13 所示。

```
DROP    VIEW    AVG_VIEW
```

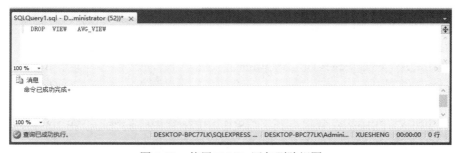

图 7-13 使用 T-SQL 语句删除视图

【例 7-6】在 XUESHENG 数据库将 XSCJ_VIEW 及 ZHANG_XS 视图删除。

先打开 XUESHENG 数据库，在查询窗口中输入如下 T-SQL 语句，单击工具栏上的"执行"按钮。

```
DROP    VIEW    XSCJ_VIEW,ZHANG_XS
```

7.3 通过视图操作数据

视图是一个虚拟表。视图定义后作为一个数据库对象存在，对视图就可以像对基表一样进行操作了。基表的操作包括查询、插入、修改与删除，视图同样可以进行这些操作，并且所使用的插入、修改、删除命令的语法格式与表的操作完全一样。

视图的建立可以基于一个基表，也可以基于多个基表。所以，在做插入、修改与删除这些更新操作时一定要注意，每一次更新操作只能影响一个基表的数据，否则操作不能完成。

使用视图操作表数据，既可以在 SSMS 通过单击鼠标操作完成，操作方法与对表的操作方法基本相同，也可以通过 T-SQL 语句完成。本节主要讨论通过 T-SQL 语句的方法。

7.3.1 查询数据

视图的一个重要作用就是简化查询，为复杂的查询建立一个视图，用户不必键入复杂的查询语句，只需针对此视图做简单的查询即可。查询视图的操作与查询基本表一样有两种方法：一是使用 SSMS；二是使用 T-SQL 语句。

1. 使用 SSMS 查询数据

下面以本地数据库 XUESHENG 创建好的视图 XSCJ_VIEW 为例，说明如何在 SSMS 中查看视图数据，具体步骤如下：

（1）连接本地服务器打开"对象资源管理器"窗口，找到 XUESHENG 数据库中的视图，展开视图节点选择 XSCJ_VIEW 视图。

（2）右击需查询的视图，在弹出的快捷菜单中选择"编辑前 200 行"命令。操作方式跟数据表的操作基本一致。

2. 使用 T-SQL 语句查询数据

SELECT 语句的基本语法格式跟数据表查询基本一致，具体如下：

```
SELECT <select_list>
[INTO <new_table>]
  FROM <view_source>
[WHERE <search_condition>]
[GROUP BY <group_by_expression>]
[HAVING <search_condition>]
[ORDER BY <order_expression>[ASC|DESC]]
```

说明：

view_source：视图名称。

【例 7-7】在 XUESHENG 数据库利用 XSCJ_VIEW 视图查询平均分在 70 分及以上学生的情况，并按平均分降序排列，当平均分相同时按学号升序排列。

先打开 XUESHENG 数据库，在查询窗口中输入如下 T-SQL 语句，单击工具栏上的"执行"按钮，执行结果如图 7-14 所示。

```
Select 学号,avg(成绩)as 平均成绩
From XSCJ_VIEW
Group by 学号
Having avg(成绩)>70
Order by 平均成绩 desc,学号 asc
```

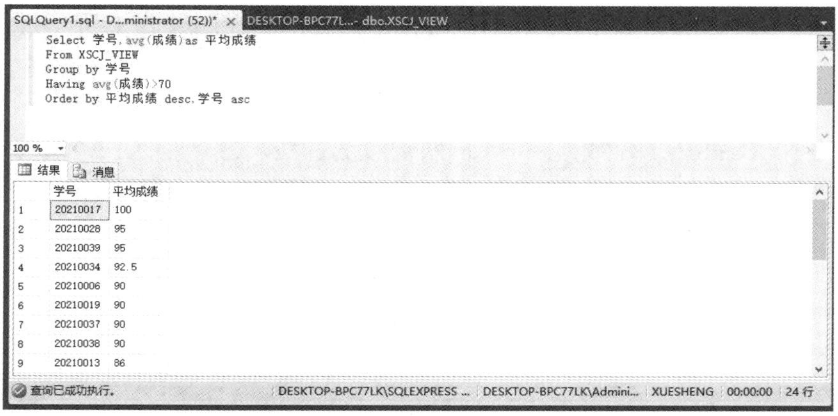

图 7-14　使用 XSCJ_VIEW 视图查询数据

【例 7-8】在 XUESHENG 数据库利用视图 KCAVG_VIEW 查询平均分在 75 分及以上的课程成绩情况，并按平均分降序排列。

先打开 XUESHENG 数据库，在查询窗口中输入如下 T-SQL 语句，单击工具栏上的"执行"按钮，执行结果如图 7-15 所示。

```
select *
from KCAVG_VIEW
where 平均成绩>70
order by 平均成绩 desc
```

图 7-15　使用 KCAVG_VIEW 视图查询数据

7.3.2　插入数据

向视图插入数据时，同数据表插入数据一样，也有两种方法，这里只讲解使用 INSERT 语句插入数据。语法格式与表操作一致。

1．向视图中所有的字段插入数据

语法格式：

```
INSERT view_name
VALUES(constant1,constant2,…)
```

该语句的功能是向由 view_name 指定的视图中插入由 VALUES 指定的各列值的行。

注意：使用此方式向表中插入数据时，VALUES 中给出的数据顺序和数据类型必须与视图中列的顺序和数据类型一致，而且不可以省略部分列。

【例 7-9】在 XUESHENG 数据库中，向服装系视图 FZ_XS 中插入一条记录，要求每个字段都有输入数据。

先打开 XUESHENG 数据库，在查询窗口中输入如下 T-SQL 语句，单击工具栏上的"执行"按钮，执行结果如图 7-16 所示。

```
INSERT   FZ_XS
VALUES('20210050','赵忠诚', '男','服装系')
```

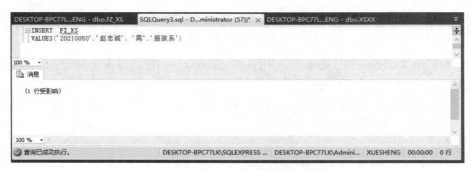

图 7-16　使用 FZ_XS 视图插入数据

说明：通过视图插入的数据都存储在对应的数据表 XSXX 表中。

2．向视图中部分字段插入数据

语法格式：

```
INSERT INTO view_name(column_1,column_2,...column_n)
VALUES(constant_1,constant_2,…constant_n)
```

说明：在 view_name 后面出现的列，VALUES 里面要有一一对应的数据出现。

【例 7-10】在 XUESHENG 数据库中，向服装系视图 FZ_XS 中插入一条记录，要求只对学号、姓名及专业输入数据。

先打开 XUESHENG 数据库，在查询窗口中输入如下 T-SQL 语句，单击工具栏上的"执行"按钮，执行结果如图 7-17 所示，并查看 FZ_XS 视图中插入的数据，如图 7-18 所示。

```
INSERT   FZ_XS(学号,姓名,专业)
VALUES('20210051','赵怡然', '服装系')
```

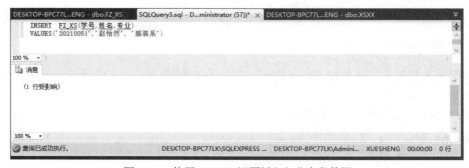

图 7-17　使用 FZ_XS 视图插入部分字段数据

图 7-18 使用 FZ_XS 视图插入数据结果

能否向视图 FZ_XS 插入非服装系学生的信息呢？下面我们通过一个实例看一下。

【例 7-11】在 XUESHENG 数据库中，向服装系视图 FZ_XS 中插入一条非服装系学生的记录，要求每个字段都有输入数据。

先打开 XUESHENG 数据库，在查询窗口中输入如下 T-SQL 语句，单击工具栏上的"执行"按钮，执行结果如图 7-19 所示。

```
INSERT  FZ_XS
VALUES('20210052','李诚','男','计算机系')
```

图 7-19 使用 FZ_XS 视图插入非服装系数据

通过例 7-11 可以看出，可以向服装系视图 FZ_XS 中插入其他系的学生信息，但插入的数据不会显示在 FZ_XS 视图中，而是在学生信息表。

说明：如果服装系视图 FZ_XS 创建时设置了 with check option 选项，就不能插入不符合视图条件的数据记录，比如，计算机系的学生数据就无法被插入。

7.3.3 修改数据

使用 UPDATE 语句可以通过视图修改基表中的数据。语法格式与表操作一致，这里只讲解使用 UPDATE 语句修改数据。

语法格式：

```
UPDATE view_name
SET column_name={expression|DEFAULT|NULL}[,...n]
[WHERE<search_condition>]
```

说明：view_name 是需要修改数据的视图名称，其他参数跟数据表的修改一样。

【例 7-12】在 XUESHENG 数据库中，利用张姓学生信息视图 ZHANG_XS 修改张丽波同学的年龄为 19，籍贯为江西。

先打开 XUESHENG 数据库，在查询窗口中输入如下 T-SQL 语句，单击工具栏上的"执行"按钮，执行结果如图 7-20 所示。

```
UPDATE ZHANG_XS
SET  年龄=19,籍贯='江西'
Where  姓名='张丽波'
```

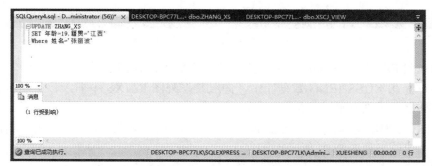

图 7-20　使用 ZHANG_XS 视图修改数据

【例 7-13】在 XUESHENG 数据库中，利用学生成绩视图 XSCJ_VIEW 修改数据库原理及应用的成绩都增加 5 分。

先打开 XUESHENG 数据库，在查询窗口中输入如下 T-SQL 语句，单击工具栏上的"执行"按钮，执行结果如图 7-21 所示。

```
UPDATE XSCJ_VIEW
SET  成绩=成绩+5
Where  课程名称='数据库原理及应用'
```

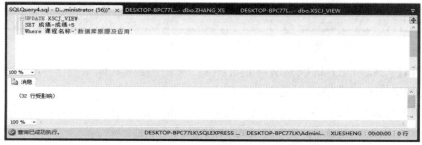

图 7-21　使用 XSCJ_VIEW 视图修改数据

说明：使用视图修改数据，对应数据表中的数据也会修改。

7.3.4　删除数据

使用 DELETE 语句可以通过视图删除基表中的数据。语法格式与表操作一致，这里只讲解使用 DELETE 语句删除数据。

语法格式：

```
DELETE [FROM]
```

view_name
[WHERE <search_condition>]

说明：view_name 是要从其中删除行视图的名称。其中，通过 view_name 来引用的视图必须可更新且正确引用一个基表。

【例 7-14】在 XUESHENG 数据库中，利用服装系学生视图 FZ_XS 删除男同学的信息。

先打开 XUESHENG 数据库，在查询窗口中输入如下 T-SQL 语句，单击工具栏上的"执行"按钮，执行结果如图 7-22 所示。

DELETE　FZ_XS
WHERE　性别='男'

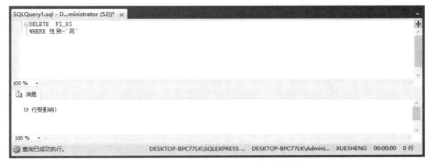

图 7-22　使用 FZ_XS 视图删除数据

说明：使用视图删除数据，对应数据表中的数据也会删除。

7.4　创建索引

索引是加快检索表中数据的方法。表的索引类似于图书的索引。在图书中，索引能帮助读者无需阅读全书就可以快速地查找到所需的信息。在数据库中，索引也允许数据库程序迅速地找到表中的数据，而不必扫描整个表。在图书中，索引就是内容和相应页码的清单。在数据库中，索引就是表中数据和相应存储位置的列表。索引可以大大减少数据库管理系统查找数据的时间。

7.4.1　索引概述

1. 索引的定义

通俗地说，数据库中的索引与书籍中的目录类似。书的目录按章节页码排序；数据库中的索引按键值（关键字的值）排序。从数据库的角度看，索引是一种特殊的数据对象，是为从庞大的 DB 中迅速找到所需数据而建立的，与表或视图相关联的一种数据结构。SQL Server 中一个表的存储是由数据页和索引页两部分组成的。数据页用来存放除了文本和图像数据以外的所有与表的某一行相关的数据，索引页包含组成特定索引的列中的数据。索引是一个单独的、物理的数据库结构，它是某个表中一列或若干列的值的集合和相应的指向表中物理标识这些值的数据页的逻辑指针清单，如图 7-23 所示。通常，索引页面相对于数据页面小得多。当进行数据检索时，系统先搜索索引页面，从索引项中找到所需要数据的指针，再直接通过指针从数据页面中读取数据。

学生信息表						学号索引表	
学号	姓名	性别	年龄	专业	籍贯	索引码	指针
1	20210001	高汶	女	19	服装系	江西	11001	3
2	20210002	张雨琦	男	20	艺术系	辽宁	11002	11
3	20210003	刘雪丹	女	21	计算机系	湖北	11003	6
4	20210004	田梅	男	22	服装系	山东	11004	9
5	20210005	黄丽君	女	23	艺术系	浙江	11005	2
6	20210006	白琪丽	男	24	计算机系	江苏	11006	1
7	20210007	孟令伟	女	19	服装系	重庆	11007	7
8	20210008	张丽波	男	20	艺术系	内蒙古	11008	10
9	20210009	万丽	女	21	计算机系	湖南	11009	8
10	20210010	楚姗姗	男	22	服装系	河南	11010	4
11	20210011	王迎兵	女	23	艺术系	河北	11011	5
12	20210012	季增斌	男	24	计算机系	江西	11012	14
13	20210013	李福兴	女	19	服装系	辽宁	11013	12
14	20210014	刘相龙	男	20	艺术系	湖北	11014	15
15	20210015	张文超	女	21	计算机系	山东	11015	13

图 7-23　索引项的构成

索引包含从表或视图中一个或多个列生成的键，以及映射到指定数据的存储位置的指针。这些键按照一种称为 B 树的数据结构，使 SQL Server 可以快速有效地查找与键值关联的行。

简要地说，索引是按 B 树存储的、关于记录的键值逻辑顺序与记录的物理存储位置的映射的一种数据库对象。

2．索引的用途与优点

（1）加速数据操作。数据检索是表数据的查询（SELECT）、排序（ORDER BY）、分组（GROUP BY）、连接（JOIN）、插入（INSERT）、删除（DELETE）等操作的基础。由于索引包含从表中一个或多个列生成的键及映射到指定数据的存储位置的指针，加上 B 树的特点是降低查找树层次、减少比较次数，能对存储在磁盘上的数据提供快速的访问能力，因此，使用索引能够显著减少数据检索的查找次数、减少为返回查询结果集而必须读取的数据量、提高检索效率，从而显著提高数据的查询、插入、排序、删除等操作的速度。另外，数据库的重要功能之一——查询优化功能也建立在索引技术的基础上。查询优化器的基本工作原理就是分析要查找的数据情况，决定是否使用索引（例如，需返回的记录占记录总数的比例很大时，应考虑不使用索引）以及使用哪些索引以使该查询最快。

（2）保障实体完整性。通过创建唯一索引，可以保证表中的数据不重复。在数据表中建立唯一性索引时，组成该索引的字段或字段组合在表中具有唯一值，即对于表中的任何两行记录，索引键的值都不相同。用 INSERT 或 UPDATE 语句添加或修改记录时，SQL Server 将检查所使用的数据是否会造成唯一性索引键值的重复，如果会造成重复，则拒绝 INSERT 或 UPDATE 操作。

然而，索引所带来的好处是有代价的。首先是空间开销显著增加，带索引的表要占据更多的空间；对数据进行插入、更新、删除时，维护索引也要耗费时间资源。

3．索引的类型

SQL Server 2014 支持的索引可以按如下两种方法分类。

（1）按照索引与记录的存储模式，分为聚集索引与非聚集索引。

1）聚集索引根据数据行的键值在表或视图中排序和存储这些数据行。它按支持对行进行快速检索的 B 树结构实现，索引的底层（叶层）包含表的实际数据行。每个表只有一个聚集索引。

2）非聚集索引具有独立于数据行的结构。非聚集索引的每一行都包含非聚集索引键值和指向包含该键值的数据行的指针（该指针称为行定位器，其结构取决于数据页是存储在堆中还是聚集表中。对于堆，行定位器是指向行的指针；对于聚集表，行定位器是聚集索引键）。非聚集索引中的行按索引键值的顺序存储，但不保证数据行按任何特定顺序存储。一个表可有多个非聚集索引。

非聚集索引也采用 B 树结构，它与聚集索引的显著差别有两点：基础表的数据行不按非聚集键的顺序排序和存储；非聚集索引的叶层是由索引页而不是由数据页组成。

只有当表包含聚集索引时，表中的数据行才按排序顺序存储（该表称为聚集表）。如果表没有聚集索引，则其数据行存储在一个称为堆的无序结构中。

在查询（SELECT）记录的场合，聚集索引比非聚集索引有更快的数据访问速度。在添加（INSERT）或更新（UPDATE）记录的场合，由于使用聚集索引时需要先对记录排序，然后再存储到表中，因此使用聚集索引要比非聚集索引速度慢。

（2）按照索引的用途，分为唯一索引、包含性列索引、索引视图、全文索引和 XML 索引。

1）唯一索引确保索引键不包含重复的值，因此，表或视图中的每一行在某种程度上是唯一的。聚集索引和非聚集索引都可以是唯一索引。主键索引是唯一索引的特殊类型，在数据库关系图中为表定义一个主键时，将自动创建主键索引。

2）包含性列索引是一种非聚集索引，它扩展后不仅包含键列，还包含非键列。在 SQL Server 2014 中，可以通过包含索引键列和非键列来扩展非聚集索引。非键列存储在索引 B 树的叶级别。包含非键列的索引在它们包含查询时可提供最大的好处，这意味着索引包含查询引用的所有列。

3）索引视图是建有唯一聚集索引的视图，它具体化（执行）视图并将结果集永久存储在唯一的聚集索引中，其存储方法与带聚集索引的表相同。创建聚集索引后，可为视图添加非聚集索引。

4）全文索引是一种基于标记的功能性索引，由 MS SQL Server 全文引擎（MSFTESQL）服务创建和维护，用于帮助在字符串数据中搜索复杂的词。全文索引依赖于常规索引。

5）XML 数据类型索引是 XML 型数据列中 XML 二进制大型对象（BLOB）的已拆分的持久表示形式。

4. 索引的设计

索引设计不佳和缺少索引都是提高数据库和应用程序性能的主要障碍，为数据库及其工作负荷选择正确的索引，是一项需要在查询速度与更新所需开销之间取得平衡的复杂任务，窄索引（列数少的索引）所需的磁盘空间和维护开销都较少，而宽索引则可覆盖更多的查询。在设计和使用索引时，应确保对性能的提高程度大于在存储空间和处理资源方面所付出的代价。

合理的索引设计建立在对各种查询的分析和预测上，且可能要试验若干不同的设计才能找到最有效的索引。设计索引时应考虑使索引可以添加、修改和删除而不影响数据库架构或应用程序设计。因此，应试验多个不同的索引。

（1）索引设计的任务。索引设计是一项关键任务。索引设计包括：确定要使用的列，选择索引类型（例如聚集或非聚集），选择适当的索引选项，以及确定文件组或分区方案布置。

为此，必须了解数据库本身的特征，了解最常用的查询的特征，了解查询中使用的列的特征，确定哪些索引选项可在创建或维护索引时提高性能，确定索引的最佳存储位置。

例如，将非聚集索引存储在表文件组所在磁盘以外的某个磁盘上的一个文件组中可以提高性能，因为可以同时读取多个磁盘。

（2）索引设计常规指南。索引设计时，一般应考虑下列因素和注意事项。

1）数据库。经常更新的表索引不宜过多，且应使用窄索引，以免大量的索引维护开销影响 INSERT、UPDATE 和 DELETE 语句的性能；数据量大而更新少的表，可考虑较多的索引，以提高 SELECT 语句的性能（查询优化器有更多的索引可选择，以确定最快的访问方法）；数据量少的表索引通常效果不佳，因为小表的索引可能从来不用（遍历索引的时间开销可能比简单的表扫描还多），其维护开销却一点也不少；对于包含聚集函数或连接的视图，索引可显著提升其性能。

2）查询。创建索引前应先了解访问数据的方式，避免添加不必要的列（太多的索引列将增加对磁盘空间和索引维护的开销）；覆盖查询因使用涵盖索引（包含查询中所有列的索引）而可大大提高查询性能（要求的数据全部存在于索引中，查询优化器只需访问索引页，不需访问表）。

3）列。检查列的唯一性（同一个列组合的唯一索引将提供有关使索引更有用的查询优化器的附加信息）；检查列中的数据分布（为非重复值很少的列创建索引或在这样的列上执行连接将导致长时间运行的查询）；适当安排包含多个列的索引中的列的顺序（使用=、>、<或 BETWEEN 搜索条件的 WHERE 子句或参与连接的列应放在最前面，其他列按从数据最不重复的列到最重复的列排序）。

4）索引类型。索引类型主要有：聚集或非聚集；唯一或非唯一；单列或多列。索引中的列是升序或降序排序。确定某一索引适合某一查询后，可选择最适合具体情况的索引类型。例如，范围查询宜使用聚集索引；返回同一源表多列数据的覆盖查询宜使用非聚集索引；经常同时存取多列，且每列都含有重复值可考虑建立组合索引，且要尽量使关键查询形成索引覆盖，其前导列一定是使用最频繁的列；对小表或只有很少的非重复值的列建立索引则可能得不偿失（大多数查询将不使用索引，因为此时表扫描通常更有效）。

（3）聚集索引设计指南。聚集索引适用于实现下列功能：提供高度唯一性、范围查询、可用于经常使用的查询。

1）查询。考虑对具有以下特点的查询使用聚集索引：范围查询（如使用 BETWEEN、>、>=、<和<=运算符返回一系列值的查询，找到包含第一个值的行后，聚集索引确保包含后续索引值的行物理相邻）；返回大型结果集的查询；使用 JOIN 子句（外键列）的查询；使用 ORDER BY 或 GROUP BY 子句的查询（子句中指定列的聚集索引可使数据库引擎不必对数据进行排序）。

2）列。一般而言，聚集索引键使用的列越少越好，索引键长度宜短。

a. 具有下列属性的列可考虑建立聚集索引：非重复值很少或 IDENTITY 列；按顺序被访问的列；经常用于对表中检索到的数据排序的列（按该列对表进行聚集可在查询该列时节省排序成本）。

b. 具有下列属性的列不适合聚集索引：频繁更新的列（数据库引擎为保持聚集将进行大量的整行数据移动）；非重复值很少的列；宽键（宽键是若干列或大型列的组合。所有非聚集索引都把聚集索引的键值用作查找键，宽键的聚集索引将使同一表的所有非聚集索引都增大许多）。

3）索引选项。创建聚集索引时，可指定若干索引选项。因为聚集索引通常都很大，所以应特别注意下列选项：SORT_IN_TEMPDB；DROP_EXISTING；FILLFACTOR；ONLINE。

（4）非聚集索引设计指南。通常，设计非聚集索引是为改善经常使用的、没有建立聚集索引的查询的性能。查询优化器搜索数据时，先搜索索引以找到数据在表中的位置，然后直接从该位置检索数据。这使非聚集索引成为完全匹配查询的最佳选择，因为索引包含说明数据在表中的位置的项。查询优化器在索引中找到所有项后，可直接转到准确的页和行检索数据。

1）查询。考虑对具有以下属性的查询使用非聚集索引：使用 JOIN 或 GROUP BY 子句的查询（为其中涉及的非外键列创建多个非聚集索引）；不返回大型结果集的查询；包含经常包含在查询条件（如返回完全匹配的 WHERE 子句）中的列的查询。

2）列。具有以下一个或多个属性的列可考虑非聚集索引：频繁更新的列；具有大量非重复值的列（前提是聚集索引被用于其他列）；覆盖查询中的列（使用包含列的索引来添加覆盖列，而不是创建宽索引键。注意，如果表有聚集索引，则该聚集索引中定义的列将自动追加到表上每个非聚集索引的末端。这可用以生成覆盖查询，而不用在非聚集索引定义中指定聚集索引列。例如，表在列 C 上有聚集索引，则该表上关于列 A 和列 B 的非聚集索引的键值列包括 A、B 和 C）。

3）索引选项。创建非聚集索引时可指定若干索引选项。要尤其注意 FILLFACTOR、ONLINE 选项。

（5）唯一索引设计指南。仅当唯一性是数据本身特征时，才能创建唯一索引；多列唯一索引能保证索引键中值的每个组合是唯一的；聚集索引和非聚集索引都可以是唯一索引；唯一非聚集索引可包括包含性非键列。

PRIMARY KEY 或 UNIQUE 约束自动为列创建唯一索引。UNIQUE 约束与独立于约束的唯一索引无明显区别。若目的是实现数据完整性，应使用 UNIQUE 或 PRIMARY KEY 约束，使索引目标明确。

唯一索引的优点包括确保定义的列的数据完整性和提供对查询优化器有用的附加信息。因此，如果数据是唯一的且希望强制实现唯一性，建议通过 UNIQUE 约束来创建唯一索引，为查询优化器提供附加信息，从而生成更有效的执行计划。

创建唯一索引时可指定若干索引选项。特别要注意下列选项：IGNORE_DUP_KEY、ONLINE。

7.4.2　创建索引

1. 创建索引的注意事项

（1）确定最佳的创建方法。根据实际应用情况，选择以下方法之一创建索引。

1）通过 CREATE TABLE 或 ALTER TABLE 对列定义 PRIMARY KEY 或 UNIQUE 约束创建索引。该方法创建的索引是约束的一部分，系统将自动给定与约束名称相同的索引名称。

2）使用 CREATE INDEX 语句或对象资源管理器中的"新建索引"窗口创建独立于约束的索引（详见本节后述）。默认情况下，如果未指定聚集或唯一选项，将创建非聚集的非唯一索引。

（2）不要使索引数超出表 7-1 所列出的最大值。

表 7-1　各类索引的限制范围

索引限制	最大值	备注
每个表的聚集索引数	1	
每个表的非聚集索引数	249	含 PRIMARY KEY、UNIQUE 创建的非聚集索引，不含 XML 索引
每个表的 XML 索引数	249	包括 XML 数据类型列的主 XML 索引和辅助 XML 索引
每个索引的键列数	16 *	如果表中还包含主 XML 索引，则聚集索引限制为 15 列
最大索引键记录大小	900 字节*	与 XML 索引无关
可包含的非键列数量	1023	

*　通过在索引中包含非键列可以避免受非聚集索引的索引键列和记录大小的限制。

（3）对于空表，创建索引时不会对性能产生任何影响，而向表中添加数据时会对性能产生影响。

（4）对现有表创建索引时，应将 ONLINE 选项设为 ON，使表及其索引可用于数据查询和修改。

（5）对大型表创建索引时应仔细计划以免影响数据库性能。对大型表创建索引的首选方法是先创建聚集索引，然后创建非聚集索引。

（6）创建索引后，索引将自动启用并可以使用。可以通过禁用索引来删除对该索引的访问。

2．创建索引

SQL Server 2014 创建索引有两种方式：一种是在 SSMS 中使用向导创建；另一种是通过在查询编辑器窗口中执行 T-SQL 语句创建。这两种方式都可用于创建附属于列定义 PRIMARY KEY 或 UNIQUE 约束的索引和独立于约束的索引。

（1）使用向导创建索引。使用向导创建索引的步骤如下所述。

1）打开"新建索引"窗口。在"对象资源管理器"窗口中展开需新建索引的数据库，展开"表"节点，展开需新建索引的数据表，右击"索引"节点，在弹出的快捷菜单中选择"新建索引"命令，在自动弹出的"新建索引"窗口中选择索引类型（聚集、非聚集、XML 以及唯一），如图 7-24 所示。

2）定义指定类型索引。在"新建索引"窗口中指定新索引的各项属性。"新建索引"窗口的界面主要有两部分：左上角是"选择页"，用以选择窗口的"常规""选项""存储""筛选器"和"扩展属性"五个对话页；右边是对话页窗口。

a．在"常规"页单击"添加"按钮时，会弹出"选择列"窗口，用以选择要添加到索引键的表列，如图 7-25 所示。

b．"选项"页用于指定忽略重复值、自动重新计算统计信息、在访问索引时使用行锁、表锁以及是否允许在创建索引时在线处理 DML 等属性。

c．"存储"页用于对指定的文件组或分区方案创建索引等。

d．"筛选器"页用于设置筛选表达式。

图 7-24　"新建索引"窗口

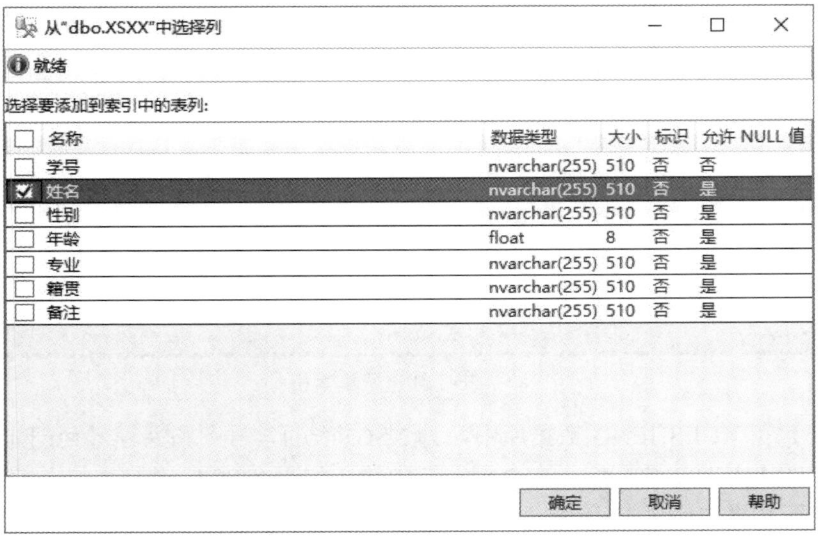

图 7-25　"选择列"窗口

设置好各个对话页的相关内容后，单击"新建索引"窗口中的"确定"按钮，即可完成新索引定义。

（2）使用 T-SQL 语句创建索引。

使用 T-SQL 语句的 CREATE INDEX 可以创建索引。

语法格式：

```
CREATE [UNIQUE][CLUSTERED|NONCLUSTERED]
INDEX index_name ON {table|view}(column[ASC|DESC][,...n])
[ON filegroup]
```

说明：

1）UNIQUE：创建一个唯一索引，即索引项对应的值无重复值。在列包含重复值时不能建唯一索引。如果使用此项，则应确定索引所包含的列不允许 NULL 值，否则在使用时会经常出错。对于视图创建的聚集索引必须是 UNIQUE 索引。

2）CLUSTERED|NONCLUSTERED：指明创建聚集索引还是非聚集索引，前者表示创建聚集索引，后者表示创建非聚集索引。如果此选项缺省，则创建的索引为非聚集索引。

3）index_name：指明索引名，索引名在一个表中必须唯一，但在数据库中不必唯一。

4）table|view：指定创建索引的表或视图的名称。注意，视图必须是使用 SCHEMABINDING 选项定义过的。

5）column[,...n]：指定建立索引的字段，参数 n 表示可以为索引指定多个字段。如果使用两个或两个以上的列组成一个索引，则称为复合索引。

6）ASC|DESC：指定索引列的排序方式是升序还是降序，默认为升序（ASC）。

7）ON filegroup：指定保存索引文件的数据库文件组名称。

【例 7-15】在 XUESHENG 数据库中，为 XSXX 表的学号列创建聚集索引。

先打开 XUESHENG 数据库，在查询窗口中输入如下 T-SQL 语句，单击工具栏上的"执行"按钮，执行结果如图 7-26 所示。

```
CREATE  CLUSTERED  INDEX  XH
ON   XSXX(学号)
```

图 7-26　创建聚集索引

【例 7-16】在 XUESHENG 数据库中，为 XSCJ 表的学号列和课程号列创建复合索引。

先打开 XUESHENG 数据库，在查询窗口中输入如下 T-SQL 语句，单击工具栏上的"执行"按钮，执行结果如图 7-27 所示。

```
CREATE  CLUSTERED  INDEX  XCH
ON   XSCJ(学号,课程号)
```

图 7-27　创建复合索引

【例 7-17】在 XUESHENG 数据库中，为 KC 表的课程名称列创建唯一非聚集索引。

先打开 XUESHENG 数据库，在查询窗口中输入如下 T-SQL 语句，单击工具栏上的"执行"按钮，执行结果如图 7-28 所示。

```
CREATE  UNIQUE  NONCLUSTERED  INDEX  XCH
ON   KC(课程名称)
```

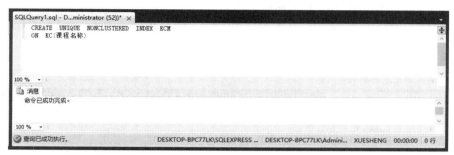

图 7-28　创建唯一非聚集索引

7.5　管理索引

在 SQL Server 中，索引的管理包括查看索引、修改索引和删除索引。对其操作的方法可以通过 SSMS 界面方式，也可以使用 T-SQL 语句完成。

7.5.1　查看索引

1. 使用 SSMS 查看索引

在 SSMS 的"对象资源管理器"窗口中，依次展开"数据库"|"表"|"dbo.XSDA"|"索引"项，右击某个索引名称，选择"属性"命令后看到该索引的索引属性，如图 7-29 所示。

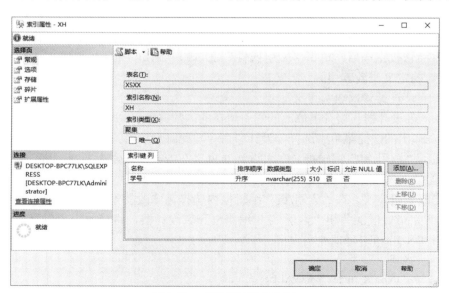

图 7-29　"索引属性"窗口

2. 使用 T-SQL 语句查看索引

可以使用 T-SQL 的系统存储过程 sp_helpindex 命令查看索引。

语法格式：

　　　sp_helpindex [@objname=] 'name'

其中 [@objname=] 'name'是用户定义的表或视图的名称。

【例 7-18】在 XUESHENG 数据库中，查看表 XSXX 中的索引情况。

先打开 XUESHENG 数据库，在查询窗口中输入如下 T-SQL 语句，单击工具栏上的"执行"按钮，执行结果如图 7-30 所示。

　　　sp_helpindex XSXX

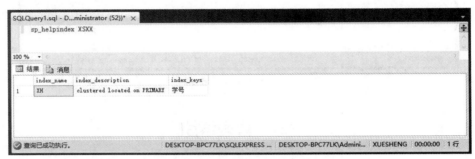

图 7-30　使用系统存储过程查看索引

7.5.2　修改索引

在数据表中创建好索引后，当索引不满足需求时，我们可以通过 SSMS、表设计器和 T-SQL 语句三种方式来修改索引。

1. 使用 SSMS 修改索引

（1）在"对象资源管理器"窗口中，依次展开"数据库"|"表"，再展开该索引所属的表，最后展开"索引"。右击要修改的索引，然后选择"属性"命令，在弹出的如图 7-29 所示的"索引属性"窗口后就可以修改索引了。比如，修改该索引的类型、唯一性以及排序顺序等。

（2）属性修改完毕后，单击"索引属性"窗口的"确定"按钮，SQL Server 数据库引擎将立即按照新的定义修改索引。

2. 使用表设计器修改索引定义

（1）激活表设计器。展开需修改的索引所在的"数据库"|"表"，右击需修改的索引所在的数据表，在弹出的快捷菜单中选择"设计"命令，此时系统将弹出表设计器。

（2）激活"索引/键"编辑框。在表设计器窗口右击需修改索引所在列名，在快捷菜单中选择"索引/键"命令，此时系统自动弹出"索引/键"编辑框。

（3）修改索引定义。在"索引/键"编辑框内选择需修改的索引的名称，并编辑其各项相关属性。修改完毕后依次关闭"索引/键"编辑框和表设计器，将修改内容保存即可。

3. 使用 T-SQL 语句修改索引

（1）语法格式：

　　　ALTER　INDEX {index_name|ALL}
　　　ON{table|view}

```
{
REBUILD|DISABLE|REORGANIZE
}
```

（2）参数说明。

1）index_name：索引的名称。索引名称在表或视图中必须唯一，但在数据库中不必唯一。

2）REBUILD：指定使用相同的列、索引类型、唯一性属性和排序顺序重新生成索引。

3）DISABLE：禁止索引使用。

4）REORGANIZE：指定将重新组织的索引。

【例 7-19】在 XUESHENG 数据库中，禁止表 XSXX 中的 XH 索引。

先打开 XUESHENG 数据库，在查询窗口中输入如下 T-SQL 语句，单击工具栏上的"执行"按钮，执行结果如图 7-31 所示。

　　　　ALTER INDEX XH ON XSXX DISABLE

图 7-31　禁止表的索引

【例 7-20】在 XUESHENG 数据库中，将表 XSXX 中的 XH 索引重新生成。

先打开 XUESHENG 数据库，在查询窗口中输入如下 T-SQL 语句，单击工具栏上的"执行"按钮。

　　　　ALTER INDEX XH ON XSXX REBUILD

【例 7-21】在 XUESHENG 数据库中，将表 XSXX 中的 XH 索引重新组织。

先打开 XUESHENG 数据库，在查询窗口中输入如下 T-SQL 语句，单击工具栏上的"执行"按钮。

　　　　ALTER INDEX XH ON XSXX REORGANIZE

4. 更改索引名称

（1）使用 SSMS 修改索引名称。在"对象资源管理器"窗口中，依次展开"数据库"|"表"，再展开该索引所属的表，最后展开"索引"。右击要修改的索引，然后选择"重命名"命令，直接修改索引名称即可。

（2）使用 T-SQL 语句修改索引名称。

使用 T-SQL 的 sp_rename 命令重命名索引，格式如下：

　　　　Exec sp_rename　'table_name.old_index_name','new_index_name'

其中，table_name.old_index_name 表示修改前索引的名称；new_index_name 表示新的索引名称。

【例 7-22】在 XUESHENG 数据库中，修改表 XSXX 中的 XH 索引的名称为 ZHZ。

先打开 XUESHENG 数据库，在查询窗口中输入如下 T-SQL 语句，单击工具栏上的"执行"按钮，执行结果如图 7-32 所示。

Exec sp_rename 'XSXX.XH','ZHZ'

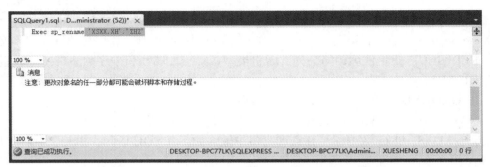

图 7-32　修改表的索引名称

7.5.3　删除索引

当一个索引不再需要时，可以将其从数据库中删除，以回收它当前使用的存储空间，便于数据库中的任何对象对此空间的使用。

我们可以使用 SSMS 和 T-SQL 语句来删除索引。这里只介绍使用 T-SQL 的 DROP INDEX 命令删除索引的方法。

语法格式：

DROP INDEX 'table.index|view.index'[,...n]

其中 table|view 是索引列所在的表或视图；index 为要除去的索引名称。

【例 7-23】在 XUESHENG 数据库中，删除表 XSXX 中的 ZHZ 索引。

先打开 XUESHENG 数据库，在查询窗口中输入如下 T-SQL 语句，单击工具栏上的"执行"按钮，执行结果如图 7-33 所示。

DROP　INDEX　XSXX.ZHZ

图 7-33　删除表的索引

课程思政案例

案例主题：图灵奖 James Gray——精益求精是自主创新的基础

1998 年的图灵奖授予了声誉卓著的数据库专家 James Gray，他是图灵奖诞生 32 年的历史上，继数据库技术的先驱 Charles W.Bachman 和关系数据库之父 E.F.Codd 之后，第三位因在推动数据库技术的发展中做出重大贡献而获此殊荣的学者。

James Gray 进入数据库领域时，关系数据库的基本理论已经成熟，但各大公司在关系数据库管理系统（RDBMS）的实现和产品开发中，都遇到了一系列技术问题，主要是在数据库的规模越来越大，数据库的结构越来越复杂，又有越来越多的用户共享数据库的情况下，如何保障数据的完整性、安全性、并行性，以及一旦出现故障后，数据库如何实现从故障中恢复。这些问题如果不能圆满解决，无论哪个公司的数据库产品都无法进入应用阶段，最终不能被用户所接受。James Gray 带领他的团队经过反复测验，无数次的验证，不断精益求精，终于解决这些重大的技术问题，为 DBMS 成熟并顺利进入市场发挥了十分关键的作用。后期 James Gray 在事务处理技术上的创造性思维和开拓性工作，使他成为该技术领域公认的权威。

思政映射

数据库领域图灵奖获得者的生平事迹，说明创新必须以精益求精为前提，即使有所创新之后，也须以精益求精的精神使成果转化。作为祖国未来的建设者，我们有责任培养精益求精的工匠精神，为我国特色产业研发贡献自己的一份力量。

小　结

1．视图是数据库的一个独立的对象，视图是一个虚拟表。

2．视图所有的操作都可以通过 SSMS 或 T-SQL 语句来完成。

3．使用视图进行数据操作的方法与表操作所使用的命令语句基本相同，只需要在语句中将表名改为视图名就可以了。但一定要注意，在做插入、修改与删除操作时，每一次新操作只能影响一个基表中的数据。

4．SQL Server 中一个表的存储是由数据页和索引页两部分组成的。数据页用来存放除了文本和图像数据以外的所有与表的某一行相关的数据，索引页包含组成特定索引的列中的数据。

5．SQL Server 中的索引按组织方式可以分为聚集索引和非聚集索引。创建聚集索引后，表中数据行的物理存储顺序与索引顺序完全相同，每个表只能创建一个聚集索引。非聚集索引不改变表中数据行的物理存储顺序，数据与索引分开存储，每个表可以创建多个非聚集索引。

6．CLUSTERED|NONCLUSTERED：指明创建聚集索引还是非聚集索引，前者表示创建聚集索引，后者表示创建非聚集索引。如果此选项缺省，则创建的索引为非聚集索引。

习　题

一、选择题

1．关于视图的描述，不正确的是（　　　）。

　　A．视图是外模式　　　　　　　　　　B．使用视图可以保护数据

　　C．视图是一种虚拟的表　　　　　　　D．使用视图可以提高查询语句执行速度

2．在视图上不能完成的操作是（　　　）。

　　A．更新视图　　　　　　　　　　B．查询

　　C．在视图上定义新表　　　　　　D．在视图上定义新视图

3．下列语句中，用来删除视图的是（　　　）。

　　A．CRATE VIEW　　　　　　　　B．ALTER VIEW

　　C．DROP VIEW　　　　　　　　　D．ALTER INDEX

4．数据表创建索引的目的是（　　　）。

　　A．提高查询的检索性能　　　　　B．节省存储空间

　　C．便于管理　　　　　　　　　　D．归类

5．下列不适合创建索引的是（　　　）。

　　A．经常被查询搜索的列　　　　　B．主键列

　　C．包含很多 NULL 值的列　　　　D．数据量大的表

二、填空题

1．视图中的数据实际上是存在_____。

2．创建视图时保证对视图的操作必须遵守视图定义时 WHERE 子句指定条件的语句是_____。

3．SQL Server 中一个表的存储由数据页和_____组成。

4．SQL Server 中的索引按组织方式可以分为_____和非聚集索引。

5．每个表可以创建多个非聚集索引，_____个聚集索引。

三、操作题

1．在 XUESHENG 数据库中创建计算机系学生的视图 a1。

2．向视图 a1 中插入一条记录：202110236，张华，男，22，艺术系。

3．依据视图 a1，让所有女生年龄减 2 岁。

4．删除视图 a1 中女生的学生信息。

第8章 使用 T-SQL 语言编程

本章导读

本章主要涉及内容包括 T-SQL 语言基础知识、流程控制语句及常用函数的介绍。本章通过引入 T-SQL 语言基础、标识符、注释、变量、系统内置函数和表达式等概念，重点介绍了流程控制语句和常用函数。

在介绍 T-SQL 语言编程时，本章以健康码研发为例，使学生深刻明白科技兴国的重要性，科技手段是打赢疫情防控阻击战不可或缺的坚实力量，要用强大的科学武器保护人们的健康安全，并树立科学报国的远大理想。

本章要点

- T-SQL 语言基础知识。
- 流程控制语句。
- 常用函数。

学习目标

- 理解 SQL 语言和 T-SQL 语言，T-SQL 语言的特点、组成及功能。
- 掌握标识符、变量等的概念和应用。
- 掌握函数的概念和操作。
- 掌握流程控制语句的概念和操作。

T-SQL 是最为流行的关系型数据库操作语言，是 SQL 在 Microsoft SQL Server 上的增强版，它是用来让应用程序与 SQL Server 沟通的主要语言。T-SQL 对 SQL Server 十分重要，SQL Server 中使用图形界面能够完成所有功能，利用 T-SQL 语言提供的语句，可以创建和删除数据库，创建、修改和删除表、视图等数据库对象，插入、修改和删除数据库中的数据，以多种方式查询数据库中的数据。T-SQL 是一个或多个语句的集合，由客户端一次性发送到服务器完成执行任务。T-SQL 提供标准 SQL 的 DDL 和 DML 功能，加上延伸的函数、系统预存程序以及程序设计结构让程序设计更有弹性。

8.1 T-SQL 语言基础知识

变量、运算符和表达式

SQL（Structure Query Language）是用于数据库查询的结构化语言。1982 年美国国家标准

化组织 ANSI 确认 SQL 为数据库系统的工业标准。目前，许多关系型数据库管理系统都支持 SQL 语言，如 Access、Orcal、Sybase、DB2 等。T-SQL 在支持标准 SQL 的同时，还对其进行了扩充，引入了变量定义、流程控制和自定义存储过程等语句，极大地扩展了 SQL Server 的功能。使用数据库的客户或应用程序都是通过 T-SQL 语言来操作数据库的。

本节主要介绍 T-SQL 语言基础知识、标识符与注释、变量以及运算符与表达式等相关的概念，理解这些基本概念的含义，为后面进一步深入学习和掌握 T-SQL 语言编程的应用奠定基础。

1. SQL 语言和 T-SQL 语言

20 世纪 70 年代，SQL 语言由美国 IBM 公司开发推出。20 世纪 80 年代，SQL 语言被美国的国家标准协会（American National Standard Institute，ANSI）确认为关系型数据库语言的美国标准，随后被国际标准化组织（International Organization for Standardization，ISO）认可，成为关系型数据库操作语言的国际标准。之后相继出现了 SQL-86 标准、SQL-89 标准、SQL-92 标准、SQL-99 标准、SQL-2003 标准。

SQL 语言是应用于数据库的语言，不能独立存在。SQL 语言是一种非过程性语言，与一般的高级语言大不相同。一般的高级语言在存取数据库时，需要根据每一行程序的顺序处理许多指令，才能完成预定的任务。使用 SQL 语言，只告诉数据库需要什么数据、如何显示即可，具体的内部操作由数据库管理系统完成。

ANSI 和 ISO 针对 SQL 制定了一系列的标准，标准的 SQL 语句几乎可以在所有的关系型数据库中使用。与此同时，不同的数据库软件厂商针对各自的数据库产品都对 SQL 语言进行了不同程度的修改和扩展。T-SQL 语言是美国微软公司针对自己的数据库产品开发的是一种非标准的 SQL 语言。T-SQL 是对 SQL-92 标准的扩展，它增加了变量、流程控制、功能函数等，提供了丰富的编程结构，其功能更加强大、使用更加方便。其将非过程性 SQL 语法变成过程性语法，是应用程序唯一能与 SQL Server 数据库系统进行交互的语言。

2. T-SQL 语言的特点

（1）集数据定义、数据操作、数据管理和数据控制于一体，使用方便。

（2）简单直观、易读易学，用为数不多的几条语句即可完成对数据库的全部操作。

（3）用户使用时，只提出"做什么"即可，"怎么做"则由数据库管理系统完成。

（4）可以直接以命令交互方式操作数据库，也可以嵌入到其他语言中执行。可以单条语句单独执行，也可以多条语句成组执行。

3. T-SQL 语言的组成

（1）数据定义语言（Data Definition Language，DDL）。其包含定义和管理数据库以及数据库中各种对象的语句，例如对数据库以及数据库对象的创建（CREATE）、修改（ALTER）和删除（DROP）语句。

（2）数据查询语言（Data Query Language，DQL）。其包含对数据库中的数据进行查询的语句，例如使用 SELECT 语句查询表中的数据。

（3）数据操纵语言（Data Manipulation Language，DML）。其包含对数据库中的数据进行各种操作的语句，例如添加（INSERT）、修改（UP-DATE）和删除（DELETE）语句。

（4）数据控制语言（Data Control Language，DCL）。其包含设置或更改数据库用户或角色权限的语句，例如授予权限（GRANT）、拒绝权限（DENY）和废除权限（REVOKE）。

（5）系统存储过程（System Stored Procedure）。系统存储过程是 SQL Server 自带的存储过程，在 SQL Server 安装之后就存在于系统之中。系统存储过程是对 T-SQL 语句的扩充，其用途在于能够方便地查询系统信息，完成或更新数据库有关的管理任务。

（6）其他语言元素。其他语言元素包括常量、变量、注释、函数、流程控制等。其不是 SQL 标准的内容，用于为数据库应用程序的编程提供支持和帮助。

4．T-SQL 语言的功能

（1）创建数据库和各种数据库对象。

（2）查询、添加、修改、删除数据库中的数据。

（3）创建约束、规则、触发器、事务等，确保数据库中数据的完整性。

（4）创建视图、存储过程等，方便应用程序对数据库中数据的访问。

（5）设置用户和角色的权限，保证数据库的安全性。

（6）进行分布式数据处理，实现数据库之间的复制、传送或分布式。

8.1.1　标识符与注释

计算机的各种语言都使用标识符标记有关的对象。像人的姓名、地方的地名一样需要标记，计算机的对象也需要标记。T-SQL 中使用标识符标记服务器、数据库、数据库对象，在引用对象时区分不同的对象。标识符有两种类型：常规标识符和分隔符的标识符。

1．标识符

（1）常规标识符。为了提供完整的数据管理体制，T-SQL 为对象的标识符设计了严格的命名规则。在定义对象时，必须遵守这些规则，否则会发生检查错误，甚至可能发生难以预料的错误。常规标识符是指必须符合某些规则的标识符，这些规则有以下几条：

1）第 1 个字符为英文字母 a～b 或 A～Z，#、_、@。不区分大小写。

2）后续字符可以为英文 a～b 或 A～Z、数字 0～9，#、$、_、@。

3）可使用特殊语系的合法文字，例如汉字，即汉字可以用作标识符。

4）不能在中间有空格或#、_、@、$等其他特殊字符。

5）不能使用管理系统的保留字（系统使用的标识符），例如"table"。

6）长度不能超过 128 个字符。一般情况下使用 10 个以内的字符即可。

7）数据库系统使用以符号@、#开头的标识符具有特殊的含义。

【例 8-1】以下变量名中，哪些是合法的变量名，哪些是不合法的变量名？

A1，1a，@x，@@y，&变量 1，@姓名，姓名，#m，##n，@@@abc##，@my_name

合法的变量名：@x，@@y，@姓名，@my_name

不合法的变量名：A1，1a，&变量 1，姓名，#m，##n，@@@abc##

（2）分隔标识符。符合所有常规标识符格式规则的标识符可以使用分隔标识符，也可以不使用分隔标识符。不符合常规标识符格式规则的标识符必须使用分隔标识符。

分隔标识符括在方括号（[]）或双引号（""）中。在下列情况下，需要使用分隔标识符。

1）使用保留关键字作为对象名或对象名的一部分。

2）标识符的命名不符合常规标识符格式的规则。

【例 8-2】常规标识符也可以当分隔符的标识符使用。

Student 表是存放学生信息的表名，下面三种语句是等价的：

```
Select * From Student
```

或

```
Select * From "Student"
```

或

```
Select * From [Student]
```

2．注释

注释，也称注解，是写在程序代码中的说明性的文字，它们对程序的结构及功能进行文字说明。注释内容不被系统编译，也不被程序执行。简而言之，代码中不执行的部分称为注释。

（1）注释的用途。

第一，进行简要的解释和说明，描述复杂的计算或编程方法，标注程序名称、作者姓名、程序编写过程或修改日期，以便于理解代码或者以后对代码进行维护。

第二，将代码中暂时不用的语句进行屏蔽，需要使用时取消注释即可投入运行，这一点在代码调试过程中非常有用。

（2）两种注释。

1）单行注释。使用"--"（两个减号）进行单行注释，其是 ANSI 标准的注释符。这种方式的注释符可以与执行代码同处一行，也可以单独一行。

【例 8-3】单行注释的使用。

```
USE teaching   --打开学教师数据库
SELECT sno,sname
FROM student    --查询学生的学号和姓名
GO
```

2）多行注释。使用"/*"和"*/"进行多行注释，这与 C 语言中的注释相同。这种方式的注释符可以与执行代码同处一行，也可以单独一行。

【例 8-4】多行注释的使用。

```
/*查询所有男同学的学号、姓名和专业*/
SELECT sno,sname,specialty
FROM student
WHERE ssex='男'
GO
```

8.1.2　变量

变量是指在程序段中存放的数值可以变化的标识符。SQL Server 的变量分为两种：用户自己定义的局部变量和系统提供的全局变量。

1．局部变量

局部变量由用户定义，其作用范围仅限于程序段的内部，用于保存操作过程中产生的临时数据。例如，使用局部变量可以保存表达式的计算结果、存储过程返回的数据值等。

（1）局部变量的定义。

语法：

```
DECLARE {@局部变量名  数据类型}[...n]
```

说明：

1）DECLARE：定义局部变量的关键字。

2）局部变量名：用于指定局部变量的名称，前边以"@"开头。

3）数据类型：可以是除了 text、ntext 和 image 之外的系统定义的任何数据类型，也可以是用户定义的数据类型。

a．局部变量的使用范围：定义它的存储过程和程序块内部。

b．局部变量的默认值：NULL。

局部变量的作用范围从声明该局部变量的地方开始，到声明的批处理或存储过程的结尾。批处理或存储过程结束后，存储在局部变量中的信息将丢失。

【例 8-5】定义如下两个变量。

```
DTCLARE @Sex    char(2)
DECLARE @StudentName    nvarchar(8)
```

（2）局部变量的赋值和输出。

1）定义局部变量的用途是保存数据，使用 SET 语句或者 SELECT 语句给局部变量赋值。两者的区别：SELECT 可以同时给多个变量赋值，SET 只能给一个变量赋值。

2）输出局部变量是把变量值显示到屏幕，使用 PRINT 语句或者 SELECT 语句输出局部变量值。

两者的区别：SELECT 可以同时输出多个变量，PRINT 只能输出一个变量。

【例 8-6】定义局部变量，使用 SET 给变量赋值，再显示变量的值。

先连接服务器，在查询窗口中输入如下 T-SQL 语句，单击工具栏上的"执行"按钮，执行结果如图 8-1 所示。

```
DECLARE @StudentName nvarchar（8）  --声明
SET @StudentName ='王小霞'  --赋值
PRINT @StudentName    --使用
```

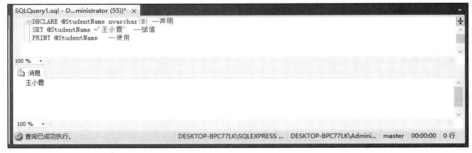

图 8-1　使用 SET 赋值局部变量

【例 8-7】定义局部变量，使用 SELECT 给变量赋值，再显示变量的值。

先连接服务器，在查询窗口中输入如下 T-SQL 语句，单击工具栏上的"执行"按钮，执行结果如图 8-2 所示。

```
DECLARE @StudentName    nvarchar(8),@Sex    char(2)
SELECT    @StudentName='李晓',@Sex='男'
SELECT    @StudentName,@Sex
```

图 8-2   使用 SELECT 赋值局部变量

【例 8-8】使用查询给变量赋值，以 XSXX 表中的数据为例，将查询结果赋值给变量。

先连接服务器，打开 XUESHENG 数据库，在查询窗口中输入如下 T-SQL 语句，单击工具栏上的"执行"按钮，执行结果如图 8-3 所示。

```
declare @a varchar(6)
set @a=(select 姓名 from XSXX where 学号='20210002')
print @a
```

图 8-3   使用查询给变量赋值

【例 8-9】创建一个名为 xm 的局部变量，并在 SELECT 语句中使用该局部变量查找表 XSXX 中所有计算机系学生的姓名和年龄。

先连接服务器，打开 XUESHENG 数据库，在查询窗口中输入如下 T-SQL 语句，单击工具栏上的"执行"按钮，执行结果如图 8-4 所示。

```
declare @a varchar(8)
set @a='计算机系'
select 姓名,年龄
from XSXX
where 专业=@a
```

图 8-4   使用变量作为查询条件

SELECT 通常用于将单个值返回到变量中，当 expression 为表的列名时，可使用子查询功能从表中一次返回多个值，此时将返回的最后一个值赋给变量。如果子查询没有返回值，则将变量设为 NULL。

如果省略了赋值号及后面的表达式，则可以将局部变量的值显示出来，起到输出显示局部变量值的作用。

2. 全局变量

全局变量是 SQL Server 系统定义（预设）的变量，具有以下特点：

（1）全局变量由 SQL Server 系统在服务器中定义。

（2）全局变量用于存放系统配置信息和统计数据。

（3）用户可以使用全局变量测试系统配置或执行状态，但不能定义。

（4）全局变量必须以"@@"开头。

（5）局部变量名称不能与全局变量名称相同。

（6）任何程序都可以随时引用全局变量。

全局变量分为两类：一是与 SQL Server 连接有关的全局变量，如@@rowcount 表示受最近一个语句影响的行数；二是与系统内部信息有关的全局变量，如@@version 表示 SQL Server 的版本号。SQL Server 提供了许多全局变量，表 8-1 列出了常用的全局变量。

表 8-1　常用的全局变量

名称	功能
@@CONNECTIONS	自数据库系统最近一次启动以来登录或试图登录的次数
@@CPU_BUSY	自数据库系统最近一次启动以来 CPU 的工作时间
@@CURRSOR_ROWS	本次连接最新打开的游标中的行数
@@DATEFIRST	SET DATEFIRST 参数的当前值
@@DBTS	数据库的唯一时间标记值
@@ERROR	数据库系统生成后最后一个错误的号码，0 表示没有错误
@@FETCH_STATUS	最近一条 FETCH 语句的标志
@@IDENTITY	表中有 IDENTITY 列时，返回最后插入记录的标识符
@@IDLE	自服务器最近一次启动以来的累计空闲时间
@@IO_BUSY	服务器输入/输出操作的累计时间
@@LANGID	当前使用语言的 ID
@@LANGUAGE	当前使用语言的名称
@@LOCK_TIMEOUT	当前锁的超时设置
@@MAX_CONNECTIONS	可以同时与数据库系统连接的最大连接数
@@MAX_PRECISION	十进制数据类型的精度级别
@@NESTLEVEL	当前调用存储过程的潜逃级别，范围为 0～16
@@OPTIONS	当前 SET 选项的信息
@@PACK_RECEIVED	所读的输入包数量
@@PACK_SENT	所写的输出包数量

续表

名称	功能
@@PACKET_ERRORS	读/写数据包的错误数量
@@RPOCID	当前存储过程的 ID
@@REMSERVER	远程数据库的名称
@@ROWCOUNT	最近一次查询设计的行数
@@SERVERNAME	本地服务器的名称
@@SERVICENAME	当前运行服务器的名称
@@SPID	当前进程的 ID
@@TEXTSIZE	当前最大的文本或图像数据的大小
@@TIMETICKS	独立计算机报时信号的间隔（ms），31.25ms 或 1/32s
@@TOTAL_ERRORS	读/写过程中的错误数
@@TOTAL_READ	读磁盘的次数（非高速缓存）
@@TOTAL_WRITE	写磁盘的次数
@@TRANCOUNT	当前用户的活动事务处理总数
@@VERSION	当前数据库系统的版本号

【例 8-10】利用全局变量获取 SQL Server 服务器的当前使用语言的名称和输入/输出操作的累计时间。

先连接服务器，在查询窗口中输入如下 T-SQL 语句，单击工具栏上的"执行"按钮，执行结果如图 8-5 所示。

PRINT　@@LANGUAGE
PRINT　@@IO_BUSY

图 8-5　输出全局变量

8.1.3　运算符与表达式

1. 运算符

运算符是一种符号，用来指定在一个或多个表达式中执行的操作。在 Microsoft SQL Server 2014 系统中，可以使用的运算符分为算术运算符、逻辑运算符、赋值运算符，字符串连接运算符、按位运算符、一元运算符及比较运算符等。运算对象可以是表中的列、常量、变量、函数等。

（1）算术运算符见表 8-2。

表 8-2　算术运算符

操作符	描述	示例
+	加法，执行加法运算	10 + 20 = 30
−	减法，执行减法运算	10 − 20 = −10
*	乘法，执行乘法运算	10 * 20 = 200
/	用左手操作数除右手操作数	20 /10= 2
%	用左手操作数除右手操作数并返回余数	20 % 10 =0

说明：另外加、减、乘、除与数学上的算术运算含义相同，支持所有数值类型的数学运算。取模用于返回一个整数除以另一个整数的余数。由算术运算符和运算对象组成的表达式称为算术表达式，表达式的结果为数值。

（2）位运算符见表 8-3。

表 8-3　位运算符

操作符	描述	示例
&	与运算，如果对应的位都为 1，那么结果就是 1，如果任意一个位是 0 ，则结果就是 0	0&0 =0、1&0 =0 0&1 =0、1&1 =l
|	或运算，如果对应的位中任一个操作数为 1，那么结果就是 1	0 |0=0、1 |0=1 0 |1=1、1 |1=1
^	异或运算，如果两个操作位都为 1，结果就是 0	0 ^0=0、1 ^0=1 0 ^1=1、1^1=0
~	求反，运算对位求反 1 变 0，0 变 1	～0=1、～1=0
<<	向左移动，超过的位将丢失，而空出的位则补 0	67<<2=12
>>	向右移动，超过的位将丢失，而空出的位则补 0	67>>2=16

说明：位运算符在两个表达式之间执行位操作，两个表达式可以为任何整数类型的数据。位运算符也可进行整数数据类型与二进制数据类型的混合运算，但必须有一个整数。

（3）比较运算符见表 8-4。

表 8-4　比较运算符

操作符	描述	示例
==	相等	"7=6"，求值结果为 FALSE
>	大于	"7>6"，求值结果为 TRUE
<	小于	"7<6"，求值结果为 FALSE
>=	大于等于	"7>=6"，求值结果为 TRUE
<=	小于等于	"7<=6"，求值结果为 FALSE
<>	不等于	"7<>6"，求值结果为 TRUE

续表

操作符	描述	示例
!=	不等于	"7!=6"，求值结果为 TRUE
!<	不小于	"7!<6"，求值结果为 TRUE
!>	不大于	"7!>=6"，求值结果为 FALSE

说明：比较运算符用于比较两个表达式的大小，结果为 TRUE 或 FALSE。比较运算符可以对除了 text、ntext、image 之外的任何数据类型进行比较运算。由比较运算符和运算对象组成的表达式称为布尔表达式，结果为 TRUE 或 FALSE。

（4）逻辑运算符见表 8-5。

表 8-5　逻辑运算符

操作符	描述	示例
and	两个布尔表达式值都为 TRUE 时，结果为 TRUE	(4>9)and(7<8)，结果为 FALSE
or	两个布尔表达式值一个为 TRUE 时，结果为 TRUE	(4>9)or(7<8)，结果为 True
not	对任何布尔表达式的值取反	not (4>8)，结果为 TRUE

说明：逻辑与是两个操作数都为 TRUE 时结果为 TRUE，其中之一为 FALSE 则结果为 FALSE。逻辑或是两个操作数都为 FALSE 时结果为 FALSE，其中之一为 TRUE 则结果为 TRUE。如果有一个操作数的值为 NULL，则结果为 UNKOWN。由逻辑运算符和运算对象组成的表达式称为布尔表达式，结果为 TRUE 或 FALSE。

（5）字符串连接运算符。字符串连接运算符"+"用于字符串之间的连接运算，构成字符串表达式，返回新字符串。例如，'Hello'+'World!'='HelloWorld!'，字符串连接运算符和运算对象组成的表达式称为字符串表达式，结果为字符串。

【例 8-11】进行字符串的连接运算。

先连接服务器，在查询窗口中输入如下 T-SQL 语句，单击工具栏上的"执行"按钮，执行结果如图 8-6 所示。

```
DECLARE @a1 char(8),@a2 char(10),@a3 varchar(50)
SELECT    @a1 ='T-SQL', @a2='SQLSERVER'
SELECT @a1+@a2
```

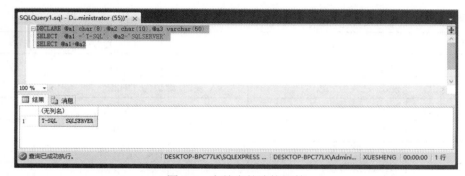

图 8-6　字符串的连接运算

（6）赋值运算符。赋值运算符"="用于将表达式的值赋给变量。

【例 8-12】定义一个整型变量并赋值。

```
DECLARE @a int
SET @a =23
```

（7）一元运算符。一元运算符包括 +（正，数值为正）、-（负，数值为负）、~（位非，返回数字的非）。一元运算符只对一个表达式执行操作。+（正）和 -（负）运算符可以用于numeric 数据类型中的任意表达式；~（位非）运算符只能用于整数数据类型中的表达式。一元运算符见表 8-6。

表 8-6 一元运算符

操作符	描述	示例
+	正号，数值为正数	+10，表示正数 10
-	负号，数值为负数	-10，表示负数 10
~	求反，按位求反	~0=1
not	取反，逻辑取反	not (5>10)，结果为 TRUE

（8）运算符的优先次序。如果一个复杂表达式有多个运算符，则运算符优先级将确定操作序列。执行顺序可能对结果值有明显的影响。

运算符的优先次序见表 8-7。在较低级别的运算符之前先对较高级别的运算符进行求值。在表 8-7 中，1 代表最高级别，14 代表最低级别。

表 8-7 运算符的优先次序

优先级	运算符	类别	结合性
1	()	括号运算符	由左至右
1	[ ]	方括号运算符	由左至右
2	!、+（正号）、-（负号）	一元运算符	由右至左
2	~	位逻辑运算符	由右至左
2	++、--	递增与递减运算符	由右至左
3	*、/、%	算术运算符	由左至右
4	+、-	算术运算符	由左至右
5	<<、>>	位左移、右移运算符	由左至右
6	>、>=、<、<=	关系运算符	由左至右
7	==、!=	关系运算符	由左至右
8	&（位运算符 AND）	位逻辑运算符	由左至右
9	^（位运算符号 XOR）	位逻辑运算符	由左至右
10	I（位运算符号 OR）	位逻辑运算符	由左至右
11	&&	逻辑运算符	由左至右
12	ll	逻辑运算符	由左至右
13	? :	条件运算符	由右至左
14	=	赋值运算符	由右至左

当一个表达式中的两个运算符有相同的优先级时，根据它们在表达式中的位置，一般而言，一元运算符按从右向左的顺序运算，二元运算符按从左到右的顺序运算。

表达式中可用括号改变运算符的优先级，先对括号内的表达式求值，然后对括号外的运算符进行运算。若表达式中有嵌套的括号，则首先对嵌套最深的表达式求值。

【例 8-13】算术运算符的应用。

先连接服务器，在查询窗口中输入如下 T-SQL 语句，单击工具栏上的"执行"按钮，执行结果如图 8-7 所示。

```
DECLARE @MyNumber INT
SET @MyNumber = 2 * 4 + 5;
-- Evaluates to 8 + 5 which yields an expression result of 13.
SELECT @MyNumber
```

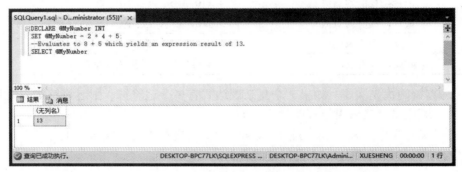

图 8-7　算术运算符的应用

在上面的 SET 语句所使用的表达式中，乘运算符具有比加运算符更高的优先级别。首先计算乘法运算，再进行加法运算，表达式结果为 13。

【例 8-14】括号与算术运算符的应用。

先连接服务器，在查询窗口中输入如下 T-SQL 语句，单击工具栏上的"执行"按钮，执行结果如图 8-8 所示。

```
DECLARE @MyNumber INT
SET @MyNumber = 2 * (4 + (5 - 3) )
-- Evaluates to 2 * (4 + 2) which then evaluates to 2 * 6, and
-- yields an expression result of 12.
SELECT @MyNumber
```

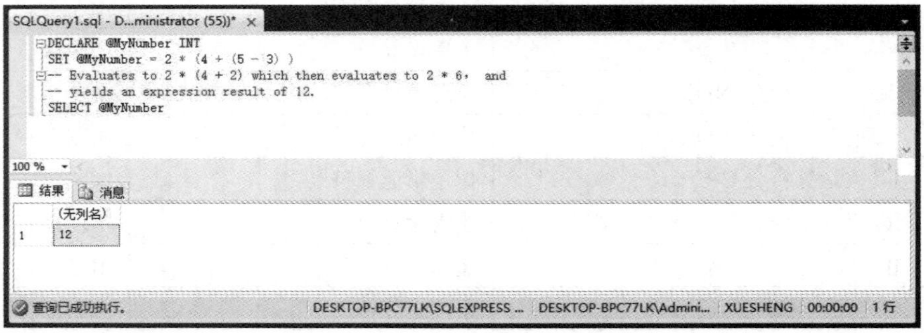

图 8-8　括号与算术运算符的应用

如果表达式有嵌套的括号,那么首先对嵌套最深的表达式求值。例 8-14 中包含嵌套的括号,其中表达式 5-3 在嵌套最深的那对括号中。该表达式产生一个值 2。然后,加法运算符(+)将此结果与 4 相加,得到值 6。最后将 6 与 2 相乘,生成表达式的结果 12。

2. 表达式

表达式是一个或多个值、运算符和 SQL 函数的组合,它们的计算结果为确定的值。这些 SQL 表达式就像公式,它们是用查询语言编写的。还可以使用它们在数据库中查询特定的数据集。表达式是使用各种运算符把运算对象连接起来组成的式子。构成表达式的元素有两个:运算对象和运算符。运算对象包括表中的列、常量、变量、函数等。

两个表达式可以由一个运算符组合起来,只要它们具有该运算符支持的数据类型,并且至少满足下列一个条件:

(1)两个表达式有相同的数据类型。

(2)优先级低的数据类型可以隐式转换为优先级高的数据类型。

8.2　流程控制语句

SQL Server 服务器端的程序通常使用 SQL 语句来编写。当任务不能由单独的 T-SQL 语句来完成时,SQL Server 通常使用批处理来组织多条 T-SQL 语句完成任务。一般而言,一个服务器端的程序是由批、注释、变量、流程控制语句、消息处理等组成的。

在 SQL Server 系统中,流程控制语句用于控制 SQL 语句块和存储过程的执行流程,可以根据需要控制 SQL 语句的执行次序和执行分支。如果不使用流程控制语句,则 SQL 语句按照在语句块或存储过程中出现的先后顺序执行。

与所有的计算机编程语言一样,T-SQL 也提供了用于编写过程性代码的语法结构,可用来进行顺序、分支、循环、存储过程等程序设计,编写结构化的模块代码,从而提高编程语言的处理能力。SQL Server 提供的流程控制语句见表 8-8。

表 8-8　流程控制语句

控制语句	说明	控制语句	说明
SET	赋值语句	CONTINUE	重新开始下一次循环
BEGIN…END	定义语句块	BREAK	退出循环
IF…ELSE	条件语句	GOTO	无条件转移语句
CASE	多分支语句	RETURN	无条件退出语句
WHILE	循环语句		

8.2.1　批处理

1. 批处理

批处理是一个或多个 T-SQL 语句的有序组合,从应用程序一次性发送到 SQL Server 执行。SQL Server 将批处理的语句编译成为一个可执行单元(执行计划),每次执行一条语句。

编译出现错误(如语法错误)将使执行计划无法编译,也未执行批处理中的任何语句。

运行时出现错误（如算术溢出或违反约束）会产生以下两种结果之一：

- 大多数运行时出现的错误将停止执行批处理中当前语句和它之后的语句。
- 某些运行时出现的错误（如违反约束）仅停止执行当前语句，但会继续执行批处理中的其他所有语句。

在运行时出现错误之前执行的语句不受影响，但唯一的例外是，如果在批处理事务中出现错误而导致事务回滚，在这种情况下，在回滚运行时出现错误之前所进行的未提交的数据修改将受到影响（修改失效）。

以下规则适用于批处理：

（1）CREATE DEFAULT、CREATE FUNCTION、CREATE PROCEDURE、CREATE RULE、CREATE TRIGGER 和 CREATE VIEW 语句不能在批处理中与其他语句组合使用。批处理必须以 CREATE 语句开始。所有跟在该批处理后的其他语句将被解释为第一个 CREATE 语句定义的一部分。

（2）不能在同一个批处理中更改表然后引用新列。

（3）如果 EXECUTE 语句是批处理的第一句，则不需要 EXECUTE 关键字；否则需要该关键字。

流程控制语句是指那些用来控制程序执行和流程分支的语句，在 SQL Server 中，流程控制语句主要用来控制 SQL 语句、语句块或者存储过程的执行流程。

2．BEGIN...END 语句

BEGIN...END 语句能够将多个 T-SQL 语句组合成一个语句块，并将处于 BEGIN...END 内的所有程序视为一个单元处理。在条件语句（如 IF...ELSE）和循环语句等控制流程语句中，若要实现当符合特定条件便要执行两个或者多个语句的功能，就需要使用 BEGIN...END 语句。

（1）语法：

```
BEGIN
    { sql_statement | statement_block }
END
```

（2）参数摘要：

sql_statement|statement_block：至少有一条有效的 T-SQL 语句或语句组。

（3）说明：

1）BEGIN 和 END 语句必须成对使用。BEGIN 语句单独出现在一行中，其后跟有 T-SQL 语句块（至少包含一条 T-SQL 语句）；END 语句单独出现在一行中，指示语句块的结束。

2）BEGIN...END 语句用于下列情况：WHILE 循环需要包含语句块；CASE 函数的元素需要包含语句块；IF 或 ELSE 子句需要包含语句块。

3）在 BEGIN...END 中可嵌套另外的 BEGIN...END 来定义另一程序块。

4）虽然所有的 T-SQL 语句在 BEGIN...END 块内都有效，但有些 T-SQL 语句不应分组在同一批处理或语句块中。

8.2.2　条件语句

条件语句的功能是进行条件的判断，然后确定语句的执行流程。

1．两条件语句

两条件语句涉及两种条件的判断和两个语句块之一的执行。

格式：

```
IF 条件表达式
SQL 语句块 1
ELSE
SQL 语句块 2
```

说明：

（1）IF…ELSE：条件语句的关键字，分别表示两个语句块的开始。

（2）条件表达式：其值可以为 TRUE 或 FALSE，表示用于判断的条件。

（3）SQL 语句块：一条或多条 SQL 语句。条件成立，执行语句块 1，否则执行语句块 2。

（4）语句块中可以包含条件语句，即条件语句可以嵌套。

例如，两条件语句的使用。

```
IF 56> 30
    PRINT ' 56> 30  正确!'
ELSE
    PRINT ' 56> 30  错误!'
```

2．多条件语句

多条件语句涉及多种条件的判断和多个语句块之一的执行，有两种格式。

（1）简单格式。

```
CASE 输入表达式
WHEN  比较表达式 1 THEN 结果表达式 1
WHEN  比较表达式 2 THEN 结果表达式 2
…
WHEN 比较表达式 n THEN 结果表达式 n
ELSE 结果表达式 n+1
END
```

说明：

1）CASE…END：多条件语句简单格式中的关键字，表示该语句的开始和结束。

2）WHEN…THEN：多条件语句简单格式中的关键字，表示多个比较和结果。

3）ELSE：多条件语句简单格式中的关键字，表示比较都不成立时的结果。

4）输入表达式：使用多条件语句时作为输入计算的表达式。

5）比较表达式：用于与输入表达式比较的表达式，两种表达式必须类型相同。

6）结果表达式：当输入表达式与比较表达式相同时返回的结果。

【例 8-15】查询 XSXX 表中所有学生的学号和性别，要求使用简单 CASE 函数将性别列的值由"男""女"替换成"男生""女生"进行显示，性别列的标题为性别。

先连接服务器，打开 XUESHENG 数据库，在查询窗口中输入如下 SQL 语句，单击工具栏上的"执行"按钮，执行结果如图 8-9 所示。

```
SELECT   学号,性别=
    CASE  性别
     WHEN '男'   THEN '男生'
     WHEN '女'   THEN '女生'
```

```
END
FROM    XSXX
```

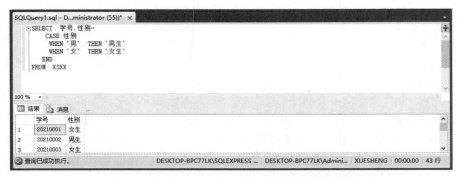

图 8-9　查询 XSXX 表中所有学生的学号和性别

（2）搜索格式。

```
CASE
WHEN 条件表达式 1THEN 结果表达式 1
WHEN 条件表达式 2 THEN 结果表达式 2
…
WHEN  条件表达式 n THEN  结果表达式 n
ELSE 结果表达式 n+1
END
```

说明：

1）CASE…END：多条件语句搜索格式中的关键字，表示该语句的开始和结束。

2）WHEN…THEN：多条件语句搜索格式中的关键字，表示多个条件和结果。

3）ELSE：多条件语句搜索格式中的关键字，表示条件都不成立时的结果。

4）条件表达式：用于进行判断的表达式，其值可以为 TRUE 或 FALSE。

5）结果表达式：当条件表达式的值为 TRUE 时返回的结果。

【例 8-16】设学位代码与学位名称分别为：①代码：1，名称：博士；②代码：2，名称：硕士；③代码：3，名称：学士。用 CASE 函数编写学位代码转换为名称的程序。

```
SELECT    名称=
CASE
    WHEN    代码='1' THEN '博士'
    WHEN    代码='2' THEN '硕士'
    WHEN    代码='3' THEN '学士'
    ELSE '代码错误'
    END
```

从以上两个例题可以看出，两种 CASE 语句的区别在于，简单格式是输入表达式与比较表达式进行比较得到 TRUE 或 FALSE，搜索格式是条件表达式自己计算得到 TRUE 或 FALSE。

8.2.3　循环语句

循环语句用于设置重复执行 SQL 语句或语句块的条件，条件为 TRUE 时，重复执行，条件为 FALSE 时，退出循环，使用 WHILE 设置循环语句。

格式：

```
WHILE 条件表达式        /* 条件表达式 */
{SQL 语句块 1}
[BREAK]
{SQL 语句块 2}
[CONTINUE]
```

说明：

（1）WHILE：循环语句的关键字，表示循环开始。

（2）条件表达式：用于判断，返回 TRUE 或 FALSE，返回 TRUE 时执行语句块。

（3）SQL 语句块：一条或多条 SQL 语句，条件为 TRUE 时执行循环。

（4）BREAK：从循环语句退出。

（5）CONTINUE：使循环语句重新开始。

【例 8-17】使用循环语句计算整数 1+2+3+…+100 的和。

先连接服务器，在查询窗口中输入如下 SQL 语句，单击工具栏上的"执行"按钮，执行结果如图 8-10 所示。

```
DECLARE @i int,@sum int     --声明变量
SET @i=1             --给变量 i 赋值
SET @sum=0          --给变量 sum 赋值
WHILE @i<=100
BEGIN
SET @sum = @sum +@i
SET @i=@i+1
END
SELECT '1 到 100 之间整数的和为'+str(@sum)
```

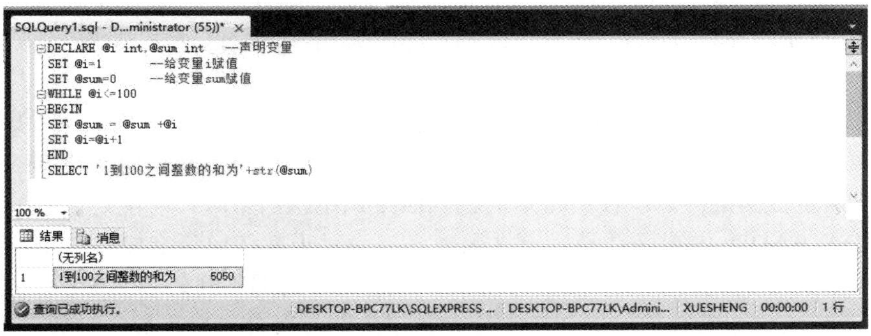

图 8-10　计算 1～100 之间整数的和

【例 8-18】编写实现循环计算一个数的阶乘值。

先连接服务器，在查询窗口中输入如下 SQL 语句，单击工具栏上的"执行"按钮，执行结果如图 8-11 所示。

```
DECLARE @jc INT,@I INT
SELECT @I=1, @jc=1
WHILE @I<=10
BEGIN
SELECT @jc=@jc*@I
```

```
SELECT @I=@I+1
END
PRINT'10 的阶乘为: '+CONVERT(CHAR(20) , @jc)
```

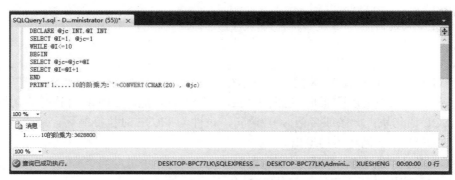

图 8-11　计算 10 的阶乘

8.3　常用函数

函数是 T-SQL 语句的集合，用于完成某个特定的功能，可以在操作数据库的 SQL 语句中直接调用。SQL Server 支持两大类函数：系统函数和用户定义函数。系统函数是 SQL Server 系统内部已经定义的函数，用户只能按照规定的方式使用。本章介绍系统函数，用户自定义函数在后面介绍。

8.3.1　系统函数

在程序设计过程中，常常调用系统提供的函数，SQL Server 数据库管理人员必须掌握 SQL Server 的函数功能，并将 T-SQL 的程序或脚本与函数相结合，这将极大地提高数据管理工作的效率。

T-SQL 提供的系统函数按其值是否具有确定性可分为确定性的和非确定性的两大类。

（1）确定性函数：每次使用特定的输入值集调用该函数时，总是返回相同的结果。

（2）非确定性函数：每次使用特定的输入值集调用该函数时，可能返回相同的结果。

例如，DATEADD 内置函数是确定性函数，因为对于其任何给定参数总是返回相同的结果。GETDATE 是非确定性函数，因其每次执行后返回结果都不同。

T-SQL 系统函数按函数的功能分类可分为系统函数、聚合函数、数学函数、字符串函数、日期和时间函数、转换函数、排名函数、行集函数等类型。

系统内置函数分为 12 大类，见表 8-9。

表 8-9　系统内置函数分类表

分类	说明
聚合函数	将表中的一列或多列值合并汇总的函数
配置函数	返回有关系统配置信息的函数
游标函数	返回有关游标状态信息的函数

分类	说明
日期时间函数	操作日期和时间类型数据的函数
数学函数	执行三角、几何等数学运算的函数
元数据函数	返回数据库和数据库对象特征信息的函数
行集函数	返回在 SQL 语句内引用表中所在位置的行集的函数
安全性函数	返回用户和角色信息的函数
字符串函数	操作字符串类型数据的函数
系统函数	对系统级的各种选项和各种对象进行操作和报告
系统统计函数	返回系统性能信息的函数
文本和图像函数	操作 text 和 image 类型数据的函数

由于多种类型的函数用户并不常用，下面只介绍常用的几类。

1. 数学函数

SQL Server 2014 中提供了许多数学函数，可以满足数据库维护人员日常的数值计算需要，常用的数学函数见表 8-10。

表 8-10　常用数学函数

函数	功能
ABS(数值表达式)	返回表达式的绝对值（正值）
ACOS(浮点表达式)	返回浮点表达式的反余弦值（单位：弧度）
ASIN(浮点表达式)	返回浮点表达式的反正弦值（单位：弧度）
ATAN(浮点表达式)	返回浮点表达式的反正切值（单位：弧度）
ATAN2(浮点式 1,浮点式 2)	返回浮点式 1/浮点式 2 的反正切值（单位：弧度）
SIN(浮点表达式)	返回浮点表达式的正弦值（参数单位：弧度）
COS(浮点表达式)	返回浮点表达式的余弦值（参数单位：弧度）
TAN(浮点表达式)	返回浮点表达式的正切值（参数单位：弧度）
COT(浮点表达式)	返回浮点表达式的余切值（参数单位：弧度）
DEGREES(数值表达式)	将弧度转化为度
RADLANS(数值表达式)	将度转化为弧度（DEGREFS()反函数）
EXP(浮点表达式)	返回浮点表达式的指数值
CEILING(数值表达式)	返回大于等于数值表达式的最小整数
FLOOR(数值表达式)	返回大于等于数值表达式的最大整数
LOG(浮点表达式)	返回浮点表达式的自然对数值
LOG1O(浮点表达式)	返回浮点表达式的常用对数值
PI( )	返回 π 的值 3.141592653589793
POWER(数值表达式,幂)	返回数值表达式的指定次幂的值

函数	功能
RAND([整数表达式])	返回 0 和 1 之间的随机浮点数
ROUND(数值式,整数式)	将数值表达式的值四舍五入为整数给定的小数位数
SIGN(数值表达式)	符号函数，正值返回 1、负值返回-1、0 返回 0
SQUARE(浮点表达式)	返回浮点表达式的平方值
SQRT(浮点表达式)	返回浮点表达式的平方根值

【例 8-19】利用数学函数进行有关计算。

```
SELECT SQRT($254.82), SQRT($100), SQRT($0.0);
SELECT SQUARE ($254.31), SQUARE($ - 245.31),SQUARE($0.0);
SELECT CEILING($452.45), CEILING($ -452.45),CEILING($0.0);
SELECT FLOOR(556.45), FLOOR( -556.45), FLOOR($556.45);
SELECT ABS(-1.0),ABS(0.0), ABS(1.0);
GO
```

2. 数据类型转换函数

一般情况下，SQL Server 自动处理某些数据类型的转换，即隐性转换。无法由 SQL Server 自动转换或者自动转换后结果不符合要求的，需要进行显式转换。

SQL Server 提供两种显式转换函数，见表 8-11。

表 8-11　数据类型转换函数

函数	功能
CAST()	将给出的表达式转换成指定类型的数据，有两个参数
CONVERT()	将给出的表达式转换成指定类型的数据，有三个参数

简单的数据类型转换使用函数 CAST()就可以解决，复杂的类型转换需要使用函数 CONVERT()。CONVERT()常用于将 datetime 或 smalldatetime 类型的数据转换为字符串，此时的"式样"可选参数用于决定转换后字符串的格式，见表 8-12。

表 8-12　转换后字符串的格式

取值	输出格式	取值	输出格式
0（默认值）	mm dd yyy hh:mi AM（或 PM）	100	mm dd yyy hh:mi AM（或 PM）
1	mm/ddyy	101	Mm/dd/ yyyy
2	yy.mm.dd	102	yyyy-mm dd
3	dd/mm yy	103	Dd/m/yyyy
4	dd mm yy	104	dd.mm yyyy
5	dd-mm- yy	105	dd - mm - yyyy
6	dd mm yy	106	Dd mm yyyy
7	mm- dd，yy	107	mm.dd,yyyy

取值	输出格式	取值	输出格式
8	hh: mi:ss	108	hh: mi:ss
9	mm dd yyyy hh:mi:ss: mmm AM	109	mm dd yyyy hh:mi:ss: mmm AM
10	mm - dd- y	110	mm-dd -yyy
11	y/mmdd	111	yyyy/mm dd
12	Yymmdd	112	yyyymmdd
13	dd mm yyyy hh: mi:ss: mmm(24h)	113	dd mm yyyy hh: mi:ss: mmm(24h)
14	hh: mi:ss mmm(24h)	114	hh: mi:ss mmm(24h)
20	Yy - mm - dd hh:mi:ss	120	Yy - mm - dd hh:mi:ss
21	myy - mm -dd hh: mi:ss;mmm	121	myy - mm -dd hh: mi:ss;mmm
126	y-mm - ddThh:mi: ss:mmm	226	y-mm - ddThh:mi: ss:mmm

【例 8-20】利用数据类型转换函数从日期时间数据获取指定格式的字符。

```
ECLARE @date_var1 datetime,@date_var2 datetime
SET @date_var1=CAST('00-12-31' as datetime)
SET @date_var2=CAST('12:30:58' as datetime)
SELECT 'date_var1'=CONVERT(char(20),@date_var1,3),
       'date_var2'=CONVERT(char(20),@date_var2,108)
```

3. 日期和时间函数

SQL Server 2014 提供了许多日期和时间函数，用于进行时间方面的处理工作。

日期时间函数（表 8-13）对表中日期和时间类型的数据或者日期和时间变量进行操作。

表 8-13 日期时间函数

函数	功能
GetDate()	返回系统当前的日期和时间
DateDiff(日期部分,起日期,止日期)	返回两个日期之间的差值，日期部分确定差值
DateAdd(日期部分,数字,日期)	返回指定日期加上数字之后的日期，日期部分确定数字
DatePart(日期部分,日期)	返回日期中的部分值，日期部分确定部分值
DateName(日期部分,日期)	返回日期中的部分名称，日期部分确定部分名称
Year(日期)	返回指定日期的年份
Mooth(日期)	返回指定日期的月份
Day(日期)	返回指定日期的日子

表 8-13 中"日期部分"的缩写及含义见表 8-14。

表 8-14 日期部分的缩写及含义

日期部分	缩写	含义
Year	yy, yyyy	年
Quarter	qq, q	季度

续表

日期部分	缩写	含义
Month	mm, m	月
Dayofyear	dy, y	年中的日
Day	dd, d	日
Week	wk, ww	周
Hour	hh	小时
Minute	mi, n	分
Second	ss, s	秒
Millisecond	ms	微秒

【例 8-21】使用 SELECT 语句查询日期和时间函数。

```
SELECT GETDATE() as '当前系统日期时间'
SELECT YEAR('2011-5-1')
SELECT MONTH('2011-5-1')
SELECT DAY('2011-5-1')
```

4. 字符串函数

字符串函数有几十种之多，在此介绍常用的十几种。字符串转换函数见表 8-15。

表 8-15　字符串转换函数

函数	功能
UPPER(字符表达式)	将指定的字符串转换为大写字符
LOWER(字符表达式)	将指定的字符串转换为小写字符
LTRIM(字符表达式)	删除指定的字符串起始的所有空格
RTRIM(字符表达式)	删除指定的字符串末尾的所有空格
ASCII(字符表达式)	返回字符表达式最左端字符 ASCII 代码值
CHAR(整数表达式)	将整数表达式的值作为 ASCII 代码转换为对应的字符
STR(float 表达式[,总长度[,小数位数]])	由数字数据转换为字符数据，总长度默认值为 10，小数位数默认值为 0
LEN(字符表达式)	返回给定字符表达式的字符（而不是字节）个数，不包含尾随空格
RIGHT(字符表达式,长度)	返回字符串中右边指定长度的字符
LEFT(字符表达式,长度)	返回字符串中左边指定长度的字符
SUBSTRING(表达式,起始位置,长度)	返回表达式从指定起始位置开始，指定长度的部分，表达式可以是字符串、binary、text 或 image 类型的数据
CHARINDEX(字符表达式 1,字符表达式 2 [,起始位置])	查找并返回字符表达式 1 在字符表达式 2 中出现的起始位置，如果指定参数"起始位置"，则从该起始位置开始向后搜索

【例 8-22】利用字符串转换函数 UPPER()将指定的字符串转换为大写字符。

```
DECLARE @U1 char(10)
```

```
SET @U1=abcd
PRINT UPPER(@U1)
```

5．聚合函数

聚合函数用于对一组值进行计算并返回一个单一的值。聚合函数经常与查询语句 SELECT 一起使用，见表 8-16。

表 8-16　常用聚合函数

聚合函数	功能
AVG(表达式)	返回数据表达式（含有列名）的平均值
COUNT(表达式)	对表达式指定的列值进行计数，忽略空值
COUNT(*)	对表或组中的所有行进行计数，包含空值
MAX(表达式)	表达式中最大的值（文本数据类型中按字母顺序排在最后的值），忽略空值
MIN(表达式)	表达式中最小的值（文本数据类型中按字母顺序排在最前的值），忽略空值
SUM(表达式)	表达式值的合计

8.3.2　用户定义函数

用户自定义函数是数据库的一种对象，与存储过程类似，是由一条或多条 T-SQL 语句组成的保存在数据库内的子程序。

尽管系统提供了许多内置函数，编写应用程序可以按需调用，但由于应用环境千差万别，往往还是不能完全满足需要。用户自定义函数可提高应用程序开发效率，保证程序的质量。

1．用户自定义函数概述

（1）用户自定义函数的组成。函数由参数、编程语句和返回值组成。

1）通过参数向函数传递数据。

2）编程语句包括 T-SQL 数据库访问语句、控制流语句等，也可以调用其他函数。

3）返回值。

（2）用户自定义函数的分类。

1）标量值函数：使用 RETURN 语句返回单个数据值。

2）多语句表值函数：返回 table 类型的数据，又可分为内联表值函数和多语句表值函数。

a．内联表值函数：没有函数主体，返回的表值是单个 SELECT 语句的结果集。

b．多语句表值函数：在 BEGIN…END 之间定义函数主体，包含一系列 T-SQL 语句，这些语句可以生成行并将其插入到返回的表中。

2．创建用户自定义函数

（1）使用图形界面工具创建标量值函数。

使用 SSMS 图形界面工具创建标量值函数的步骤如下：

1）展开具体的数据库，展开"可编程性"，再展开"函数"，右击"标量值函数"。

2）选择"新建标量值函数"命令。

3）参照其中的模板，删除没用的注释，修改 FUNCTION 后边的函数名，输入需要的 T-SQL 语句。具体内容参见后边的"使用 SQL 语句创建标量值函数"部分。

4）单击工具栏上的"执行"按钮，保存创建的标量值函数。

5）右击"标量值函数"，选择"刷新"命令，可以看到创建的标量值函数名。

（2）使用图形界面工具创建表值函数。

使用 SSMS 图形界面工具创建表值函数的步骤与创建标量值函数相同。其区别是在展开具体的数据库时，展开"可编程性"，再展开"函数"之后，右击"表值函数"，在出现的快捷菜单中选择"新建内联表值函数"命令或者"新建多语表值函数"命令，然后输入有关的 T-SQL 语句。在此不再赘述。

（3）使用 SQL 语句创建标量值函数。

格式：

```
CREATE FUNCTION 函数名(参数…)
RETURNS 返回值类型
AS
函数主体
```

说明：

1）CREATE FUNCTION：为创建函数的关键字。

2）函数名：指定创建的标量值函数的名称，必须符合标识符规则。

3）参数…：指定输入参数的名称和数据类型，参数之间以逗号分隔。

4）RETURNS：指定返回标量值类型，注意最后的字母 S 不能少。

5）函数主体：是包含在 BEGIN…END 之间能够获得单个值的 T-SQL 语句。

6）标量值函数只能返回一个数值。如果返回多个值，只显示最后一个值。

【例 8-23】创建函数，在 teaching 数据库中，当给定一个学生姓名时，返回该学生的平均成绩。

```
USE teaching
CREATE FUNCTION s_ AVG
(cs_NAME    CHAR(8))
RETURNS   REAL
AS
BEGIN
DECLARE   cs_ AVERAGE   REAL
SELECT cs_AVERAGE=AVG (GRADE)
FROM Student JOIN SC ON Student. 学号=SC. 学号  AND Student. 姓名=cs_ NAME
RETURN cs_AVERAGE
END
GO
```

（4）使用 SQL 语句创建内联表值函数。

格式：

```
CREATE FUNCTION  函数名(参数…)
RETURNS TABLE
AS
RETURN SELECT 语句
```

说明：

1）RETURNS：指定返回的是表，注意最后的字母 S 不能少。

2）RETURN：指定返回表的 SELECT 语句，注意最后没有 S。

3）其他与创建标量值函数相同。

【例 8-24】在教学管理数据库中，定义函数 s_CNANE，当给定一个学生的学号时，返回该学生所学的所有课程。

```
USE teaching
GO
CREATE FUNCTION s_CNANE
(cS_NO    CHAR(8)
RETURNS TABLE
AS
RETURN(SELECT  学号,课程名称  FROM SC JOIN Course ON
  SC.课程号=Course.课程号 AND  学号=cS_NO)
GO
```

类似于标量值函数，内联表值函数创建后，同样可以在对象资源管理器中查看到新建的用户定义函数。

因为内联表值函数返回的是表变量，所以可以用 SELECT 语句调用。

（5）使用 SQL 语句创建多语句表值函数。

格式：

```
CREATE FUNCTION  函数名(参数…)
RETURNS 表变量名 TABLE
AS
BEGIN
SQL 语句块
RETURN
END
```

说明：

1）RETURNS：指定返回的是表，并为返回表定义了变量。

2）SQL 语句块：指定完成函数任务的多条 SQL 语句，这也是"多语句表值函数"的意义所在。

3）RETURN：指定返回表，不能有任何参数。

【例 8-25】在 teaching 数据库中，定义一个函数 s_TABLE，输入一个学生的姓名，返回该姓名的学生成绩表。

```
USE teaching
GO
CREATE   FUNCTION   s_TABLE(cs_NAME CHAR(8))
RETURNS @TB    TABLB
TB_ SNO CHAR(9)
TB_ NAME CHAR(8)
TB_ CNO CHAR(4)
TB_ GREAD   Real
AS
BBGIN
INSERT   INTO   @TB   SELECT   Student.学号,Course.课程号,成绩
```

```
FROM Student JOIN SC
ON Student.学号=SC.学号
WHERE SNANE=cs_ NAME
RETURN
END
GO
```

类似于标量值函数，多语句表值函数创建后，同样可以在对象资源管理器中查看到新建的用户定义函数：因为多语句表值函数返回的是表值，所以可以用 SELECT 语句调用多语句表值函数。

所以，内联表值函数的功能可用多语句表值函数实现，但多语句表值函数可以更复杂。

3．执行用户自定义函数

在第 9 章介绍执行存储过程时，右击需要执行的"存储过程"，快捷菜单中会出现"执行存储过程"。

但是，右击需要执行的"用户自定义函数"，快捷菜单不会出现"执行存储过程"，即用户自定义函数不能通过图形界面工具执行。

使用 SQL 语句执行标量值函数。

格式：

SELECT 数据库用户名.标量值函数名(参数列表)

说明：

（1）此处"数据库用户名"一定不可缺少。

（2）如果没有参数，函数名后边的圆括号也不可缺少。

【例 8-26】执行例 8-23 创建的标量值函数。

SELECT teaching. s_ AVG('王小霞')

4．修改用户自定义函数

（1）使用图形界面工具修改用户自定义函数。使用 SSMS 图形界面工具修改用户自定函数的步骤如下：

1）展开具体的数据库，展开"可编程性"，展开"函数"，展开"标量值函数（或表值函数）"，右击需要修改的函数值。

2）选择"修改"命令。

3）输入或修改需要的 T-SQL 语句。

4）单击工具栏中的"执行"按钮，保存修改的用户自定义函数。

（2）使用 SQL 语句修改用户自定义函数。

1）标量值函数修改格式：

```
ALTER FUNCTION 函数名
(参数…)
RETURNS 返回值类型
AS
函数主体
```

说明：除了将 CREATE 换成 ALTER，其他与创建用户自定义函数时相同。

创建时"函数名"不能已经存在，修改时"函数名"需要一定存在。

2）内联表值函数修改格式：

```
ALTER FUNCTION 函数名
(参数…)
RETURNS TABLE
AS
RETURN SELECT 语句
```

3）多语句表值函数修改格式：

```
ALTER FUNCTION 函数名
(参数…)
RETURNS 表变量名 TABLE
AS
BEGIN
SQL 语句块
RETURN
END
```

5. 删除用户自定义函数

（1）使用图形界面工具删除用户自定义函数。使用 SSMS 图形界面工具删除用户自定义函数的步骤如下：

1）展开具体的数据库，展开"可编程性"，展开"存储过程"，右击需要删除的函数名。

2）选择"删除"命令，在随后出现的"删除对象"界面，单击"确定"按钮，选择的用户自定义函数被删除。

（2）使用 SQL 语句删除用户自定义函数。

格式：

```
DROP   FOUNCTION[,函数名 2,…函数名 n]
```

【例 8-27】删除例 8-23 创建的自定义函数 s_AVG。

```
DROP FUNCTION   s_AVG
```

课程思政案例

案例主题：研发健康码和行程码——科技创新是保民兴国的原动力

疫情期间健康码和行程码我们每天都在使用，它们是疫情防控期间采集公民信息的一个重要手段。对我们出行便利提供了健康证明，对管理机构可以实时追踪居民健康状况、掌握重点人群出行轨迹，是一项利国利民的保障。最早的健康绿码是杭州一名科技民警首创的，他的名字叫钟毅，他在接到任务后，带领团队成员每天只睡四五个小时，吃睡不离开办公室。因为疫情严重，当时的纸质填写无法满足居民生活需求，于是大家只能加班加点努力工作。正好杭州有阿里的技术团队，双方在几十小时之内迅速结为一体，利用现有的大数据，开发了方便出行的代码，终于按时开发出了第一张健康码，测试后还有瑕疵，虽然有效但不够稳定。后来团队通过改版加上 63 次性能测试，终于稳定了性能，最终推广到全国都可以使用，他不是程序员，临危受命时却努力做到了，给全国人民提供了方便，解了燃眉之急，利于复工复产。其实"健康码"不是一个团队能完成的，凝结了太多人的心血。

现在人人手机上必备的健康码、行程码以及核酸检测，成了通行证，它们的开发者叫马晓东。马晓东 24 岁时就当上了阿里的大数据首席负责人，成为阿里最年轻的高管，那个时候的阿里，所有服务器和数据库都是进口的，他一心想搞出国产的云计算，但是云计算需要大费周章，一般用时太久，很多专业人士甚至认为需要上百年，而马晓东和四个同事一天工作 18 小时，三年后做出了国产的大数据产品，俗称大数魔镜。那时国内企业需要花几十万至上百万，购入外国的大数据产品，而马晓东的产品完全填补了空白，很多人都认为他要奇货可居了，没想到他却主动让所有国内企业可以免费使用，造福了很多行业。

思政映射

健康码和行程码的及时研发，为疫情期间人们的健康出行、行业的复工复产提供了有力的保障。它让我们明白了科技兴国的重要性，科技手段是打赢疫情防控阻击战不可或缺的坚实力量，要用强大的科学武器保护人们健康安全。大数据在每个人的生活中至关重要，对于很多行业来说就是指路的明灯，特别是对疫情的行踪排查来说，大数据之下才无所遁形，这一切都离不开像钟毅、马晓东这样的优秀青年，他们在自己的岗位上发光发热，尽忠职守，诠释着真正的责任与担当。

小　结

1．T-SQL 是一个或多个语句的集合，由客户端一次性发送到服务器完成执行任务。T-SQL 语言包括数据定义语言（DDL）、数据查询语言（DQL）、数据操纵语言（DML）、数据控制语言（DCL）、系统存储过程（System Stored Procedure）和其他语言元素。

2．标识符分为常规标识符和分隔标识符。注释分为单行注释（使用"--"进行单行注释）和多行注释（使用"/*"和"*/"进行多行注释）。

3．变量分为局部变量和全局变量，它是可以存储数据值的对象，可以使用变量向 T-SQL 语句传递数据。

4．局部变量以@开始，需要定义；全局变量以@@开始，不需要定义。

5．局部变量的赋值有两种方式：使用 SET 语句或 SELECT 语句。

6．运算符与表达式：算术运算符、位运算符、比较运算符、逻辑运算符、字符串连接运算符、赋值运算符和一元运算符。

7．流程控制语句：条件语句和循环语句。

8．输出结果也有两种方式：PRINT 语句和 SELECT 语句。

9．SQL Server 支持两大类函数：系统函数和用户定义函数。

10．语句块使用 BEGIN…END。

习　题

一、选择题

1．已知员工和员工亲属两个关系，当员工调出时，应该从员工关系中删除该员工的元组，同时在员工亲属关系中删除对应的亲属元组。在 SQL 语言中利用触发器定义这个完整性约束的短语是（　　　　）。

  A．AFTER UPDATE   B．INSTEAD OF DROP

  C．AFTER DELETE   D．INSTEAD OF DELETE

2．在 SQL Server 服务器上，存储过程是一组预先定义并（　　　　）的 T-SQL 语句。

  A．解释   B．编译   C．保存   D．编写

3．（　　　　）不属于用户定义函数的组成成分。

  A．编程语句   B．参数   C．过程名   D．返回值

4．使用 T-SQL 语句（　　　　）删除用户自定义函数。

  A．DROP PROCEDURE   B．DROP TRIGGER

  C．DELETE FUNCTION   D．DROP FUNCTION

二、填空题

1．在 SQL Server 2014 中，局部变量名以＿＿＿＿＿＿＿＿开头，而全局变量名以＿＿＿＿＿＿＿＿开头。

2．在 SQL Server 2014 中，字符串常量用＿＿＿＿＿＿＿＿引起来，日期型常量用＿＿＿＿＿＿＿＿引起来。

3．函数 LEN('I am a student')、RIGHT('chinese',5)、SUBSTRING('chinese',3,2)、LEFT('chinese',2) 的值分别是＿＿＿＿＿＿＿＿ 、 ＿＿＿＿＿＿＿＿、 ＿＿＿＿＿＿＿＿、 ＿＿＿＿＿＿＿＿。

4．语句 SELECT (4+5)*2-17/(4-(5-3))+18%4 的执行结果是＿＿＿＿＿＿＿＿。

5．对于多行注释，必须使用＿＿＿＿＿＿＿＿进行注释。

6．表达式是使用各种＿＿＿＿＿＿＿＿把＿＿＿＿＿＿＿＿连接起来组成的式子。

三、操作题

1．定义两个局部变量@var1、@var2，并赋值，然后输出变量的值。

2．计算两个整数变量的积，然后显示其结果。

3．计算 1*2*…，如果运算结果大于 5000，则停止运算，并输出参与运算的最大乘数及乘积。

第 9 章　存储过程和触发器

本章导读

　　本章主要涉及内容包括对 SQL Server 2014 应用操作中的存储过程和触发器的创建与使用的介绍。本章通过存储过程、触发器等概念，重点介绍了存储过程的创建、执行、修改及删除，以及触发器的创建、修改及删除。

　　在讲解存储过程在数据库后台工作的原理时，本章以王坚院士十年如一日开发"阿里云"，实现了我国数据库云平台从 0 到 1 突破为例，引导大家向默默无闻的科技工作者致以崇高的敬意，激发大家努力学习、自主创新的热情。

本章要点

- 　存储过程的创建和使用。
- 　触发器的创建和使用。
- 　存储过程和触发器的比较。

学习目标

- 　理解存储过程和触发器的概念。
- 　熟悉并掌握存储过程的创建。
- 　掌握存储过程的执行、修改和删除。
- 　掌握触发器的创建。
- 　掌握触发器的修改和删除。
- 　理解存储过程和触发器的联系与区别。

　　本章主要介绍存储过程的基本概念，存储过程的创建、修改、调用和删除操作；触发器的基本概念，触发器的分类，触发器的创建、修改和删除，以及触发器的应用，存储过程、函数和触发器的比较。

　　在 SQL Server 2014 应用操作中，存储过程和触发器都扮演着相当重要的角色。在数据库的应用中，简单的操作使用图形界面工具，但大部分较为复杂的操作都是使用 T-SQL 语句完成的，存储过程和触发器是数据库应用必不可少的内容。

存储过程的创建

9.1　存储过程的创建和使用

　　本节主要介绍了存储过程的基本概念，存储过程的创建、修改、调用和删除操作，使读者理解这些基本概念及使用，为后面进一步深入学习和掌握数据库的应用打下基础。

9.1.1 存储过程概述

存储过程（Stored Procedure）是数据库的一种对象，是一个具有独立功能的子程序，以特定的名称存储在数据库中，可以在存储过程中声明变量、有条件地执行语句以及实现其他各项强大的程序设计功能。

存储过程由输入/输出参数、编程语句和返回值组成。

（1）通过输入参数向存储过程传递数据，通过输出参数向调用者传递信息。

（2）编程语句包括 T-SQL 数据库访问语句、控制流语句、表达式，也可以调用其他存储过程。

（3）返回值只有一个，用于表示调用存储过程的结果是成功还是失败。

存储过程是经编译后存储在数据库内、完成特定功能的一组 T-SQL 语句。它能够像一条 SQL 语句那样在数据应用程序中调用执行，完成更为复杂的数据库管理任务。

存储过程最主要的特色是当写完一个存储过程后即被翻译成可执行码存储在系统表内，当作是数据库的对象之一，一般用户只要执行存储过程，并且提供存储过程所需的参数就可以得到所要的结果而不必再去编辑 T-SQL 命令。

一般来讲，应使用 SQL Server 中的存储过程而不使用存储在客户计算机本地的 T-SQL 程序，其优势主要表现在以下几个方面。

（1）横块化程序设计。只需创建一次存储过程并将其存储在数据库中，以后即可在程序中调用该过程任意次。存储过程可由在数据库编程方面有专长的人员创建，并可独立于程序源代码而单独修改。如果业务规则发生变化，可以通过修改存储过程来适应新的业务规则，而不必修改客户端的应用程序。这样所有调用该存储过程的应用程序就会遵循新的业务规则。

（2）加快 T-SQL 语句的执行速度。如果某操作需要大量 T-SQL 语句或需重复执行，存储过程将比批处理代码的执行要快。创建存储过程时对其进行分析和优化并预先编译好放在数据库内，减少编译语句所花的时间；编译好的存储过程会进入缓存，所以对于经常执行的存储过程，除了第一次执行外，其他次执行的速度会有明显提高。而客户计算机本地的 T-SQL 语句每次运行时，都要从客户端重复发送，并且在 SQL Server 每次执行这些语句时，都要对其进行编译和优化。

（3）减少网络流量。一个需要数百行 T-SQL 语句的操作由一条执行过程代码的单独语句就可实现，而不需要在网络中发送数百行代码。

（4）更高的安全性。数据库用户可以通过得到权限来执行存储过程，而不必给予用户直接访问数据库对象的权限。这些对象将由存储过程来执行操作，另外，存储过程可以加密，这样用户就无法阅读存储过程中的 T-SQL 语句了。这些安全特性将数据库结构和数据库用户隔离开来，这也进一步保证了数据的完整性和可靠性。

1. 存储过程的类型

（1）系统存储过程。系统存储过程在运行时生成执行方式，其后在运行时执行速度很快。SQL Server 2014 中的许多管理活动都是通过种特殊的存储过程执行的，这种存储过程被称为系统存储过程。系统过程主要存储在 master 数据库中并以 sp_为前缀，并且系统存储过程主要是从系统表中获取信息，从而为数据库系统管理员管理 SQL Server 提供支持。通过系统存储过程，SQL Server 中的许多管理性或信息性的活动（如获取数据库和数据库对象的信息）都可以顺利有效地完成。

尽管这些系统存储过程被存储在 master 数据库中，但是仍可以在其他数据库中对其进行调用，在调用时，不必在存储过程名前加上数据库名。而且当创建一个数据库时，一些系统存储过程会在新的数据库中被自动创建。

SQL Server 2014 系统存储过程是为用户提供方便的，它们使用户可以很容易地从系统表中提取信息、管理数据库，并执行以及更新系统表的其他任务。

如果过程以 sp_开始，又在当前数据库中找不到，SQL Server 2014 就在 master 数据库中寻找。当系统存储过程的参数是保留字或对象名，且对象名由数据库或拥有者名字限定时，整个名字必须包含在单引号中。一个用户需要在所有数据库中拥有执行一个系统存储过程的许可权，否则在任何数据库中都不能执行系统存储过程。这里给出几个常用的系统存储过程，见表 9-1。

表 9-1　几个常用的系统存储过程

存储过程	功能
Sp_addlogin	创建一个新的 login 账户
Sp_addrole	在当前数据库中增加一个角色
Sp_Cursorclose	关闭和释放游标
Sp_dbremove	删除数据库和该数据库相关的文件
Sp_Droplogin	删除一个登录账户
Sp_helpindex	返回有关表的索引信息
Sp_helprolemember	返回当前数据库中角色成员的信息
Sp_helptrigger	显示触发器类型
Sp_lock	返回有关锁的信息
Sp_primarykeys	返回主键列的信息
Sp_statistics	返回表中的所有索引列表

（2）本地存储过程。本地存储过程也就是用户自行创建并存储在用户数据库中的存储过程，一般所说的存储过程指的就是本地存储过程。

用户创建的存储过程是由用户创建并能完成某一特定功能（如查询用户所需的数据信息）的存储过程。

（3）临时存储过程。临时存储过程可分为以下两种。

1）本地临时存储过程。不论哪一个数据库是当前数据库，如果在创建存储过程时，其名称以"#"开头，则该存储过程将成为一个存放在 tempdb 数据库中的本地临时存储过程。本地临时存储过程只有创建它的连接的用户才能够执行它，而且一旦这位用户断开与 SQL Server 的连接，本地临时存储过程就会自动删除。当然，这位用户也可以在连接期间用 DROP PROCEDURE 命令删除他所创建的本地临时存储过程。

2）全局临时存储过程。不论哪个数据库是当前数据库，只要所创建的存储过程名称是以两个"#"开头，则该存储过程将成为一个存储在 tempdb 数据库中的全局临时存储过程。全局临时存储过程一旦创建，以后连接到 SQL Server 2014 的任意用户都能执行它，而且不需要特定的权限。

当创建全局临时存储过程的用户断开与 SQL Server 2014 的连接时，SQL Server 2014 将检查是否有其他用户正在执行该全局临时存储过程，如果没有，便立即将全局临时存储过程删除；如果有，SQL Server 2014 会让这些正在执行中的操作继续进行，但是不允许任何用户再执行全局临时存储过程，等到所有未完成的操作执行完毕后，全局临时存储过程就会自动删除。

不论创建的是本地临时存储过程还是全局临时存储过程，只要 SQL Server 2014 停止运行，它们将不复存在。

（4）远程存储过程。在 SQL Server 2014 中，远程存储过程是位于远程服务器上的存储过程，通常可以使用分布式查询和 EXECUTE 命令执行一个远程存储过程。

（5）扩展存储过程。扩展存储过程是用户可以使用外部程序语言（例如 C 语言）编写的存储过程。显而易见，扩展存储过程可以弥补 SQL Server 2014 的不足，并按需要自行扩展其功能。

扩展存储过程在使用和执行上与一般的存储过程完全相同，为了区别，扩展存储过程的名称通常以 XP_开头。扩展存储过程是以动态链接库（DLL）的形式存在，能让 SQL Server 2014 动态地装载和执行。扩展存储过程一定要存储在系统数据库 master 中。常用扩展存储过程见表 9-2。

表 9-2　常用扩展存储过程

存储过程	功能
xp_logininfo	返回服务器 Windows 用户和 Windows 组的信息
xp_msver	返回服务器的版本消息
xp_sscanf	对插入的字符串变量进行格式化取值

9.1.2　创建存储过程

在 SQL Server 2014 中创建存储过程主要有两种方式：一种方式是在 SSMS 中以界面方式创建存储过程；另一种方式是通过在查询窗口中执行 T-SQL 语句创建存储过程。

1. 在 SSMS 中创建存储过程

在 SSMS 中以界面方式创建存储过程的步骤如下：

（1）打开 SSMS，展开要创建存储过程的数据库，展开"可编程性"选项，可以看到存储过程列表中系统自动为数据库创建的系统存储过程。右击"存储过程"选项，选择"新建存储过程"命令，如图 9-1 所示。

（2）出现创建存储过程的 T-SQL 命令，编辑相关的命令即可，如图 9-2 所示。

（3）命令编辑成功后，进行语法检查，然后单击"!"按钮，至此一个新的存储过程创建成功。

注意：用户只能在当前数据库中创建存储过程，数据库的拥有者有默认的创建权限，权限也可以转让给其他用户。

图 9-1　新建存储过程

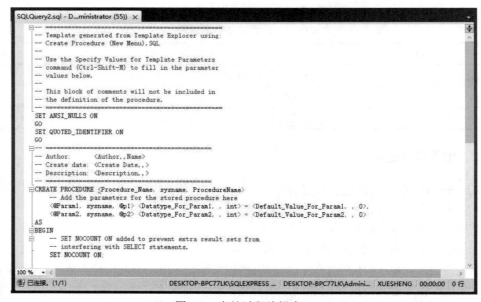

图 9-2　存储过程编辑窗口

2. 利用 T-SQL 语句创建存储过程

SQL Server 2014 提供了 CREATE PROCEDURE 创建存储过程。

语法格式：

  CREATE{PROC|PROCEDURE} procedure_name[;number]

  [(@parameter data_ type }

[VARYING] [=default][[OUT [PUT]] [,..n]
WITH{ RECOMPILE|ENCRYPTION|RECOMPILE,ENCRYPTION } [,...n]]
[FOR REPLICATION]
AS sql_ statement [,...n]
格式中各参数说明如下：

（1）procedure_name：新建存储过程的名称。过程名必须符合标识符规则，且对于数据库及其所有者必须唯一。

（2）number：是可选的整数，用来对同名的过程分组，以便用 DROP PROCEDURE 语句即可将同组的过程一起除去。

（3）@parameter:过程中的参数在 CREATE PROCEDURE 语句中可以声明一个或多个参数。存储过程最多可以指定 2100 个参数，使用@符号作为第一个字符来指定参数名称，参数名必须符合标识符的规则。

（4）data type：参数的数据类型。所有数据类型（包括 text、ntext 和 image）均可以用作存储过程的参数。

（5）VARYING：指定作为输出参数支持的结果集。

（6）default：参数的默认值。如果定义了默认值，不必指定该参数的值即可执行过程。

（7）OUTPUT：表明参数是返回参数。该选项的值可以返回给调用此过程的应用程序。

（8）RECOMPILE|ENCRYPTION|RECOMPILE,ENCRYPTION：RECOMPILE 表明 SQL Server 不会缓存该过程的计划，该过程在运行时重新编译；ENCRYPTION 表示 SQL Server 加密用 CREATE PROCEDURE 语句创建存储过程的定义，使用 ENCRYPTION 可防止将过程作为 SQL Server 复制的一部分发布。

（9）FOR REPLICATION：指定不能在订阅服务器上执行为复制创建的存储过程。使用 FOR REPLICATION 选项创建的存储过程可用作存储过程筛选，且只能在复制过程中执行。此选项不能和 WITH RECOMPILE 选项一起使用。

（10）AS：指定过程要执行的操作。

（11）sql_statement：过程要包含的任意数目和类型的 T-SQL 语句。

在创建存储过程时，应当注意以下几点：

● 存储过程最大不能超过 128MB。
● 用户定义的存储过程只能在当前数据库中创建，但是临时存储过程通常是在 tempdb 数据库中创建的。
● 在一条 T-SQL 语句中 CREATE PROCEDURE 不能与其他 T-SQL 语句一起使用。
● SQL Server 允许在存储过程创建时引用一个不存在的对象，在创建的时候，系统只检查创建存储过程的语法。存储过程在执行的时候，如果缓存中没有一个有效的计划，则会编译生成一个可执行计划。只有在编译的时候，才会检查存储过程所引用的对象是否都存在。这样，如果一个创建存储过程语句只要在语法上没有错误，即使引用了不存在的对象也是可以成功执行的。但是，如果在执行的时候，存储过程引用了一个不存在的对象，这次执行操作将会失败。

【例 9-1】在 XUESHENG 库中创建一个无参数存储过程，从 XSXX 表中查询计算机系年龄大于 20 的学生信息。

先打开 XUESHENG 数据库，在查询窗口中输入如下 T-SQL 语句，单击工具栏上的"执行"按钮，执行结果如图 9-3 所示。

```
CREATE    PROCEDURE    stu_inf
AS
SELECT    * FROM    XSXX
WHERE  专业='计算机系'    AND  年龄>20
```

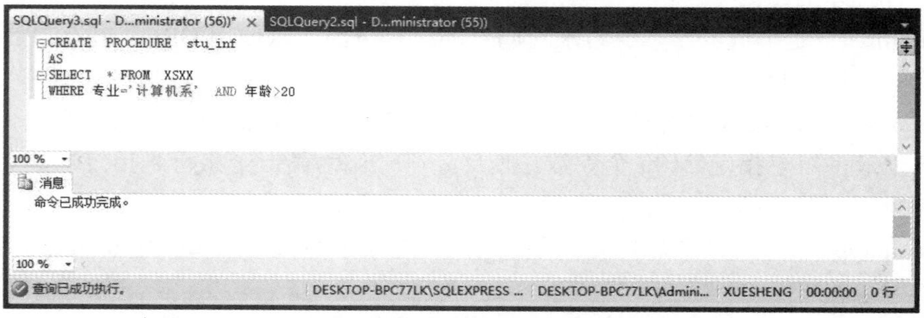

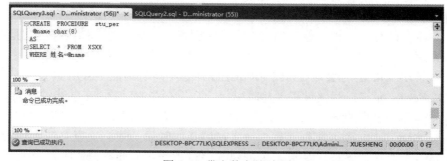

图 9-3　无参数存储过程创建

【例 9-2】在 XUESHENG 数据库中创建带参数的存储过程，利用 XSXX 表根据学生姓名查询该学生的个人信息。

先打开 XUESHENG 数据库，在查询窗口中输入如下 T-SQL 语句，单击工具栏上的"执行"按钮，执行结果如图 9-4 所示。

```
USE teaching
GO
CREATE    PROCEDURE    stu_per
 @name char(8)
AS
SELECT    *    FROM    XSXX
WHERE  姓名=@name
GO
```

图 9-4　带参数存储过程

【例 9-3】在 XUESHENG 数据库中创建存储过程，能根据用户给定的课程名称统计学习这门课程的人数。

先打开 XUESHENG 数据库，在查询窗口中输入如下 T-SQL 语句，单击工具栏上的"执行"按钮，执行结果如图 9-5 所示。

```
CREATE   PROCEDURE   p_CourseNum
@课程  char(20)
AS
SELECT   COUNT(*)
FROM   KC   JOIN   XSCJ
ON KC.课程号=XSCJ.课程号
WHERE  课程名称=@课程
```

图 9-5　通过课程名称统计学习人数的存储过程

【例 9-4】在 XUESHENG 数据库中创建存储过程 p_CourseName，能根据用户给定的课程名称显示所有学习这门课程的学生姓名及所在专业。

先打开 XUESHENG 数据库，在查询窗口中输入如下 T-SQL 语句，单击工具栏上的"执行"按钮，执行结果如图 9-6 所示。

```
CREATE   PROCEDURE   p_CourseName
@课程  char(20)
AS
SELECT XSXX.学号,姓名,课程名称,成绩
FROM XSXX JOIN XSCJ JOIN KC
ON XSCJ.课程号=KC.课程号  ON XSXX.学号=XSCJ.学号
WHERE  课程名称=@课程
```

图 9-6　通过课程名称查询学生信息的存储过程

【例 9-5】使用输入参数创建存储过程 xbnl，根据买家注册国家和注册年份查找符合条件的买家信息。

先打开 XUESHENG 数据库，在查询窗口中输入如下 T-SQL 语句，单击工具栏上的"执行"按钮。

```
Create proc xbnl
@zcg varchar(12),@nf smalldatetime
as
Select * from 查询清单
where 注册国家=@zcg and 注册年份>@nf
```

9.1.3 执行存储过程

执行存储过程即调用存储过程，可以使用 SSMS 界面，也可以使用 T-SQL 语句中的 EXECUTE 命令。

1. 使用 SSMS 执行存储过程

在 SSMS 中以界面方式执行存储过程的步骤如下：

（1）打开 SSMS，展开存储过程所在的数据库，展开"可编程性"选项，右击存储过程名，如 teaching 中的 GetStudent，在弹出的快捷菜单中选择"执行存储过程"命令。

（2）进入"执行过程"窗口，输入要查询的学生的学号，如 01601001。

（3）单击"确定"按钮。

2. 使用 T-SQL 语句执行存储过程

如果存储过程是批处理中的第一条语句，那么不使用 EXECUTE 关键字也可以执行该存储过程。对于存储过程的所有者或任何一名对此过程拥有 EXECUTE 权限的用户，都可以执行此存储过程。如果需要在启动 SQL Server 时，系统自动执行存储过程，可以使用 sp_procoption 进行设置。如果被调用的存储过程需要参数输入，则在存储过程名后逐一将每一个参数用逗号隔开，不必使用括号。如果没有使用@参数名=default 这种方式传入值，则参数的排列必须和建立存储过程所定义的次序对应，用来接收输出值的参数必须加上 OUTPUT。

EXECUTE 可以简写为 EXEC，如果存储过程是批处理中的第一条语句，那么可以省略 EXECUTE 关键字。对于以 sp_开头的系统存储过程，系统将在 master 数据库中查找。如果执行用户自定义的以 sp_开头的存储过程，就必须用数据库名和所有者名限定。

EXECUTE 语句的语法格式：

```
[ [EXEC[UTE]] [@return_status=]procedure_name[;number]
{[[ parameter=]value │ [@parameter=]@variable[OUTPUT]]}
[WITH RECOMPILE]
```

参数说明：

（1）@retum_status：一个可选的整型变量，保存存储过程的返回状态。

（2）procedure_name：执行的存储过程的名称。

（3）number：可选的整数，用于将相同名称的过程进行组合，使得它们可以用一句 DROP PROCEDURE 语句除去。

（4）@parameter：过程参数，在 CREATE PROCEDURE 语句中定义。参数名称前必须加上符号@。在以@parameter value 格式使用时,参数名称和常量可以不按CREATE PROCEDURE

语句中定义的顺序出现。

（5）value：过程中参数的值。如果参数名称没有指定，参数值必须以 CREATE PROCEDURE 语句中定义的顺序给出。

（6）@variable：用来保存参数或者返回参数的变量。

（7）OUTPUT：指定存储过程必须返回一个参数。该存储过程的匹配参数也必须由关键字 OUTPUT 创建。

（8）WITH RECOMPILE：强制编译新的计划。如果所提供的参数为非典型参数或者数据有很大的改变，使用该选项，在以后的程序执行中使用更改过的计划。

【例 9-6】执行例 9-1 创建的存储过程 stu_inf。

```
EXECUTE   stu_inf
```

【例 9-7】执行例 9-2 创建的存储过程 stu_per。

```
EXECUTE   stu_per '张小明'
```

【例 9-8】执行例 9-3 创建的存储过程 p_CourseNum。

```
exec p_CourseNum    @课程='数据结构'
SELECT @AVG AS '数据结构'
```

【例 9-9】执行例 9-4 创建的存储过程 p_CourseName。

```
EXECUTE   p_CourseName   @课程='数据库原理及应用'
```

说明：创建存储过程三步曲，即实现过程功能的 SQL 语句，创建存储过程，验证正确性即执行存储过程。

9.1.4　修改存储过程

1. 使用 SSMS 修改存储过程

修改存储过程可以在 SSMS 中右击要修改的存储过程，选择"修改"命令进行，与创建时的步骤基本相同，步骤如下：

（1）在"对象资源管理器"窗口中，展开要修改存储过程的数据库。

（2）依次展开"数据库"、存储过程所属的数据库以及"可编程性"。

（3）展开"存储过程"，右击要修改的存储过程，在弹出的快捷菜单中选择"修改"命令即可。

2. 使用 T-SQL 语句修改存储过程

如果需要更改存储过程中的语句或参数，可以删除后重新创建该存储过程，也可以直接修改该存储过程，删除后再重建的存储过程，所有与该存储过程有关的权限都将丢失。而修改存储过程时，可以对相关语句和参数进行修改，并且保留相关权限。

通过 T-SQL 中的 ALTER 语句来完成。

ALTER 语句的语法格式：

```
ALTER{PROC|PROCEDURE}procedure_name[;number]
[{@parameter data_type}
[VARYING][=default][[OUT[PUT]][,...n]
[WITH{RECOMPILE|ENCRYPTION|RECOMPILE,ENCRYPTION}[,...n]]
[FOR REPLICATION]
AS sql_statement[,...n]
```

注意：语句中的参数与 CREATE PROCEDURE 语句中的参数相同。

【例 9-10】在 teaching 库中创建带参数的存储过程，修改某个学生的成绩。

```
USE teaching
GO
CREATE    PROCEDURE Update_score
@number char(9), @score int
AS
UPDATE    SC
SET  成绩=@score
WHERE  学号= @number
```

执行如下：

```
EXECUTE    Update_score '201702001', 90
```

9.1.5 删除存储过程

对于不需要的存储过程可以在 SSMS 中右击要删除的存储过程，选择"删除"命令将其删除，也可以使用 T-SQL 语句中的 DROP PROCEDURE 命令将其删除。如果另一个存储过程用某个已删除的存储过程，则 SQL Server 2014 会在执行该调用过程时显示一条错误信息。如果定义了同名和参数相同的新存储过程来替换已删除存储过程，那么引用该过程的其他过程仍能顺利执行。

1. 使用 SSMS 删除存储过程

使用 SSMS 删除存储过程十分简单。下面以删除 XUESHENG 数据库中的一个存储过程为例了解一下删除存储过程的操作步骤。

（1）在"对象资源管理器"窗口中展开 XUESHENG 数据库后，然后展开"可编程性"|"存储过程"，右击需要删除的存储过程，在弹出的快捷菜单中选择"删除"命令，如图 9-7 所示。

图 9-7 删除存储过程快捷菜单

（2）打开"删除对象"窗口，如图 9-8 所示，单击"确定"按钮即可删除。

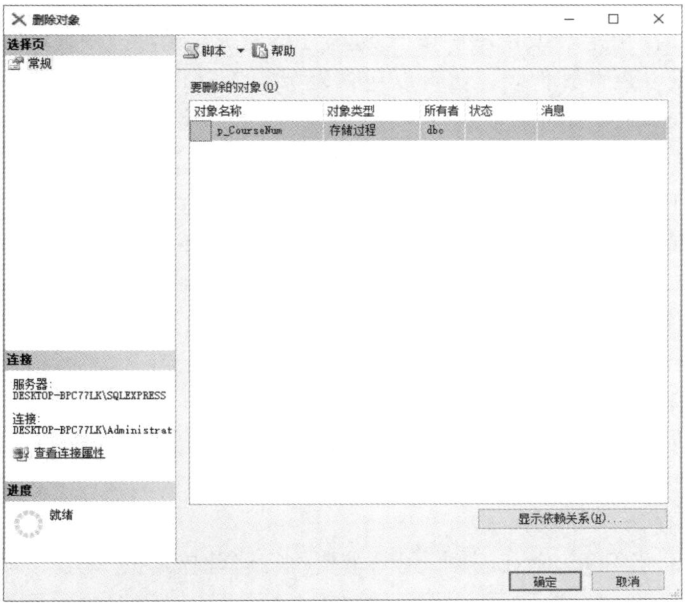

图 9-8　"删除对象"窗口

2. 使用 T-SQL 语句删除存储过程

删除存储过程的 T-SQL 语句的语法格式：

```
DROP PROCEDURE (procedure_name) [,…n]
```

说明：procedure_name 指要删除的存储过程或存储过程组的名称。

【例 9-11】删除存储过程 p_CourseName。

```
DROP　PROCEDURE　p_CourseName
```

9.2　触发器的创建和使用

触发器的创建

触发器是数据库的一种对象，是一种特殊类型的存储过程，在指定表中的数据发生变化时被自动触发执行。本节主要介绍触发器概述、触发器的创建和使用，从而可以更好地维护数据库中数据的完整性。

9.2.1　触发器概述

在 SQL Server 2014 数据库系统中，存储过程和触发器都是 SQL 语句和流程控制语句的集合。就本质而言，触发器也是一种存储过程，它是一种在基本表被修改时自动执行的内嵌过程，主要通过事件进行触发而被执行，而存储过程可以通过存储过程名字而被直接调用。

当对某一张表进行诸如 UPDATE、INSERT、DELETE 这些操作时，SQL Server 2014 就会自动执行触发器所定义的 SQL 语句，从而确保对数据的处理符合由这些 SQL 语句所定义的规则，触发器的主要作用是其能实现由主键和外键所不能保证的复杂的参照完整性和数据的一致性，有助于强制引用完整性，以便在添加、更新或删除表中的行时保留表之间已定义的关系。

1. 触发器的分类

（1）DML 触发器。DML 触发器在数据库中发生数据操作语言（DML）事件时触发。

DML 事件包括在指定表或视图中修改数据的 INSERT 语句、UPDATE 语句或 DELETE 语句。DML 触发器可以查询其他表，还可以包含复杂的 T-SQL 语句。系统将触发器和触发它的语句作为可在触发器内回滚的单个事务对待，如果检测到错误，则整个事务自动回滚。

DML 触发器经常用于强制执行业务规则和数据完整性。但 SQL Server 通常通过 ALTER TABLE 和 CREATE TABLE 语句来提供声明性引用完整性，引用完整性是指有关表的主键和外键之间的关系的规则。若要强制实现引用完整性，请在 ALTER TABLE 和 CREATE TABLE 中使用 PRIMARY KEY 和 FOREIGN KEY 约束。如果触发器所在的表上存在约束，则在 INSTEAD OF 触发器执行之后和 AFTER 触发器执行之前检查这些约束。如果违反了约束，则将回滚 INSTEAD OF 触发器操作，并且不激活 AFTER 触发器。

SQL Server 2014 的 DML 触发器分为以下两类。

1）AFTER 触发器：在数据更改完成之后就被触发，对更改后的数据进行检查，若发现错误，需要执行回滚操作。可以用 ROLLBACK 语句来回滚本次的操作。触发器定义最少需要一种更改数据的操作存在。

例如删除记录：当 SQL Server 接收到一个要执行删除操作的 SQL 语句时，SQL Server 先将要删除的记录存放在一个临时表（删除表 deleted）里，然后把数据表里的记录删除，再激活 AFTER 触发器，执行 AFTER 触发器里的 SQL 语句。执行完毕之后，删除内存中的 deleted 表，退出整个操作。

2）INSTEAD OF 触发器：在数据更改完成之前就被触发，取代更改数据的操作，转而执行触发器定义的操作。触发器定义最多只允许一种更改数据的操作存在。

（2）DDL 触发器。DDL 触发器是 SQL Server 2005 及以后版本新增的一个触发器类型，是一种特殊的触发器，它在响应数据定义语言（DDL）语句时触发，一般用于数据库中执行管理任务。添加、删除或修改数据库的对象时，一旦误操作，可能会导致大麻烦，需要一个数据库管理员或开发人员对相关可能受影响的实体进行代码的重写。为了在数据库结构发生变动而出现问题时，能够跟踪问题和定位问题的根源，可以利用 DDL 触发器来记录类似"用户建立表"这种变化的操作，这样可以大大降低跟踪和定位数据库模式的变化的烦琐程度。

与 DML 触发器一样，DDL 触发器也是通过事件激活并执行其中的 SQL 语句的。

但与 DML 触发器不同，DML 触发器是响应 UPDATE、INSERT 或 DELETE 语句而激活的，DDL 触发器是响应 CREATE、ALTER、DROP、GRANT、DENY、REVOKE 和 UPDATE STATISTICS 等语句而激活的。

一般来说，在以下几种情况下可以使用 DDL 触发器。

1）数据库里的库架构或数据表架构很重要，不允许被修改。

2）防止数据库或数据表被误操作删除。

3）在修改某个数据表结构的同时修改另一个数据表的相应结构。

4）要记录对数据库结构操作的事件。

2. 触发器的优点

触发器的优点：由于在触发器中可以包含复杂的处理逻辑，因此，应该将触发器用来保持低级的数据的完整性，而不是返回大量查询结果。

使用触发器主要可以实现以下操作。

（1）强制比 CHECK 约束更复杂的数据完整性。在数据库中要实现数据的完整性约束，可以使用 CHECK 约束或触发器来实现。但是在约束中不允许引用其他表中的列来完成检查工作，而触发器可以引用其他表中的列完成数据的完整性约束。

（2）使用自定义的错误提示信息。用户有时需要在数据的完整性遭到破坏或其他情况下，使用预先自定义好的错误提示信息或动态自定义的错误提示信息。通过使用触发器，用户可以捕获破坏数据的完整性的操作，并返回自定义的错误提示信息。

（3）实现数据库中多张表的级联修改。用户可以通过触发器对数据库中的相关表进行级联修改。

（4）比较数据库修改前后数据的状态。触发器提供了访问由 INSERT、UPDATE 或 DELETE 语句引起的数据前后状态变化的能力，因此用户就可以在触发器中引用由于修改所影响的记录行，并可以阻止数据库中未经许可的指定更新和变化。例如，一个订单取消的时候，那么触发器可以自动修改产品库存在在订购量的字段上减去被取消订单的订购数量。

（5）调用更多存储过程。约束本身是不能调用存储过程的，但是触发器本身就是一种存储过程，而存储过程是可以嵌套使用的，所以触发器也可以调用一个或多个存储过程。

（6）维护非规范化数据。用户可以使用触发器来保证非规范数据库中的低级数据的完整性。维护非规范化数据与表的级联是不同的，表的级联指的是不同表之间的主外键关系，维护表的级联可以通过设置表的主键与外键的关系来实现。而非规范数据通常是指在表中派生的、冗余的数据值，维护非规范化数据应该通过使用触发器来实现。

（7）检查所做的 T-SQL 是否被允许。触发器可以检查 T-SQL 所做的操作是否被允许。例如，在产品库存表里，如果要删除一条产品记录，在删除记录时，触发器可以检查该产品库存数量是否为零，如果不为零则取消该删除操作。

3. inserted 表和 deleted 表

每个触发器有两个特殊的表：inserted 表和 deleted 表。这两个表建在数据库服务器的内存中，是由系统管理的逻辑表，而不是真正存储在数据库中的物理表。对于这两个表，用户只有读取的权限，没有修改的权限。

这两个表的结构与触发器所在数据表的结构是完全一致的，当触发器的工作完成之后，这两个表也将从内存中删除。

（1）inserted 表里存放的是更新的记录：对于插入记录操作来说，inserted 表里存储的是要插入的数据；对于更新记录操作来说，inserted 表里存放的是要更新的记录。

（2）deleted 表里存放的是原来的记录：对于更新记录操作来说，deleted 表里存放的是更新前的记录；对于删除记录操作来说，deleted 表里存放的是被删除的旧记录。

由此可见，在进行 INSERT 操作时，只影响 inserted 表；进行删除操作时，只影响 deleted 表；进行 UPDATE 操作时，既影响 inserted 表也影响 deleted 表。

9.2.2　创建触发器

在创建触发器前，需要注意以下问题。

（1）CREATE TRIGGER 语句必须是批处理中的第一条语句，只能用于一个表或视图。

（2）创建触发器的权限默认为表的所有者，不能将该权限转给其他用户。

（3）虽然触发器可以引用当前数据库以外的对象，但只能在当前数据库中创建。

（4）虽然不能在临时表或系统表上创建触发器，但是触发器可以引用临时表。不应引用系统表，而应使用信息架构视图。

（5）在含有用 DELETE 或 UPDATE 操作定义的外键表中，不能定义 INSTEAD OF 触发器。

（6）虽然 TRUNCATE TABLE 语句类似于没有 WHERE 子句的 DELETE 语句，但不会激发 DELETE 触发器，因为 TRUNCATE TABLE 语句没有记录日志。创建触发器时需指定以下几项内容。

1）触发器的名称。

2）在其上定义触发器的表。

3）触发器将何时激发。

4）激活触发器的数据修改语句，有效选项为 INSERT、UPDATE 或 DELETE，多个数据修改语句可激活同一个触发器。

在 SQL Server 中创建 DML 触发器主要有两种方式：在 SSMS 界面或通过在查询窗口中执行 T-SQL 语句创建 DML 触发器。

1. 在 SSMS 中创建 DML 触发器

在 SSMS 中创建触发器的步骤如下：

（1）打开 SSMS，展开要创建 DML 触发器的数据库和其中的表或视图（如 student 表），右键单击"触发器"选项，选择"新建触发器"命令。

（2）出现创建触发器的 T-SQL 语句，编辑相关的命令即可。

（3）命令编辑成功后，进行语法检查，然后单击"！"按钮，至此一个 DML 触发器建立成功。

2. 利用 T-SQL 语句创建触发器

SQL Server 提供了 CREATE TRIGGER 创建触发器。

语法格式：

```
CREATE TRIGGER trigger_name
ON ( table_name | view }
[WITH ENCRYPTION]
( FOR I AFTER | INSTEAD OF }
( [ INSERT ] [ DELETE ] [ UPDATE ] }
[NOT FOR REPLICATION]
AS sql_statement [...n ]
```

参数说明：

（1）trigger_name：触发器的名称，触发器名称必须符合标识符规则，并且在数据库中必须唯一。用户可以选择是否指定触发器所有者名称。

（2）table name | view：在其上执行触发器的表或视图，可以选择是否指定表或视图的所有者名称。

（3）WITH ENCRYPTION：加密 syscomments 表中包含 CREATE TRIGGER 语句文本的条目。使用 WITH ENCRYPTION 可防止将触发器作为 SQL Server 复制的一部分发布，这是为了满足数据安全的需要。

（4）AFTER：指定触发器只有在触发 SQL 语句中指定的所有操作都已成功执行后才激

发。所有的引用级联操作和约束检查也必须成功完成后，才能执行此触发器。如果仅指定 FOR 关键字，则 AFTER 是默认设置。不能在视图上定义 AFTER 触发器。

（5）INSTEAD OF：指定执行触发器而不是执行触发语句，从而替代触发语句的操作。在表或视图上，每个 INSERT. UPDATE 或 DELETE 语句最多可以定义一个 INSTEAD OF 触发器。如果在对一个可更新的视图定义时，使用了 WITH CHECK OPTION 选项，则 INSTEAD OF 触发器不允许在这个视图上定义。用户必须用 ALTER VIEW 删除选项后，才能定义 INSTEAD OF 触发器。

对于 INSTEAD OF 触发器，不允许在具有 ON DELETE 级联操作引用关系的表上使用 DELETE 选项。同样，也不允许在具有 ON UPDATE 级联操作引用关系的表上使用 UPDATE 选项。

（6）INSERT、UPDATE、DELETE：指在表或视图上执行哪些数据修改语句时激活触发器的关键字。其中必须至少指定一个选项，允许使用以任意顺序组合的关键字，多个选项需要用逗号分隔。

（7）NOT FOR REPLICATION：表示当复制进程更改触发器所涉及的表时，不应执行该触发器。

（8）sql_statement：定义触发器被触发后将执行的数据库操作，它指定触发器执行的条件和动作。触发器条件是除引起触发器执行的操作外的附加条件；触发器动作是指当前用户执行激发触发器的某种操作并满足触发器的附加条件时触发器所执行的动作。

【例 9-12】使用 DDL 触发器 lim 来防止数据库中的任一表被修改或删除。

```
USE teaching
GO
CREATE   TRIGGER   lim
ON   database
FOR    DROP_TABLE, ALTER_TABLE
AS
PRINT '名为 lim 的触发器不允许您执行对表的修改或删除操作！'
ROLLBACK
```

以上 T-SQL 语句执行成功后，在 teaching 中就创建了一个 DDL 触发器 lim，打开 SSMS，展开 teaching 数据库下的"可编程性"选项，再展开"数据库触发器"就可以看到刚刚创建的触发器 lim。

所以，当任一用户在 teaching 库中试图修改表的结构或删除表时，都会触发 lim 触发器。该触发器显示提示信息，并回滚用户试图执行的操作。

【例 9-13】创建触发器 test，要求每当在 Student 表中修改数据时，将向客户端显示一条"记录已修改"的消息。

```
USE teaching
GO
CREATE   TRIGGER   xsda_update
ON   Student
AFTER   UPDATE
AS
PRINT   '记录已修改!'
GO
```

【例 9-14】创建 INSERT 触发器：在数据库 teaching 中创建一触发器，当向 SC 表插入一记录时，检查该记录的学号在 Student 表中是否存在，检查课程编号在 Course 表中是否存在。若有一项为否，则不允许插入。

```
USE teaching
GO
CREATE TRIGGER check_trig
ON SC
FOR INSERT
AS
IF EXISTS(SELECT * FROM    inserted
WHERE  学号  NOT   IN (SELECT  学号  FROM Student)   OR  课程编号
NOT    IN (SELECT  课程编号  FROM Course))
BEGIN
RAISERROR ('违背数据的一致性',16, 1)
ROLLBACK    TRANSACTION
END
GO
```

触发器建立完成后，在查询分析器中执行如下语句：

```
INSERT SC
VALUES('110110','110',99)
GO
```

【例 9-15】创建 UPDATE 触发器：在数据库 SC 中创建一触发器，当在 Student 表中修改学号字段时，SC 中对应学号随之修改。

```
USE teaching
GO
CREATE    TRIGGER    xsdaxh_trig
ON    Student
FOR    UPDATE
AS
IF    UPDATE(学号)
UPDATE    SC
SET SC.学号=(SELECT    学号  FROM    INSERTED)
WHERE SC.学号=(SELECT    学号  FROM    DELETED)
GO
```

在触发器的执行过程中，SQL Server 建立和管理这两个临时表。这两个表的结构与触发器所在数据表的结构是完全一致的，其中包含在激发触发器的操作中插入或删除的所有记录。当触发器的工作完成之后，这两个表也将会从内存中删除。

下面利用触发器和这两个特殊的表实现级联式数据修改。

【例 9-16】创建一个 DELETE 触发器 kcxxdel_trig，当在 Course 表中删除一条记录时，SC 表中对应课程编号的记录随之删除，并将成绩及格的学号对应的 Student 表中的总学分减去该课程的学分。

```
USE teaching
GO
CREATE    TRIGGER   kcxxdel_trig
ON    Course
AFTER DELETE
AS
begin
if exists(select * from deleted)
begin
declare @kcbh char(6)
set @kcbh=(select  课程编号  from deleted)    Update Student
--修改 Student 表的总学分
Set  总学分=总学分-(select  学分  from deleted)
Where  学号  in(select  学号  from SC where  课程编号=@kcbh and  成绩>=60)
--删除 SC 表的相关记录
DELETE FROM SC
WHERE  课程编号=@kcbh
end
else print '被删除的记录不存在！'
end
GO
```

9.2.3 修改触发器

在 SQL Server 2014 中，一般有两种方法修改触发器：使用 SSMS 或 T-SQL 语句。

1. 使用 SSMS 修改触发器

使用 SSMS 修改触发器的步骤如下：

（1）展开具体的数据库，展开"表"，展开具体的表，再展开"触发器"，右击需要修改的触发器名。

（2）选择"修改"命令。

（3）输入或修改需要的 T- SQL 语句。

（4）单击工具栏中的"执行"按钮，保存修改的触发器。

2. 使用 T-SQL 语句修改触发器

格式：

```
ALTER TRIGGER 触发器名
ON{表名|视图名}
[ WITH ENCRYPTION]
{{{FOR I AFTER | INSTEAD OF}
{[INSERT][,][ UPDATE][,][DFELETE]}
AS
SQL 语句块
```

说明：除了将 CREATE 换成 ALTER，其他与创建触发器时相同。

【例 9-17】修改教学库中的学生表上的触发器 reminder，使得在用户执行添加或修改操作时，自动给出错误提示信息，并撤销此次操作。

```
ALTER TRIGGER reminder ON Student
INSTEAD OF
INSERT, UPDATE
AS print   '你执行的添加或修改操作无效！'
```
触发语句：update student set sname='张三'

3. 禁用和启用触发器

禁用触发器是使触发器失去作用，但并没有使触发器从数据库中消失（或删除）。

启用触发器是使被禁用的触发器恢复作用。

（1）使用 SSMS 禁用/启用触发器。使用 SSMS 禁用/启用触发器的步骤如下：

1）展开具体的数据库，展开"表"，展开具体的表，再展开"触发器"，右击需要禁用的触发器名。

2）选择"禁用"命令，在随后出现的"禁用触发器"界面，单击"关闭"按钮，选择的触发器被禁用。

3）选择"启用"命令，在随后出现的"启用触发器"界面，单击"关闭"按钮，选择的触发器被启用（"启用"在"禁用"上边，呈灰色）。

（2）使用 T-SQL 语句禁用触发器格式：

```
DISABLE TRIGGER 触发器名 ON 表名
```
【例 9-18】禁用例 9-14 中创建的触发器 check_trig。

```
DISABLE TRICCER   check_trig
```
4. 使用 T-SQL 语句启用触发器

语句格式：

```
ENABLE  TRIGGER  触发器名  ON  表名
```
【例 9-19】启用例 9-18 中禁用的触发器 check_trig。

```
ENABLE TRIGGER   check_trig
```
5. 数据控制能力强

数据由数据库管理系统统一管理和控制，DBMS 的数据控制功能主要包括：

（1）数据的安全性保护。保护数据以防止非法使用造成数据的泄露和破坏。

（2）数据的完整性。保护数据控制在有效的范围内或者保证数据之间满足一定的关系及约束条件。

（3）并发控制。对多用户的并发操作进行控制和协调，保证并发操作的正确性。

（4）数据库恢复。当计算机系统发生软硬件故障时，或者由于操作人员的失误造成数据库中的数据丢失，以致影响数据库中数据的正确性，通过数据库的恢复可以将数据库从错误的状态恢复到某已知的正确状态。

9.2.4　删除触发器

删除已创建的触发器一般有以下两种方法。

1. 使用 SSMS 删除触发器

使用 SSMS 图形界面工具删除触发器的步骤如下：

（1）展开具体的数据库，展开"表"，展开具体的表，再展开"触发器"，右击需要修改的触发器名。

（2）选择"删除"命令，在随后出现的"删除对象"界面单击"确定"按钮，选择的触发器被删除。

2. 使用 T-SQL 语句删除触发器

语句格式：

    DROP   TRIGGER 触发器 1 [,触发器 2,...触发器 n]

【例 9-20】删除例 9-14 中创建的触发器 check_trig。

    DROP   TRIGGER check_trig

【例 9-21】为了保证触发器能成功创建，可以在 CREATE TRIGGER 语句前先加一条判断语句，判断数据库中是否有这样一个触发器。如果有，就删除掉。

```
IF EXISTS(SELECT * FROM SYSOBJECTS
WHERE   NAME='xsdaupd_trig'  AND   TYPE='TR' )
DROP   TRIGGER  XSDAUPD_TRIG
GO
```

存储过程与触发器创建实例操作

9.2.5 存储过程和触发器的比较

1. 相同点

（1）都是可以保存到数据库管理系统中的独立的数据库对象。

（2）都是可以在数据库管理系统中创建、修改和删除的数据库对象。

（3）都是可以在数据库管理系统中进行编写的程序代码段。

（4）都是可以完成某种特定功能的程序代码段。

（5）都是对 SQL 语句的补充，可以像一条 SQL 语句一样被调用和执行。

2. 不同点

触发器与普通存储过程的不同之处在于：触发器的执行是由事件触发的，而普通存储过程是由命令调用执行的。

（1）返回值。

1）存储过程返回一个值，只能表示存储过程执行的成功与失败。

2）触发器没有返回值，不接收或传递参数。

（2）调用方式。

1）存储过程需要程序命令调用才能执行。

2）触发器不需要调用，在执行数据库操作时被触发而自动执行。

（3）执行命令。

1）触发器没有执行命令，自动执行。是与表事件相关的特殊存储过程，程序的执行不被程序调用，也不是由程序手动启动，而是由事件触发，以便在操作表（插入、删除或更新）时执行将被激活。

2）存储过程存储在数据库中，编译后永久有效，用户通过指定存储过程的名称并指定参数来执行。

（4）定义位置。

1）存储过程定义在数据库上。

2）触发器定义在表或视图上，比存储过程低一级。

课程思政案例

案例主题：王坚院士开发"阿里云"——坚持自主创新就是伟大

2019 年 11 月 22 日，阿里云之父王坚入选中国工程院院士，王坚作为阿里云计算系统研发主导，最大的成绩就是带领阿里云工程师共同研发了"飞天"这套中国云计算操作系统，完成中国云计算从 0 到 1 的突破。

王坚入职阿里前，阿里的 IT 架构传统且单一，IBM 小型机、Oracle 商业数据库和 EMC 集中式存储是淘宝和支付宝计算系统常用的。之后随着用户逐渐增加，客户信息数据存储越来越多，计算器服务器使用率日趋飙升，一度达到 98%，但是当时的传统数据处理器无法跟上爆发式的客户数据的存储和转换。王坚曾担任微软亚洲研究院副院长，2008 年加入阿里巴巴，主要研究用户大数据。入职时他的职位是首席架构师，负责整个集团的技术架构，也就是这一年他邂逅了云计算系统，他认定了云计算今后将取代传统 IT 设备成为互联网世界的基础设施，并积极地朝这个方向发展。阿里巴巴计算系统遭遇瓶颈期，让王坚决心要研究一套新的计算系统技术架构，然后逐步重建阿里巴巴的旧存储架构并换掉引擎系统，但是新架构不仅要便宜而且还要能够满足阿里庞大的计算存储任务，这样的话只能从最原始的零代码开始建立新的计算存储系统。就这样云计算系统逐渐被研发出来，然后投入到淘宝和支付宝用户数据上实践使用，而这套如今我们看起来神奇无比的云计算系统当时起名为"飞天"。

这套云计算系统"飞天"作为首个大规模分布式计算系统，在整个架构上要做好全局整合管理，又要做到逻辑区分的资源管理。在当时这套云计算系统及时解决了虚拟化技术路线造成的计算资源易分难聚、弹性不足的难题，要实现计算系统资源在各个领域存储数据中心的扩张和调试，就要尽可能实现大规模数据处理的需求。中国电子学会认定："飞天系统核心技术完全可以自主控制，整体技术已经达到了国际领先水平。"飞天云计算系统面向全球各个领域的互联网产业，具有重要的发展推动作用，云计算为企业的计算核心提供了关键性创新技术，也是企业关于数据处理计算系统的一次创新性突破。

2017 年，阿里云主导的"飞天"云操作系统核心技术和产业化项目获得科技进步奖特等奖，这是中国电子学会科技技术奖设立 15 年以来首个特等奖。这也预示着我国对智慧云计算系统的研究与开发越来越重视。

思政映射

王坚院士是阿里云创始人，中国唯一自研云计算操作系统飞天的提出者、设计者和建设者，推动中国 IT 产业从 IOE（IBM 小型机、Oracle 数据库和 EMC 存储）向云计算转变。"飞天"云计算能有今天的辉煌，实现了我国数据库云平台从 0 到 1 突破，正是因为王坚院士坚持不懈的追求。"坚持就是伟大"，这是王坚院士经常提起的一句话，让我们一起共勉。

小　　结

1. 存储过程是数据库的一种对象，是一个具有独立功能的子程序，以特定的名称存储在数据库中,可以在存储过程中声明变量、有条件地执行语句以及实现其他各项强大的程序设计功能。存储过程由输入/输出参数、编程语句和返回值组成。

2.存储过程的类型:系统存储过程、本地存储过程、临时存储过程(本地临时存储过程和全局临时存储过程)、远程存储过程和扩展存储过程。

3.创建存储过程有两种方式:一种方式是在 SSMS 中以界面方式创建存储过程;另一种方式是通过在查询窗口中执行 T-SQL 语句创建存储过程,即 CREATE PROCEDURE 存储过程名。

4.执行存储过程主要有两种方式:使用 SSMS 界面和使用 T-SQL 语句中 EXECUTE 命令。

5.删除存储过程可以在 SSMS 中右击要删除的存储过程,选择"删除"命令将其删除,也可以使用 T-SQL 语句中的 DROP PROCEDURE 命令将其删除。

6.触发器是一种特殊类型的存储过程。当有操作影响到触发器保护的数据时,触发器就会自动触发执行。

7.触发器包括 DML 触发器和 DDL 触发器。它在数据库中发生数据操作语言时触发。数据操作包括 insert 语句、update 语句和 delete 语句。

(1)AFTER 触发器:在数据更改完成之后就被触发,对更改后的数据进行检查,若发现错误,需要执行回滚操作。可以用 ROLLBACK 语句来回滚本次的操作。触发器定义最少需要一种更改数据的操作存在。

(2)INSTEAD OF 触发器:在数据更改完成之前就被触发,取代更改数据的操作,转而执行触发器定义的操作。触发器定义最多只允许一种更改数据的操作存在。

8.触发器的优点:由于在触发器中可以包含复杂的处理逻辑,因此,应该将触发器用来保持低级的数据的完整性,而不是返回大量查询结果。

9.创建 DML 触发器主要有两种方式:在 SSMS 界面或通过在查询窗口中执行 T-SQL 语句创建 DML 触发器,即 ALTER TRIGGER 触发器名。

10.修改触发器:通过使用 SSMS 界面或 T-SQL 语句 ALTER TRIGGER 触发器名。

11.禁用触发器是使触发器失去作用,但并没有使触发器从数据库中消失(或删除),即 DISABLE TRIGGER 触发器名 ON 表名;启用触发器是使被禁用的触发器恢复作用,即 ENABLE TRIGGER 触发器名 ON 表名。

12.存储过程和触发器的区别与联系。

习　题

一、选择题

1.以下(　　　)不是创建存储过程的方法。
    A.使用系统所提供的创建向导创建
    B.使用 CREATE PROCEDURE 语句创建
    C.使用 SSMS 管理平台创建
    D.使用 EXECUTE 语句创建

2.对于存储过程,下列说法不正确的是(　　　)。
    A.是 T-SQL 语句和控制流语句的预编译集合

    B．包含系统存储过程和用户自定义存储过程

    C．都由数据管理系统提供，用户直接调用就可以完成特定任务

    D．需要使用 T-SQL 语句调用才能执行，不会自动执行

3．使用 T-SQL 语句创建存储过程的是（　　　）。

    A．CREATE　PROCEDURE　　　　B．CREATE　TABLE

    C．CREATE　FUNCTON　　　　　D．CREATE　TRIGGER

4．带有前缀名 xp 的存储过程属于（　　　）。

    A．用户自定义存储过程　　　　　B．系统存储过程

    C．扩展存储过程　　　　　　　　D．以上都不是

5．执行带参数的存储过程，正确的方法为（　　　）。

    A．存储过程名 参数　　　　　　B．存储过程名(参数)

    C．存储过程名＝参数　　　　　　D．A，B，C 三种都可以

6．删除触发器 tri_Sno 的正确命令是（　　　）。

    A．REMOVE TRIGGER tri_Sno　　　B．TRUNCATE TRIGGER tri_Sno

    C．DELETE TRIGGER tri_Sno　　　D．DROP TRIGGER tri_Sno

7．触发器可以创建在（　　　）中。

    A．函数　　　　　B．表　　　　　C．过程　　　　　D．数据库

8．以下触发器是当对"表 1"进行（　　　）操作时触发。

    Create Trigger abc on 表 1
    For insert, update, delete
    As …

    A．修改、插入、删除　　　　　　B．只是删除

    C．只是修改　　　　　　　　　　D．只是插入

9．触发器在执行时，会产生两个特殊的表，它们是（　　　）

    A．deleted、inserted　　　　　　B．delete、insert

    C．view、table　　　　　　　　　D．view1、table1

10．关于触发器的描述，不正确的是（　　　）

    A．触发器是一种特殊的存储过程

    B．可以实现复杂的商业逻辑

    C．数据库管理员可以通过语句执行触发器

    D．触发器可以用来实现数据完整性

二、多选题

1．在 SQL Server 中，声明并创建以下存储过程，正确调用该存储过程的语句是（　　　）

```
CREATE PROCEDURE PRO
@passNum int OUTPUT,
@passPoint int=60
AS
Select @passNum=count(*) From stuTable Where point >@passPoint
GO
```

    A．Declare @sum int; EXEC PRO @sum output

    B. Declare @sum int; EXEC PRO @sum output,70

    C. EXEC PRO 70

    D. Declare @sum int; EXEC PRO @passNum,70

2. 以下关于 SQL Server 中的视图和存储过程，说法正确的是（　　）。

    A. 存储过程可以比相同的 T-SQL 代码执行速度快

    B. 视图可以包含来自多个表中的列

    C. 存储过程中不能包含大量的 T-SQL 代码

    D. 视图中不包含任何存放在基表中的数据

3. 在 SQL Server 中，按照触发事件的不同可以把触发器分成（　　）。

    A. DCL 触发器   B. DDL 触发器

    C. DML 触发器   D. DQL 触发器

4. AFTER 触发器要求只有执行以下（　　）操作之后触发器才被触发。

    A. INSERT   B. UPDATE

    C. DELETE   D. CREATE

三、简答题

1. 简述存储过程和触发器的优点。

2. AFTER 触发器和 INSTEAD OF 触发器有什么不同？

四、操作题

1. 创建存储过程，计算指定学生（姓名）的总成绩，存储过程中使用一个输入参数（姓名）和一个输出参数（总成绩）。然后调用该存储过程。

2. 为 student 表创建一个实现级联删除的触发器，当执行删除时，激活该触发器同时删除 sc 表中相应（相同学号的）记录。然后用相关命令语句触发此触发器。

第 10 章　数据库的安全管理和维护

本章导读

数据库系统中的数据由 DBMS 统一进行管理和控制，为了适应和满足数据共享的环境和要求，数据库管理系统要保证整个系统的正常运转，防止数据意外丢失和不一致数据的产生，以及当数据库遭受破坏后能迅速地恢复正常，这就是数据库的安全保护。

本章将从安全性控制、并发性控制和数据库恢复三个方面介绍数据库的安全保护功能。在介绍数据库的安全性管理时，本章通过国内外数据泄密事件，引导大家培养数据安全保护的意识，并努力学习，提升专业技能，成为数据保护的"安全卫士"。

本章要点

- 数据库的安全性管理。
- 并发控制与封锁。
- 数据的导入导出。
- 数据的备份与还原。

学习目标

- 理解数据库管理系统的安全机制。
- 掌握账号的创建及角色和权限管理。
- 熟悉实现并发控制的方法。
- 掌握数据的导入、导出、备份及还原。

SQL Server 作为一个网络数据库管理系统，具有完备的安全机制，能够确保数据库中的信息不被非法盗用或破坏。SQL Server 的安全机制可分为以下三个等级：SQL Server 的登录安全性、数据库的访问安全性及数据库对象的使用安全性。为了防止数据的不一致性、数据的丢失和数据库的崩溃，SQL Server 提供了事务的并发控制、数据库的备份与恢复机制。

登录名与用户名的设置

10.1　数据库的安全性管理

必须有合法的登录名才能建立连接并获得对 SQL Server 的访问权限。SQL Server 的注册认证有两种方式：Windows 身份验证和 SQL Server 身份认证。其中 Windows 身份验证的用户是在 Windows 操作系统下创建的。这里研究如何管理 SQL Server 的登录账户。

10.1.1　SQL Server 的数据安全机制

SQL Server 2014 的安全模型分为三层结构，分别为服务器安全管理、数据库安全管理和数据库对象的访问权限管理。

每个安全等级就好像一道门，如果门没有上锁，或者用户拥有开门的钥匙，则用户可以通过这道门到达下一个安全等级。如果通过了所有的门，则用户就可以实现对数据的访问了。这种关系为：用户通过客户机操作系统的安全性进入客户机，通过 SQL Server 的登录安全性登录 SQL Server 服务器，通过数据库的使用安全性使用数据库，通过数据库对象的使用安全性访问数据对象。

1. 第一层安全性是 SQL Server 服务器级别的安全性

这一级别的安全性建立在控制服务器登录账号和密码的基础上，即必须具有正确的服务器登录账号和密码才能连接 SQL Server 服务器。登录账号可以是 Windows 系统的账号或组，也可以是 SQL Server 的登录账号。

2. 第二层安全性是数据库级别的安全性

当用户提供了正确的服务器登录账号和密码通过第一层 SQL Server 服务器的安全检查之后，将接受第二层的安全性检查，即是否具有访问某个数据库的权限。

3. 第三层安全性是数据库对象级别的安全性

用户通过前两层的安全性检查后，要想对具体的数据库对象进行操作，必须拥有操作数据库对象的权限，否则系统将拒绝访问。

SQL Server 的三层次的安全机制相当于访问数据库对象过程中的三道安全门，只有合法地通过这三个层次的安全验证，用户才能真正访问到相应的数据库对象。SQL Server 的三层安全机制如图 10-1 所示。

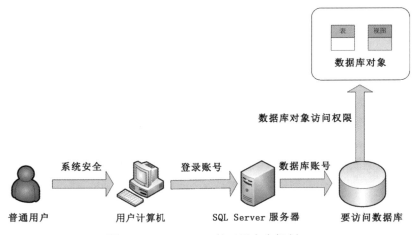

图 10-1　SQL Server 的三层安全机制

4. 访问数据库对象的详细说明

任何用户要访问 SQL Server，必须取得服务器的"连接许可"。用户在客户机上向服务器申请并被 SQL Server 审查，只有服务器确认合法的用户才允许进入。如果用户的登录账户没有通过 SQL Server 审查，则不允许该用户访问服务器，更无法接触到服务器中的数据库数据。

SQL Server 的服务器级安全性建立在控制服务器登录账号和密码的基础上。SQL Server 采用了标准 SQL Server 登录和集成 Windows NT 登录两种方式。无论使用哪种登录方式，用户在登录时提供的登录账号和密码，决定了用户能否获得 SQL Server 的访问权，以及在获得访问权之后，用户在访问 SQL Server 进程时可以拥有的权利。管理和设计合理的登录方式是 SQL Server DBA 的重要任务。在 SQL Server 安全体系中，DBA 可以发挥主动性的第一道防线。SQL Server 在服务器和数据库级的安全级别上都设置了角色。角色是用户分配权限的单位。SQL Server 允许用户在数据库级上建立新的角色，然后为角色赋予多个权限，然后再通过角色将权限赋予 SQL Server 的用户。

（1）当用户登录账户通过 SQL Server 审查进入服务器后，还必须取得数据库的"访问许可"，才能使用相应的数据库。SQL Server 在每一个数据库中保存有一个用户账号表，记载了允许访问该数据库的用户信息。如果用户登录服务器后，在所需访问的数据库中没有相应的用户账户，仍然无法访问该数据库。打个比喻，就像走进了大门，但房门钥匙不对，仍然无法进入房间。在建立用户的登录账号信息时，SQL Server 会提示用户选择默认的数据库。以后用户每次连接上服务器后，都会自动转到默认的数据库上。对任何用户来说，master 数据库的门总是打开的，如果在设置登录账号时没有指定默认的数据库，则用户的权限将局限在 master 数据库以内。

（2）在数据库的用户账号表中，不仅记载了允许哪些用户访问该数据库，还记载了这些用户的"访问权限"。除了数据库所有者（db_owner）对本数据库具有全部操作权限外，其他用户只能在数据库中执行规定权限的操作。如有的用户能进行数据查询，有的用户可进行插入、修改或删除表中数据的操作，有的用户只能查询视图或执行存储过程，而有的用户可以在数据库中创建其他对象等。默认情况下，只有数据库的拥有者可以在该数据库下进行操作。当一个非数据库拥有者想访问数据库里的对象时，必须事先由数据库的拥有者赋予该用户对指定对象的执行特定操作的权限。

10.1.2 SQL Server 身份验证模式

登录标识是 SQL Server 服务器接收用户登录连接时识别用户的标识，用户必须使用一个 Login 账户才能连接到 SQL Server 中。SQL Server 可以识别两种类型的 Login 认证机制：SQL Server 认证机制和 Windows 认证机制。当使用 SQL Server 认证机制时，SQL Server 系统管理员定义 SQL Server 的 Login 账户和口令。当用户连接 SQL Server 时，必须提供 Login 账号和口令。当使用 Windows 认证机制时，由 Windows 账户或者组控制用户对 SQL Server 系统的访问。这时，用户不必提供 SQL Server 的 Login 账户和口令就能连接到系统上。但是，在用户连接之前，SQL Server 系统管理员必须定义 Windows 账户或组是有效的 SQL Server 的 Login 账户。

1. Windows 认证模式

在 Windows 验证模式下只允许使用 Windows 认证机制。此时，SQL Server 检测当前使用的 Windows 用户账户，以确定该账户是否有权限登录。在这种方式下，用户不必提供登录名或密码让 SQL Server 验证。

在 Windows 模式下，用户只要通过 Windows 的认证就可连接到 SQL Server。在这种认证模式下，当用户试图登录到 SQL Server 时，它从 Windows 的网络安全属性中获取登录用户的账号与密码，并将它们与 SQL Server 中记录的 Windows 账户相匹配。如果在 SQL Server 中找到匹配的项，则接受这个连接，允许该用户进入 SQL Server。

Windows 认证模式与 SQL Server 认证模式相比，其优点是用户启动 Windows 进入 SQL Server 不需要两套登录名和密码，简化了系统操作。更重要的是，Windows 认证模式充分利用了 Windows 强大的安全性能及用户账户管理能力。Windows 安全管理具有众多特点，如安全合法性、口令加密、对密码最小长度进行限制、设置密码期限以及多次输入无效密码后锁定账户等。

在 Windows 中可使用用户组，所以当使用 Windows 认证模式时，我们总是把用户归入一定的 Windows 用户组，以便当在 SQL Server 中对 Windows 用户组进行数据库访问权限设置时，能够把这种权限传递给每一个用户。当新增加一个登录用户时，也总把它归入某一用户组，这种方法可以使用户更为方便地进入到系统中，并消除了逐一为每个用户进行数据库访问权限设置而带来的不必要的工作量。

2．混合身份认证模式

在混合模式下，用户既可使用 Windows 身份验证，也可使用 SQL Server 身份验证。如果用户在登录时提供了 SQL Server 登录用户名，则系统将使用 SQL Server 身份验证对其进行验证；如果没有提供 SQL Server 登录用户名或请求 Windows 身份验证，则使用 Windows 身份验证。

当使用 SQL Server 身份验证时，用户必须提供登录用户名和密码，该登录用户名是 DBA（数据库管理员）在 SQL Server 中创建并分配给用户的，这些用户名和密码与 Windows 的账户无关。这时，SQL Server 按照下列步骤处理自己的登录账户。

（1）当一个使用 SQL Server 账户和密码的用户连接 SQL Server 时，SQL Server 验证该用户是否在系统表 syslogins 中，且其密码是否与以前记录的密码匹配。

（2）如果在系统表 syslogins 中没有该用户账户或密码不匹配，那么这次身份验证失败，系统拒绝该用户的连接。

混合模式的 SQL Server 身份验证方式有下列优点。

（1）如果用户是具有 Windows 登录名和密码的 Windows 域用户，则还必须提供另一个用于连接 SQL Server 的登录名和密码，因此，该种验证模式创建了 Windows 之上的另外一个安全层次。

（2）允许 SQL Server 支持具有混合操作系统的环境，在这种环境中并不是所有用户均由 Windows 域进行验证。

（3）允许用户从未知的或不可信的域进行连接。

（4）允许 SQL Server 支持基于 Web 的应用程序，在这些应用程序中用户可创建自己的标识。

身份验证模式是对服务器而言的，身份验证方式是对客户端而言的。

3．设置身份认证模式

身份认证模式可以在安装过程中指定或使用 SSMS 指定。在安装 SQL Server 2014 或者第一次使用 SQL Server 连接其他服务器的时候，需要指定认证模式。对于已经指定认证模式的 SQL Server 服务器，也可以进行修改。设置或修改认证模式的用户必须使用系统管理员或安全管理员账户。在 SSMS 中选择身份认证模式的方法如下。

打开 SSMS，在"对象资源管理器"窗口中的对应服务器上右击，从弹出的快捷菜单中选择"属性"命令，如图 10-2 所示。打开"服务器属性"窗口。

图 10-2　服务器 SQL Server 属性

在"服务器属性"窗口中选择认证模式，如图 10-3 所示。输入完成后，单击"确定"按钮。修改认证模式后，必须右击服务器重新启动 SQL Server 服务后才能使设置生效，如图 10-4 所示。

图 10-3　服务器身份验证设置

图 10-4　重启服务器

10.1.3　用户账号管理

在 SQL Server 中，账号有两种：一种是登录服务器的登录账号（Login Name），另外一种是使用数据库的用户账号（User Name）。

登录账号是指能登录到 SQL Server 的账号，它属于服务器的层面，本身并不能让用户访问服务器中的数据库，而登录者要使用服务器中的数据库时，必须要有用户账号才能存取数据库。就如同一座办公楼先刷卡进入（登录服务器），然后再拿钥匙打开自己的办公室（进入数据库）一样。

1.　登录账号的创建

（1）使用 SSMS 建立 Windows 认证模式的登录账号。对于 Windows 操作系统，安装本地 SQL Server 的过程中，允许选择认证模式。例如，对于安装时选择 Windows 身份认证方式，在此情况下，如果要增加一个 Windows 的新用户，如何授权该用户，使其能通过信任连接访问 SQL Server 呢？步骤如下：

1）创建 Windows 用户：以管理员身份，登录 Windows。在"控制面板"|"管理工具"|"计算机管理"中，新建用户。

2）将 Windows 网络账号加入到 SQL Server 中，以管理员身份登录到 SQL Server，进入 SSMS，在图 10-5 所示窗口中的"登录名"图标上右击，在弹出的快捷菜单中选择"新建登录名"命令，打开如图 10-6 所示的窗口。

图 10-5　选择"新建登录名"　　　　　　图 10-6　"登录名-新建"窗口

3）在"登录名-新建"窗口中，选择"常规"页。单击"登录名"文本框后的"搜索"按钮，打开如图 10-7 所示的对话框，在此对话框中可以选择用户名或用户组添加到 SQL Server 登录用户列表中。

图 10-7　选择用户或组

4）单击"确定"按钮，完成 Windows 认证模式下登录账户的建立。

（2）使用 SSMS 建立 SQL Server 身份验证的登录账号。以创建 SQL Server 身份验证的登录账号"zdf1"为例，创建登录账号的具体步骤如下：

1）在"对象资源管理器"窗口中，展开"安全性"节点，然后右击"登录名"，在弹出的快捷菜单中选择"新建登录名"命令，会出现"登录名-新建"窗口。

2）在"登录名-新建"窗口中，在"选择页"列表中选择"常规"。

3）在"登录名"文本框中输入要创建的登录账号的名称，选中"SQL Server 身份验证"单选按钮，并输入密码，之后，取消勾选"强制实施密码策略"复选框，如图 10-8 所示。

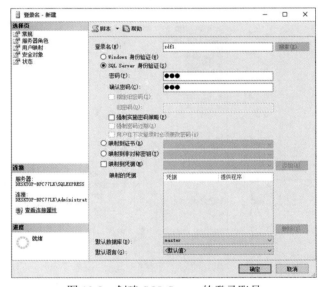

图 10-8　创建 SQL Server 的登录账号

4）在图 10-8 中，在"选择页"列表中选择"服务器角色"，如图 10-9 所示。这里可以选择将该登录账号添加到某个服务器角色中成为其成员，并自动具有该服务器角色的权限。其中，public 角色自动选中，并且不能删除。在此选择 sysadmin 角色，使该登录账号具有服务器层面的任何权限。

5）设置完所有需要设置的选项之后，单击"确定"按钮即可创建登录账号，并且显示在登录名列表中，如图 10-10 所示。

图 10-9　设置登录账号的服务器角色

图 10-10　登录账号创建成功

（3）使用 T-SQL 语句创建登录账号。

创建登录账户的 T-SQL 语句的语法格式如下：

```
CREATE LOGIN login_name
WITH
PASSWORD={ 'password' | hashed_password hashed }
[must_change][,]
[SID=0x14585E90117152449347750164BA00A7][,]
[DEFAULT_DATABASE=database_name][,]
[DEFAULT_LANGUAGE=language][,]
[CHECK_EXPIRATION={ON|OFF}][,]
[CHECK_POLICY={ON|OFF}][,]
[CREDENTIAL=credential_name]
```

参数说明：

1）login_name：指定创建的登录名。有四种类型的登录：SQL Server 登录、Windows 登录、证书映射登录和非对称密钥映射登录。

2）PASSWORD='password'：仅适用于 SQL Server 登录。指定正在创建的登录名的密码。应使用强密码。有关详细信息，请参阅强密码和密码策略。密码是区分大小写的。密码应至少包含 8 个字符，并且不能超过 128 个字符。密码可以包含 a～z、A～Z、0～9 和大多数非字母数字字符；密码不能包含单引号或 login_name。

3）PASSWORD=hashed_password：仅适用于 hashed 关键字。指定要创建的登录名的密码的哈希值。hashed 仅适用于 SQL Server 登录。指定在 password 参数后输入的密码已经过哈希运算。如果未选择此选项，则在将作为密码输入的字符串存储到数据库中之前，对其进行哈希运算。此选项应仅用于在服务器之间迁移数据库。

4）must_change：仅适用于 SQL Server 登录。如果包括此选项，则 SQL Server 将在首次使用新登录时提示用户输入新密码。

5）SID=sid：用于重新创建登录名。仅适用于 SQL Server 身份验证登录，不适用于 Windows

身份验证登录。指定新 SQL Server 身份验证登录的 sid。如果未使用此选项，SQL Server 将自动分配 sid，sid 结构取决于 SQL Server 版本。

6）DEFAULT_DATABASE=database_name：指定将指派给登录名的默认数据库。如果未包括此选项，则默认数据库将设置为 master。

7）DEFAULT_LANGUAGE=language：指定将指派给登录名的默认语言。如果未包括此选项，则默认语言将设置为服务器的当前默认语言。即使将来服务器的默认语言发生更改，登录名的默认语言也仍保持不变。

8）CHECK_EXPIRATION={ON|OFF}：仅适用于 SQL Server 登录。指定是否应对此登录账户强制实施密码过期策略。默认值为 OFF。

9）CHECK_POLICY={ON|OFF}：仅适用于 SQL Server 登录。指定应对此登录强制实施运行 SQL Server 计算机的 Windows 密码策略。默认值为 ON。

10）CREDENTIAL=credential_name：指定映射到新 SQL Server 登录的证书名称。该证书必须已存在于服务器中。当前此选项只将证书链接到登录名。证书不能映射到系统管理员（sa）登录名。

【例 10-1】用 T-SQL 创建一个名为 testuser 的登录账号，密码设置为 123456，默认数据库为 master，服务器语言为当前默认语言。

在查询窗口中输入如下 T-SQL 语句，单击工具栏上的"执行"按钮，执行结果如图 10-11 所示。

```
CREATE LOGIN testuser
WITH
PASSWORD='123456',
DEFAULT_DATABASE=master,
CHECK_EXPIRATION=OFF,
CHECK_POLICY=OFF
```

图 10-11　创建登录账号 testuser

2. 修改登录账号

（1）用户可以通过 SSMS 修改登录账号。操作步骤如下所述。

打开"对象资源管理器"窗口找到"服务器"，展开"安全性"中的"登录名"节点，选择需要修改的账号，右击该用户节点，在弹出的快捷菜单中选择"属性"命令进入"登录属性"窗口，进行对应信息的修改。

（2）修改登录的 T-SQL 方式是使用 ALTER LOGIN 语句，其语法格式如下：

```
ALTER LOGIN login_name
{
<status_option>
|WITH<set_option>[,…]
|<cryptographic_credential_option>
}
<status_option>::=
            ENABLE|DISABLE
<set_option>::=
    PASSWORD='password'|hashed_password HASHED
[
    OLD_PASSWORD='oldpassword'|MUST_CHANGE|UNLOCK
]
|DEFAULT_DATABASE=database
|DEFAULT_LANGUAGE=language
|NAME=login_name
|CHECK_EXPIRATION={ON|OFF}
|CREDENTIAL=credential_name
|NO CREDENTIAL
<cryptographic=credentials_option>::=
    ADD CREDENTIAL credential_name|DROP CREDENTIAL credential_name
```

上述语句中的大部分参数与 CREATE LOGIN 语句中的作用相同，因此不再复述。

【例 10-2】用 T-SQL 将登录账号 testuser 修改为 zdf2，其他属性不变。

在查询窗口中输入如下 T-SQL 语句，单击工具栏上的"执行"按钮，执行结果如图 10-12 所示。

```
ALTER    LOGIN    testuser WITH    NAME=zdf2
```

图 10-12　修改登录账号 testuser

3．删除登录账号

用户管理的另外一个重要项目就是删除不再使用的登录账号，以保障数据库的安全。用户可以在"对象资源管理器"窗口中删除登录账号，操作步骤如下所述。

打开"对象资源管理器"找到"服务器"，展开"安全性"中的"登录名"节点，选择需要修改的账号，右击该用户节点，在弹出的快捷菜单中选择"删除"命令，单击"确定"按钮完成登录账号的删除操作。

也可以使用 T-SQL 语句（DROP LOGIN）删除登录账号。DROP LOGIN 语句的语法格式如下：

    DROP LOGIN login_name

  其中，login_name 是登录账号的登录名。

  4. 数据库用户的创建

  在 SQL Server 中有两种账号：一种是登录服务器的登录账号（Login Name），一种是访问数据库的数据库用户账号（User Name）。登录账号与用户账号是两个不同的概念。一个合法的登录账号只表明该账号通过了 Windows 认证或 SQL Server 认证，允许该账号用户进入 SQL Server，但不表明可以对数据库数据和数据对象进行某种操作。所以一个登录账号总是与一个或多个数据库用户账号相关联后，才可以访问数据库，获得存在价值。数据库用户账号用来指出哪些用户可以访问数据库。在每个数据库中都有一个数据库用户列表，用户对数据的访问权限以及对数据库对象的所有关系都是通过用户账号来控制的。用户账号总是基于数据库的，即在两个不同的数据库中可以有相同的用户账号。

  由此可知，登录账号是属于服务器的层面。而登录者要使用服务器中的数据库数据时，必须要有用户账号。可以通过以下两种方法创建数据库用户账号：一种是利用对象资源管理器创建，另一种是利用 T-SQL 语句创建。

  （1）通过 SSMS 对象资源管理器创建数据库用户。

  使用 SSMS 对象资源管理器创建数据库用户有两种方法：一是是利用数据库用户直接创建，可以自定义数据库用户的名称；二是利用登录账号的用户映射创建与登录账号一样名称的数据库用户名称。

  以 XUESHENG 数据库为例创建自定义的数据库用户，名称为 ab，具体步骤如下。

  1）在"对象资源管理器"窗口中，展开"具体的数据库名"（例如数据库 XUESHENG）下面的"安全性"节点，如图 10-13 所示。

  2）在图 10-13 所示的用户节点上右击，在弹出的快捷菜单中选择"新建用户"命令，将打开"数据库用户-新建"窗口，如图 10-14 所示。

图 10-13 数据库用户列表

图 10-14 "数据库用户-新建"窗口

在图 10-14 所示的"常规"页中可以设置下列内容：

a．用户名：输入要创建的数据库用户名。

b．登录名：输入与该数据库用户对应的登录账号，可以通过右边按钮选择已有的登录账号。

c．默认架构：输入或选择数据库用户所属的架构。

3）在"成员身份"页中，可以为该数据库用户选择数据库角色，还可以对"安全对象"和"扩展属性"中的选项进行设置。

4）设置完成后，单击"确定"按钮，则成功创建数据库用户。

以 XUESHENG 数据库为例，利用登录账号的用户映射创建数据库用户，名称为 cd，具体步骤如下。

在"对象资源管理器"窗口中，展开"安全性"下面的"登录名"节点，右击 zdf2 登录账号，在弹出的快捷菜单中选择"属性"命令，将打开 zdf2 的属性窗口，单击"用户映射"选择页，勾选映射的数据库 XUESHENG，用户名与登录账号同名，如图 10-15 所示。

图 10-15　zdf2 的属性窗口

（2）使用 T-SQL 的 CREATE USER 语句添加数据库用户。

语法格式：

```
CREATE USER user_name [FOR LOGIN login_name]
    [WITH DEFAULT_SCHEMA=schema_name]
```

参数说明：

1）user_name：数据库用户名称。

2）FOR LOGIN login_name：指定要创建数据库用户的 SQL Server 登录名。如果忽略 FOR LOGIN，则新的数据库用户将被映射到同名的 SQL Server 登录名。

3）WITH DEFAULT_SCHEMA=schema_name：指定服务器为此数据库用户解析对象名称时搜索的第一个架构。缺省时使用 dbo 为默认架构。DEFAULT_SCHEMA 可为数据库中当前不存在的架构。

备注：不能使用 CREATE USER 创建 guest 用户，因为每个数据库中均已存在 guest 用户；可通过授予 guest 用户 CONNECT 权限来启用该用户，例如：

    GRANT CONNECT TO GUEST

5. 删除数据库用户

（1）使用 SSMS 删除数据库用户。

例如，删除 XUESHENG 数据库中的数据库用户 zdfl。

在"对象资源管理器"窗口中展开目标数据库"安全性"中的"用户"节点，右击要删除的数据库用户，在弹出的快捷菜单中选择"删除"命令，在弹出的"删除对象"对话框中单击"确定"按钮即可。

（2）使用 T-SQL 的 DROP USER 语句删除数据库用户。

语法格式：

    DROP USER user_name

备注：不能从数据库中删除拥有安全对象的用户，必须先删除或转移安全对象的所有权，才能删除这些数据库用户；不能删除 guest 用户，但可在除 master 或 tempdb 之外的任何数据库中执行 REVOKE CONNECT FROM GUEST 来撤销它的 CONNECT 权限，从而禁用 guest 用户。

10.1.4　角色管理

角色是 DBMS 为方便权限管理而设置的管理单位。角色定义了常规的 SQL Server 用户类别，每种角色将该类别的用户（即角色的成员）与其使用 SQL Server 的权限相关联。角色中的所有成员自动继承该角色所拥有的权限，对角色进行的权限授予、拒绝或撤销将对其中所有成员生效。

SQL Server 提供了用户通常管理工作的预定义角色（包括服务器角色和数据库角色）。用户还可以创建自己的数据库角色，以便表示某一类进行同样操作的用户。当用户需要执行不同的操作时，只需将该用户加入不同的角色中即可，而不必对该用户反复授权许可和撤销许可。

1. 角色的类型

（1）按照角色权限的作用域，可以分为服务器角色与数据库角色。服务器角色是作用域为服务器范围的用户组。SQL Server 根据系统的管理任务类别及其相对重要性，把具有 SQL Server 管理职能的用户划分为不同的用户组，每一组所具有的管理 SQL Server 的权限都是 SQL Server 内置的。用户必须有登录账户才能加入服务器角色。

数据库角色是权限作用域为数据库范围的用户组。可以为某些用户授予不同级别的管理或访问数据库及数据库对象的权限，这些权限是数据库专有的。一个用户可属于同一数据库的多个角色。SQL Server 提供了两类数据库角色：固定数据库角色和用户自定义数据库角色。

（2）按照角色的定义者，可以分为预定义角色与自定义角色。预定义角色是由 SQL Server 预先定义好的角色，它们可以由用户使用（添加或删除成员，public 角色除外），但不能被用户修改、添加或删除。SQL Server 提供了三类预定义角色：服务器角色、固定数据库角色和 public 角色。

自定义角色是由用户创建的角色，属于数据库角色。SQL Server 支持自定义数据库角色和应用程序角色两类。

综上所述，在 SQL Server 2014 中有五种角色：public 角色、服务器角色、固定数据库角色、自定义数据库角色和应用程序角色。

（3）关于 public 角色。public 角色在每个数据库中都存在，提供数据库中用户的默认权限。每个登录的数据库用户都自动是此角色的成员，因此，无法在此角色中添加或删除用户。

2. 预定义角色描述与权限

（1）服务器角色。该角色在服务器级定义并存在于数据库之外。该角色的每个成员都能够向该角色中添加其他登录名。在 SSMS 中展开"对象资源管理器"窗口中的"安全性"，单击展开"服务器角色"节点，可看到当前服务器的所有服务器角色。SQL Server 提供了九种常用的服务器角色来授予组合服务器级管理员权限。表 10-1 列出了各固定服务器角色及其描述与权限。

表 10-1　固定服务器角色描述与权限

固定服务器角色	描述与权限
bulkadmin	批量输入管理员：管理大容量数据输入操作
dbcreator	数据库创建者：可创建、更改、删除和还原任何数据库
diskadmin	磁盘管理员：管理磁盘文件
processadmin	进程管理员：可终止 SQL Server 实例中运行的进程
public	每个 SQL Server 登录账号都属于 public 服务器角色
securityadmin	安全管理员：管理登录名及其属性。具有 GRANT、DENY 和 REVOKE 服务器级和数据库级权限；可重置 SQL Server 登录名的密码
serveradmin	服务器管理员：管理 SQL Server 服务器端的设置，可更改服务器范围的配置选项和关闭服务器
setupadmin	安装管理员：增加、删除连接服务器，建立数据库复制以及管理扩展存储过程
sysadmin	系统管理员：拥有 SQL Server 所有的权限许可

（2）固定数据库角色。该角色在数据库级定义并存在于每个数据库中。db_owner 和 db_securityadmin 数据库角色的成员可以管理固定数据库角色成员身份，但只有 db_owner 角色成员可将其他用户添加到 db_owner 固定数据库角色中。在 SSMS 中，展开"对象资源管理器"窗口中目标数据库的"安全性"，单击"角色"中的"数据库角色"节点，可看到当前数据库的所有数据库角色。SQL Server 提供了十种常用的固定数据库角色来授予组合数据库级管理员权限。表 10-2 列出了各固定数据库角色及其描述与权限。

表 10-2　固定数据库角色描述与权限

固定数据库角色	描述与权限
db_accessadmin	可为登录账户添加或删除访问权限
db_backupoperator	可备份数据库
db_datareader	可读取用户表中所有数据
db_datawriter	可在所有用户表中增、删、改数据
db_ddladmin	可在数据库中运行任何数据定义语言（DDL）命令
db_denydatareader	不能读取数据库内用户表中的任何数据
db_denydatawriter	不能增、删、改数据库内用户表中的任何数据
db_owner	可执行数据库的所有配置和维护活动
db_securityadmin	可修改角色成员身份和管理权限

默认情况下，VIEW ANY DATABASE 权限被授予 public 角色。因此，连接到 SQL Server 2014 实例的每个用户都可查看该实例中的所有数据库。

若要限制数据库元数据的可见性，则要取消登录账户的 VIEW ANY DATABASE 权限。取消此权限之后，登录账户只能查看 master、tempdb 以及所拥有的数据库的元数据。

每个数据库用户都属于 public 数据库角色。当尚未对某个用户授予或拒绝对安全对象的特定权限时，则该用户将继承授予该安全对象的 public 角色的权限。

3. 角色的设置

利用角色，SQL Server 管理者可以将某些用户设置为某一角色，这样只要对角色进行权限设置便可以实现对所有用户权限的设置，大大减少了管理员的工作量。

使用 SSMS 可以方便快捷地实施角色管理，也可以使用相关系统存储过程进行角色管理。

（1）设置登录名的服务器角色身份。

1）使用 SSMS 可以方便快捷地为登录名一次设置或撤销多个角色成员身份。

例如，为登录账户 zdf1 设置服务器角色成员身份，方法如下所述。

a．在账户所在服务器的"安全性"中的"登录名"下，右击目标账户，在弹出的快捷菜单中选择"属性"命令。

b．在弹出的"登录属性"窗口中的"选择页"区选择"服务器角色"项，进入"服务器角色"页。

c．在"服务器角色"区设置（打上"√"）需要的服务器角色或撤销（去掉"√"）不需要的服务器角色，如图 10-16 所示。设置完毕后单击"确定"按钮即可。

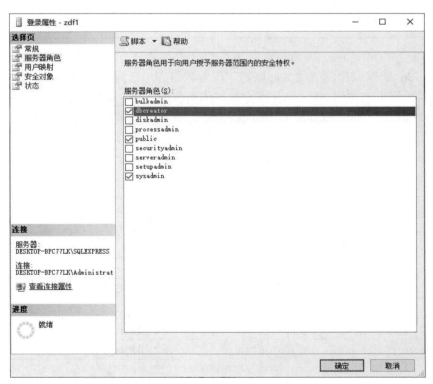

图 10-16　为账户 zdf1 设置服务器角色成员身份

说明：建议勾选 dbcreator 服务器角色，并在勾选此角色前后分别查看效果，其他服务器角色的设置参照执行。

2）使用系统存储过程 sp_addsrvrolemember（sp_dropsrvrolemember）设置（删除）服务器角色成员身份的登录名。

语法格式：

设置：sp_addsrvrolemember [@loginame=]'login',[@rolename=]'role'

删除：sp_dropsrvrolemember [@loginame=]'login',[@rolename=]'role'

参数说明：

a.[@loginame=]'login'：指定要设置（删除）服务器角色身份的登录名。login 必须存在，必须带服务器名称。

b.[@rolename=]'role'：指定服务器角色名。role 必须为以下值之一：sysadmin、securityadmin、serveradmin、setupadmin、processadmin、diskadmin、dbcreator、bulkadmin。

备注：

● 进行上述操作需要具有 sysadmin 角色成员身份，或同时具有对服务器的 ALTER ANY LOGIN 权限以及从中设置（删除）成员的角色中的成员身份。

● 不能更改 sa 登录和 public 的角色成员身份。

● 不能在用户定义的事务内执行 sp_addsrvrolemember 或 sp_dropsrvrolemember。

● 返回代码值：0（成功）或 1（失败）。

【例 10-3】为登录账号 zdf2 设置服务器角色成员身份，语句如下所示。

```
sp_addsrvrolemember@loginame='COMPANY-5A6856E\zdf2',@rolename='sysadmin'
```

（2）设置数据库用户的固定数据库角色。

1）使用 SSMS 可以方便快捷地为数据库用户一次设置或撤销多个角色成员身份。

例如，利用 SSMS 为 XUESHENG 数据库下的用户 ab 设置固定数据库角色成员身份。具体操作如下：

a.在服务器所在的 XUESHENG 数据库中，展开"安全性"中的"用户"节点，右击 ab 用户，在弹出的快捷菜单中选择"属性"命令，系统弹出"数据库用户"窗口。

b.在弹出的"数据库用户"窗口的"拥有的架构"页和"成员身份"页内，逐一设置（打上"√"）需要的固定数据库角色成员身份或撤销（去掉"√"）固定数据库角色成员身份，设置完毕后单击"确定"按钮即可，如图 10-17 所示。

2）使用系统存储过程 sp_addrolemember（sp_droprolemember）在当前数据库中设置（删除）用户的固定数据库角色成员身份。

语法格式：

设置：sp_addrolemember [@rolename=]'role',[@membername=]'security_account'

删除：sp_droprolemember [@rolename=]'role',[@membername=]'security_account'

参数说明：

a.role：当前数据库中的数据库角色名；无默认值；必须存在于当前数据库中。

b.security_account：将设置或删除角色成员身份的用户名；无默认值；可以是数据库用户、自定义数据库角色、Windows 登录或 Windows 组；必须存在于当前数据库中。

图 10-17　为 XUESHENG 数据库的用户 ab 设置固定数据库角色

备注：
- 使用存储过程 sp_addrolemember 需具备下列条件之一：db_owner 或 db_securityadmin 角色身份；拥有该角色的角色中的成员身份或对角色的 ALTER 权限。存储过程 sp_addrolemember 可向数据库角色添加成员，不能向角色中添加预定义角色或 dbo。
- 存储过程 sp_droprolemember 的使用者需有 sysadmin 固定服务器角色成员身份，或对服务器具有 ALTER ANY LOGIN 权限以及将从中删除成员的角色的成员身份。
- 上述两个存储过程不能用于 public 角色或 dbo；也不能在用户定义的事务中执行这两个系统存储过程。角色不能直接或间接将自身包含为成员，返回代码值：0（成功）或 1（失败）。
- 可用系统存储过程 sp_helpuser 查看 SQL Server 角色的成员。

【例 10-4】为数据库用户 cd 设置固定数据库角色成员身份，语句如下所示。

```
sp_addrolemember @rolename='db_owner',@membername='cd'
```

4. 创建自定义角色

创建自定义数据库角色就是创建一个用户组，组内的这些用户具有相同的一组权限。如果一组用户需要执行在 SQL Server 中指定的一组操作且并不存在对应的 Windows 组，或者没有管理 Windows 用户账号的权限，就可以在数据库中建立一个自定义数据库角色。

（1）创建自定义数据库角色。

例如，利用 SSMS 在当前服务器的 XUESEHNG 数据库内创建自定义数据库角色。

1）右击"对象资源管理器"窗口中目标服务器的 XUESEHNG 数据库，选择"安全性"中的"角色"节点或该节点下的任一角色，在弹出的快捷菜单中选择"新建数据库角色"命令，如图 10-18 所示。

2）在弹出的"数据库角色-新建"窗口的"常规"页指定"角色名称"和"所有者"，如图 10-19 所示。

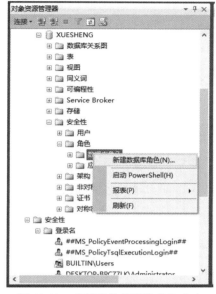

图 10-18　"新建数据库角色"命令

图 10-19　自定义数据库角色

3）在"常规"页指定架构，单击"添加"按钮为角色添加成员；在"安全对象"页为角色授权。

4）单击"确定"按钮，数据库引擎立即完成创建。

（2）使用 T-SQL 语句 CREATE ROLE 在当前数据库中创建新的自定义数据库角色。

语法格式：

　　CREATE ROLE role_name [AUTHORIZATION owner_name]

参数说明：

1）role_name：待创建角色的名称。

2）AUTHORIZATION owner_name：将拥有新角色的数据库用户或角色，默认为执行该语句的用户。

【例 10-5】利用 CREATE ROLE 语句在当前数据库创建自定义数据库角色 js2。

　　CREATE ROLE js2　　AUTHORIZATION ab

（3）使用 SSMS 创建应用程序角色。

1）右击"对象资源管理器"窗口中目标服务器的 XUESHENG 数据库，选择"安全性"中的"角色"节点或该节点下的任一角色，在弹出的快捷菜单中选择"新建应用程序角色"命令，如图 10-20 所示。

2）在弹出的"应用程序角色-新建"窗口的"常规"页指定"角色名称"和"默认架构"，如图 10-21 所示。

3）在"常规"页指定架构；在"安全对象"页为角色授权。

4）单击"确定"按钮，数据库引擎立即完成创建。

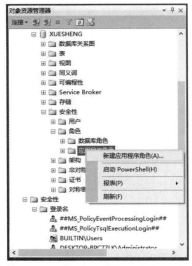

图 10-20 "新建应用程序角色"命令

图 10-21 自定义应用程序角色

（4）使用 CREATE APPLICATION ROLE 语句在当前数据库中创建新的自定义数据库角色。语法格式：

```
CREATE APPLICATION ROLE application_role_name
WITH PASSWORD='password'[, DEFAULT_SCHEMA=schema_name]
```

参数说明：

1）application_role_name：应用程序角色名称，不应使用该名称引用数据库中的任何主体。

2）PASSWORD='password'：指定用户将用于激活应用程序角色的密码，应始终使用强密码。

3）DEFAULT_SCHEMA=schema_name：指定解析该角色对象名时将搜索的第一个架构，默认是 DBO。

备注：设置角色密码时要检查密码复杂性；调用角色的应用程序必须存储它们的密码。

【例 10-6】利用 CREATE APPLICATION ROLE 语句在当前数据库创建自定义应用程序角色 2。

```
CREATE APPLICATION ROLE 应用程序角色 2 WITH PASSWORD='123456'
```

应用程序角色是一种特殊的自定义数据库角色。它使应用程序能用其自身的、类似用户的权限运行，从而可让没有直接访问数据库权限的用户访问特定数据。如果要让某些用户只能通过特定的应用程序间接存取数据库的数据而不是直接访问数据库时，应考虑使用应用程序角色。

由于只有应用程序（而非用户）知道应用程序角色的密码，因此，只有应用程序可以激活此角色，并访问该角色有权访问的对象。应用程序角色包含在特定的数据库中，如果它试图访问其他数据库，将只能获得其他数据库中 guest 账户的权限。

应用程序角色不需要服务器登录名，但创建应用程序角色的 T-SQL 语句必须包含对应于此应用程序角色的密码。因此，创建应用程序角色的安装脚本时一定要小心。在使用应用程序角色的任何数据库中，应撤销 public 角色的权限。对于不希望应用程序角色的调用方具有访问权限的数据库，可禁用 guest 账户。

5. 自定义角色的修改及删除

（1）使用 SSMS 可以很方便地修改自定义角色（包括自定义数据库角色和应用程序角色），

方法是，在"对象资源管理器"窗口中双击或右击自定义角色的名称或图标，在弹出的快捷菜单中选择"属性"命令，然后可在弹出的"自定义角色属性"对话框中进行各种修改，其界面和修改方法与创建自定义角色时一样。

也可以使用 T-SQL 的相关语句对自定义角色进行修改，主要语法如下所述。

更改数据库角色的名称：

  ALTER ROLE role_name WITH NAME = new_name

更改数据库角色的名称不会更改角色的 ID 号、所有者或权限。

更改应用程序角色的名称、密码或默认架构：

  ALTER APPLICATION ROLE application_role_name   WITH <set_item>[,...n]
    <set_item>::= { NAME=new_application_role_name | PASSWORD='password'
      | DEFAULT_SCHEMA = schema_name }

（2）如果要删除自定义角色，可以在"对象资源管理器"窗口中右击自定义角色的名称或图标，在弹出的快捷菜单中选择"删除"命令，然后在弹出的"删除对象"对话框中单击"确定"按钮即可。也可以使用 T-SQL 的相关语句进行删除，主要语法如下所述。

从当前数据库删除自定义数据库角色：

  DROP ROLE role_name

从当前数据库删除应用程序角色：

  DROP APPLICATION ROLE rolename

注意：删除拥有安全对象的数据库角色之前，必须先移交这些安全对象的所有权，或从数据库删除它们。

10.1.5　权限管理

权限是关于用户使用和操作数据库对象的权利与限制。SQL Server 使用许可权限来加强数据库的安全性，用户登录到 SQL Server 后，SQL Server 将根据用户被授予的权限来决定用户能够对哪些数据库对象执行哪些操作。

1. 权限的类型

在数据库中，权限可分为系统权限和对象权限，这两种权限都是可以授予与收回的。

（1）系统权限。系统权限表示用户对数据库的操作权限，即创建数据库或者创建数据库中的其他内容所需要的权限类型。例如，创建数据库、数据表和存储过程等的权限。如果一个用户具有了某个系统权限，该用户就具有了执行该语句的权力。表 10-3 列出了数据库系统权限及其说明。

表 10-3　数据库系统权限及其说明

系统权限	说明
授予数据库用户 BACKUP DATABASE 权限	可以备份数据库
授予数据库用户 BACKUP LOG 权限	可以备份事务日志
授予数据库用户 CREATE DATABASE 权限	可以创建数据库
授予数据库用户 CREATE DEFAULT 权限	可以创建默认值
授予数据库用户 CREATE FUNCTION 权限	可以创建自定义函数
授予数据库用户 CREATE PROCEDURE 权限	可以创建存储过程

续表

系统权限	说明
授予数据库用户 CREATE RULE 权限	可以创建规则
授予数据库用户 CREATE TABLE 权限	可以创建表
授予数据库用户 CREATE VIEW 权限	可以创建视图

（2）对象权限。表示对特定的安全对象（表、视图、列、存储过程、函数等）的操作权限，它控制用户在特定的安全对象上执行相应的语句、存储过程或函数的能力。如果用户想对某一对象进行操作，必须具有相应的操作权限。主要的对象权限及其说明见表 10-4。

表 10-4　数据库对象权限及其说明

系统权限	说明
授予数据库用户 SELECT（查询）权限	用户能够访问、操作表和视图的数据
授予数据库用户 INSERT（插入）权限	用户能够向数据表中插入数据
授予数据库用户 UPDATE（更新）权限	用户可以更新数据表中的数据
授予数据库用户 DELETE（删除）权限	用户可以删除数据表中的数据
授予数据库用户 EXECUTE（执行）权限	用户可以执行存储过程

2. 权限的设置

（1）使用 SSMS 设置数据库用户权限。使用 SSMS 为数据库用户 ab 设置权限，具体操作步骤如下。

1）右击"对象资源管理器"窗口中目标服务器的 XUESHENG 数据库，选择"安全性"中的"用户"节点，在弹出的快捷菜单中选择"属性"命令，如图 10-22 所示。

2）在"数据库用户"窗口的"选择页"区选择"安全对象"项，进入"安全对象"页，如图 10-23 所示，单击"搜索"按钮。

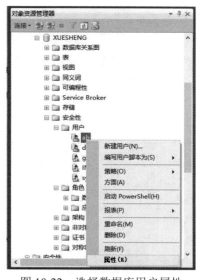

图 10-22　选择数据库用户属性

图 10-23　"安全对象"页

3）选择要添加的对象，比如，表、视图、存储过程等，这里就选择 XUESHENG 数据库中的两张数据表，如图 10-24 所示，单击"确定"按钮，返回"安全对象"页。

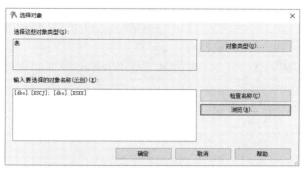

图 10-24　添加访问对象

4）此时"安全对象"页右上部"安全对象"列表区出现服务器名称，右下部权限列表区列出了可在该服务器使用的相关权限（图 10-25），按需要就相关权限逐一进行设置：选择"授予""具有授予权限"（即转授权限）或"拒绝"，或者取消选择（取消原来的选择即撤销权限）。注意，这种撤销包括撤销该账户转授给其他一切主体的该权限）。设置完毕后单击"确定"按钮，数据库引擎立即进行相应的设置操作。

图 10-25　数据库对象权限设置

（2）使用 T-SQL 语句设置权限。数据库内的权限始终授予数据库用户、角色和 Windows用户或组，从不授予 SQL Server 登录。可使用 T-SQL 提供的 GRANT、REVOKE 和 DENY 语句对数据库用户进行权限的授予、撤销和拒绝。

计算与对象关联权限时，第一步是检查 DENY 权限，如果该权限被拒绝，则停止计算，并且不授予权限。如果不存在 DENY，则下一步将与对象关联的权限和调用方用户或进程的权限进行比较，在这一步中，可能会出现 GRANT（授予）权限或 REVOKE（吊销）权限。如果权限被授予，则停止计算并授予权限；如果权限被吊销，则删除先前 GRANT 或 DENY 的权限。因此，吊销权限不同于拒绝权限。REVOKE 权限删除先前 GRANT 或 DENY 的权限。而 DENY 权限是禁止访问。因为明确的 DENY 权限优先于其他所有权限，所以，即使已被授予访问权限，DENY 权限也将禁止访问。

1）GRANT 语句。GRANT 语句用于将安全对象的权限授予主体。

语法格式：

```
GRANT ALL | permission [(column[,...n])][,...n]
      [ ON [class::] securable] TO principal [,...n]
      [ WITH GRANT OPTION ] [AS principal]
```

参数说明：

a．ALL：该选项并不授予全部可能的权限。授予 ALL 参数相当于授予以下权限：如果安全对象为数据库，则 ALL 表示 BACKUP DATABASE、BACKUP LOG、CREATE DATABASE、CREATE DEFAULT、CREATE FUNCTION、CREATE PROCEDURE、CREATE RULE、CREATE TABLE 和 CREATE VIEW；如果安全对象为标量函数，则 ALL 表示 EXECUTE 和 REFERENCES；如果安全对象为存储过程，则 ALL 表示 DELETE、EXECUTE、INSERT、SELECT 和 UPDATE；如果安全对象为表、视图或表值函数，则 ALL 表示 DELETE、INSERT、REFERENCES、SELECT 和 UPDATE。

b．permission：权限的名称。

c．column：指定表中将授予其权限的列的名称。需使用括号"()"。

d．class：指定将授予其权限的安全对象的类。需要范围限定符"::"。

e．securable：指定将授予其权限的安全对象。

f．TO principal：主体的名称。可为其授予安全对象权限的主体随安全对象而异。

g．GRANT OPTION：指示被授权者在获得指定权限的同时还可以将指定权限授予其他主体。

h．AS principal：指定一个主体，执行该查询的主体从该主体获得授予该权限的权力。

备注：数据库级权限在指定的数据库范围内授予。如果用户需要另一个数据库中的对象的权限，请在该数据库中创建用户账户，或者授权用户账户访问该数据库以及当前数据库。

【例 10-7】使用 GRANT 语句为数据库用户 ab 授权：许可对 XSXX 表的学号列和姓名列的 SELECT、学号列的 UPDATE 操作；许可对 XSXX 表的全部操作并可转授其他用户，相应的语句如下：

```
GRANT SELECT(学号,姓名),UPDATE(学号) ON XSXX TO ab   WITH GRANT OPTION
```

2）REVOKE 语句。REVOKE 语句撤销以前授予或拒绝了的权限。

语法格式：

```
REVOKE [GRANT OPTION FOR]
        {ALL | { permission[(column[,...n])][,...n]}}
        [ON [class::] securable] { TO|FROM } principal[,...n]
        [CASCADE] [AS principal]
```

参数说明：

a．ALL、permission、column、class：见 GRANT 语句的参数说明（将授予改为撤销）。

b．GRANT OPTION FOR：指示将撤销授予指定权限的能力。

c．TO | FROM principal：主体的名称。

d．CASCADE：指示当前正在撤销的权限也将从其他被该主体授权的主体中撤销。

e．AS principal：指定一个主体，执行该查询的主体从该指定主体获得撤销该权限的权力。

备注：如果仅撤销主体转授权限的权限，必须同时指定 CASCADE 和 GRANT OPTION FOR 参数。

【例 10-8】使用 REVOKE 语句撤销数据库用户 ab 对 XSXX 表的 UPDATE 操作权限。相应的语句如下：

```
REVOKE UPDATE ON XSXX FROM ab CASCADE
```

3）DENY 语句。DENY 语句拒绝授予主体权限。防止主体通过其组或角色成员身份继承权限。

语法格式：

```
DENY ALL | { permission [(column[,...n])][,...n] }
       [ ON [class::] securable ] TO principal[,...n]
       [ CASCADE]    AS principal]
```

参数说明：参见 GRANT、REVOKE 语句（将授予、撤销改为拒绝）。

备注：某主体的该权限是通过指定 GRANT OPTIONDENY 获得的，那么，在撤销其该权限时，如果未指定 CASCADE，则 DENY 语句将失败。

【例 10-9】使用 DENY 语句使数据库用户 ab 拒绝授予其对 XSCJ 表的 INSERT 操作权限，相应的语句如下：

```
DENY INSERT ON XSCJ TO ab CASCADE
```

10.2　并发控制与封锁

在多用户和网络环境下，数据库是一个共享资源，多个用户或应用程序可能同时对数据库的同一数据对象进行读写操作，这种现象称为对数据库的并发操作。

并发操作可充分利用系统资源，提高系统效率。但如果对并发操作不进行控制就可能出现存取不正确数据的情况，从而破坏数据库的一致性，因而数据库管理系统必须提供并发控制机制。

数据库的并发控制就是对数据库的并发操作进行控制，防止多用户并发使用数据库时造成数据错误和程序运行错误，保证数据完整性。并发控制机制是衡量数据库操作安全性的重要性能指标之一。

10.2.1　事务

1．事务的概念

事务（Transaction）是组合成一个逻辑工作单元的一组数据库操作序列。这些操作不可分割，要么全做，要么全不做。事务是数据库环境中的逻辑工作单位，相当于操作系统环境的进程概念。

事务的开始与结束可以由用户显式地定义。如果用户没有显式地定义事务，则由 DBMS 按默认自动划分事务。一个程序的执行可以通过若干个事务的执行序列来完成。事务不能嵌套，可恢复的操作必须在一个事务的界限内。

2. 事务的特性

事务具有四个特性，即原子性、一致性、隔离性和持续性，也称它们为事务的 ACID 特性。

（1）原子性（Atomicity）指事务中包括的诸操作要么都做，要么都不做。即事务作为一个整体单位被处理，不可分割。例如，银行转账事务包括从转出账号扣款和使转入账号增款两个操作，这两个操作要么都执行，要么都不执行。

（2）一致性（Consistency）指事务执行的结果必须保持数据库的一致性（使数据库从一个一致性状态变到另一个一致性状态），即数据不会因为事务的执行而被破坏。例如：系统运行中的意外故障使得银行转账事务尚未完成就被迫中断，其转出账号扣款操作完成（已写入物理数据库）而转入账号增款操作未完成，这时数据库就处于一种不正确（不一致）状态；而脏读或丢失更新可能造成数据错误并蔓延到不可收拾的程度。这些情况必须避免。

（3）隔离性（Isolation）指一个事务的执行不能被其他事务干扰，即一个事务内部的操作及使用的数据对其他并发事务是隔离的，并发事务执行的结果与这些事务先后单独执行的结果一样。例如：银行转账事务和取款事务并发执行的结果应当与这些事务先后单独执行的结果一样。应采用不同的隔离级别以便数据库系统平衡隔离性与并发性的矛盾。

（4）持续性（Durability）也称永久性（Permanence），指一个事务一旦提交，它对数据库的所有更新应长久地反映在数据库中，接下来的其他操作不应对其执行结果有任何影响，即使以后系统发生故障，也应保留这个事务执行的痕迹。例如，取款事务在更新数据表的同时，还应利用日志文件详细记录数据更新的相关信息（取款的金额、取款前的账户金额、事务执行的时间等）。可通过两条措施帮助保证事务的持续性：确保事务的数据更新操作在事务完成之前写入磁盘；确保事务的更新操作保存足够的信息，足以使数据库系统在遇到故障后重新启动时重构更新操作。

数据库系统必须确保事务的 ACID 特性，应该由 DBMS 的完整性约束机制、并发控制机制以及事务管理子系统、恢复管理子系统和事务程序等密切配合、共同实现。

3. 其他相关概念

（1）提交（Commit）：一种保存自启动事务以来对数据库进行的所有更改的操作。它使事务的所有修改都成为数据库的永久组成部分，并释放事务所使用的资源。

（2）回滚（Roll Back）：撤销未提交事务所做的一切更改。它使数据库返回事务开始时的状态，并释放事务所使用的资源。注意，回滚是针对数据更新而言的。

（3）并发（Concurrency）：多个用户同时访问或更改共享数据的进程。

（4）锁定（Lock）：对多用户环境中资源的访问权限的限制。

（5）事务日志（Log）：关于所有事务以及每个事务对数据库所做的修改的有序记录。事务日志是数据库的一个重要组件，如果系统出现故障，它将成为最新数据的唯一源。

（6）保存点（Save Point）：在事务内设置的标记，用于回滚部分事务。它定义在按条件取消事务的一部分后，该事务可以返回的一个位置。

4. 事务的分类

按照事务的运行模式，SQL Server 2014 将事务分为自动提交事务、显式事务、隐式事务、批处理事务和分布式事务。下列语句可以视为典型的事务语句：ALTER TABLE、CREATE、DELETE、DROP、FETCH、GRANT、INSERT、OPEN、REVOKE、SELECT、UPDATE、TRUNCATE TABLE。

（1）自动提交事务是指单独的 SQL 语句。每条 SQL 语句在完成时，都被自动提交或回滚，不必指定任何语句来控制事务。自动提交模式是 SQL Server 数据库引擎的默认事务管理模式。只要没有显式事务或隐性事务覆盖自动提交模式，与数据库引擎实例的连接就以此默认模式操作。

（2）显式事务是通过 BEGIN TRAN 语句来显式启动的事务，以前也称为用户定义事务。使用显式事务时，切记事务必须有明确的结束语句（COMMIT TRAN 或 ROLLBACK TRAN），否则系统可能把从事务开始到用户关闭连接之间的全部操作都作为一个事务来对待。

（3）隐式事务是指通过 SET IMPLICIT_TRANSACTIONS ON 语句将隐式事务模式打开，这样，一条语句完成后自动启动一个新事务，事务的开始无须描述，但仍以 COMMIT 或 ROLLBACK 显式完成。

隐式事务模式打开后，首次执行下列任何语句时，都会自动启动一个事务：ALTER TABLE、CREATE、DELETE、DROP、FETCH、GRANT、INSERT、OPEN、REVOKE、SELECT、TRUNCATE TABLE、UPDATE。

（4）批处理事务只适用于多个活动的结果集（MARS），在 MARS 会话中启动的 T-SQL 显式或隐式事务将变成批处理的事务。批处理完成时，如果批处理的事务还没有提交或回滚，SQL Server 将自动回滚该事务。

（5）还有一种特殊的事务，这就是分布式事务。分布式事务是涉及来自两个或多个源的资源的事务，它包含资源管理器、事务管理器、两段提交等要素。在一个比较复杂的环境中，可能有多台服务器，要保证在多服务器环境中事务的完整性和一致性，就必须定义分布式事务。在这个分布式事务中，所有的操作都可涉及多个服务器的操作，当这些操作都成功时，所有这些操作都提交到相应服务器的数据库中，如果这些操作中有一条操作失败，则该分布式事务中的全部操作都将被取消。

SQL Server 2014 支持使用 ITransactionLocal（本地事务）和 ITransactionJoin（分布式事务）OLEDB 接口对外部数据进行基于事务的访问。使用分布式事务，SQL Server 可确保涉及多个节点的事务在所有节点中均已提交或回滚。如果提供程序不支持参与分布式事务（不支持 ITransactionJoin），则在事务内仅允许对该提供程序执行只读操作。这里我们只讨论本地显式事务。

5. 事务结构与事务处理语句

一个完整的事务包括事务开始标志、事务体（T-SQL 语句序列）、事务结束标志，其中可以有若干保存点。事务的开始标志、结束标志和保存点分别由相应的事务处理语句表示。SQL Server 支持用事务处理语句将 SQL Server 语句集合分组后形成单个的逻辑工作单元。

事务处理语句包括：BEGIN TRANSACTION、SAVE TRANSACTION、COMMIT TRANSACTION、ROLLBACK TRANSACTION。

在事务中不能使用下列语句：ALTER DATABASE、BACKUP、CREATE DATABASE、DROP DATABASE、RECONFIGURE、RESTORE、UPDATE STATISTICS。

注：事务处理语句中的 TRANSACTION 均可简写为 TRAN；transaction_name、savepoint_name（长度不能超过 32 个字符）均可分别用@tran_name_variable、@savepoint_variable 取代（变量名长度仅前面 32 个字符有效）。

（1）BEGIN TRANSACTION 语句：标记一个本地显式事务的起点。

语法格式：

    BEGIN TRANSACTION [transaction_name [WITH MARK ['description']]]

参数说明：

1）transaction_name：事务名，仅用于最外层的 BEGIN…{COMMIT|ROLLBACK}嵌套语句对。

2）WITH MARK ['description']：指定在日志中用 description 标记事务。

说明：

1）BEGIN TRANSACTION 启动一个事务。根据事务隔离级别，为支持该事务的 T-SQL 语句而获取的资源被锁定，直到使用 COMMIT TRANSACTION 或 ROLLBACK TRANSACTION 语句完成该事务为止。

2）虽然 BEGIN TRANSACTION 启动了事务，但在应用程序执行一个必须记录的操作（如 INSERT、UPDATE 或 DELETE 语句）之前，事务不被日志记录。应用程序可以执行一些操作，例如为保护 SELECT 语句的事务隔离级别而获取锁，但直到应用程序执行一个修改操作后日志中才有记录。

3）只有当数据库有标记事务更新时，才在事务日志中放置标记；不修改数据的事务不被标记。

4）BEGIN TRANSACTION 使@@TRANCOUNT（返回当前连接的活动事务数的系统函数）按 1 递增。

（2）SAVE TRANSACTION 语句：在事务内设置保存点。

语法格式：

    SAVE TRANSACTION savepoint_name

参数说明：

savepoint_name：保存点名称。

说明：

1）如果将事务回滚到保存点，则必须根据需要完成剩余的 T-SQL 语句和 COMMIT TRANSACTION 语句，或通过将事务回滚到起点完全取消事务。

2）在事务中允许有重复的保存点名称，但指定保存点名称的 ROLLBACK TRANSACTION 语句只将事务回滚到使用该名称的最近的 SAVE TRANSACTION。

3）当事务开始后，事务处理期间使用的资源将一直保留，直到事务完成。当将事务的一部分回滚到保存点时，将继续保留资源直到提交事务或回滚整个事务。

（3）COMMIT TRANSACTION 语句：标志一个事务成功结束（提交）。

语法格式：

    COMMIT TRANSACTION [transaction_name]

说明：

1）仅当事务被引用的所有数据的逻辑都正确时，程序员才应发出 COMMIT TRANSACTION 命令。

2）如果@@TRANCOUNT 为 1，COMMIT TRANSACTION 使得自从事务开始以来所执行的所有数据修改成为数据库的永久部分，释放事务所占用的资源，并将@@TRANCOUNT 减少到 0；如果@@TRANCOUNT 大于 1，则 COMMIT TRANSACTION 使@@TRANCOUNT

按 1 递减并且事务将保持活动状态。

　　3）不能在发出 COMMIT TRANSACTION 语句之后回滚事务。

　　4）建议不要在触发器中使用 COMMIT TRANSACTION 语句。

　　（4）ROLLBACK TRANSACTION 语句：将事务回滚到事务的起点或事务内的某个保存点。语法格式：

　　　　　ROLLBACK TRANSACTION [transaction_name|savepoint_name]

　　说明：

　　1）不带参数的 ROLLBACK TRANSACTION 回滚到事务起点，将@@TRANCOUNT 减小为 0。嵌套事务时，该语句将所有内层事务回滚到最外层 BEGIN TRANSACTION 语句。

　　2）ROLLBACK TRANSACTION savepoint_name 不减小@@TRANCOUNT，且不释放任何锁。

　　【例 10-10】定义一个事务，依次执行下列操作：向学生信息表 XSXX 中添加 1 条记录；设置保存点；删除该记录，回滚到保存点，提交事务。

　　先打开 XUESHENG 数据库，在查询窗口中输入如下 T-SQL 语句，单击工具栏上的"执行"按钮，执行结果如图 10-26 所示。

```
USE XUESHENG
GO
BEGIN TRANSACTION
INSERT INTO XSXX(学号, 姓名,性别,年龄,专业)
VALUES ('20210081', '赵龙轩', '男', 20,'软件工程')
SAVE TRANSACTION SP
DELETE FROM XSXX WHERE  学号  = '20210081'
ROLLBACK TRANSACTION SP
COMMIT TRANSACTION
```

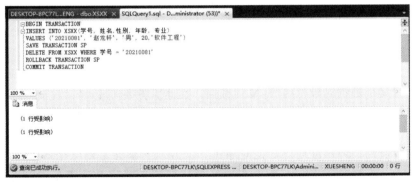

图 10-26　数据操作事务运行

10.2.2　并发控制

　　当同一个数据库中有多个事务并发运行时，如果不加以适当的控制，可能产生数据的不一致性。

　　比如，并发取款操作。假设存款余额 R=5000 元，甲事务 T1 取走存款 1000 元，乙事务 T2 取走存款 2000 元，如果正常操作，即甲事务 T1 执行完毕再执行乙事务 T2，存款余额更新后应该是 2000 元。但是如果按照如下顺序操作，则会有不同的结果。

（1）甲事务 T1 读取存款余额 R=5000 元。

（2）乙事务 T2 读取存款余额 R=5000 元。

（3）甲事务 T1 取了 1000 元，修改存款余额为 4000 元。

（4）乙事务 T2 取了 2000 元，修改存款余额为 3000 元。

结果两个事务共取走存款 3000 元，而数据库中的存款却只少了 2000 元。得到这种错误的结果是由甲乙两个事务并发操作引起的。数据库的并发操作导致数据库不一致性主要有以下三种。

- 丢失更新。当两个事务 T1 和 T2 读入同一数据，并发执行修改操作时，T2 把 T1 或 T1 把 T2 的修改结果覆盖掉，造成了数据的丢失更新问题，导致数据的不一致。

- 污读。事务 T1 更新了数据 R，事务 T2 读取了更新后的数据 R，事务 T1 由于某种原因被撤销，修改无效，数据 R 恢复原值。事务 T2 得到的数据与数据库的内容不一致，这种情况称为污读。

- 不可重读。事务 T1 读取了数据 R，事务 T2 读取并更新了数据 R，当事务 T1 再读取数据 R 以进行核对时，得到的两次读取值不一致，这种情况称为不可重读。

产生上述三种数据不一致性的主要原因就是并发操作破坏了事务的隔离性。并发控制就是要求 DBMS 提供并发控制功能以正确的方式管理并发事务，避免并发事务之间的相互干扰造成数据的不一致性，保证数据库的完整性。

10.2.3 封锁

实现并发控制的方法主要有两种：封锁（Lock）技术和时标（Timestamping）技术。这里只介绍封锁技术。

1. 封锁类型

封锁就是当一个事务在对某个数据对象进行操作之前，必须获得相应的锁，以保证数据操作的正确性和一致性。封锁是目前 DBMS 普遍采用的并发控制方法，基本的封锁类型有两种：排他型封锁和共享型封锁。

（1）排他型封锁。排他型封锁又称写封锁，简称为 X 封锁，它采用的原理是禁止并发操作。当事务 T 对某个数据对象 R 实现 X 封锁后，其他事务要等 T 解除 X 封锁以后，才能对 R 进行封锁。这就保证了其他事务在 T 释放 R 上的封锁之前，不能再对 R 进行操作。

（2）共享封锁。共享封锁又称读封锁，简称为 X 锁，它采用的原理是允许其他用户对同一数据对象进行查询，但不能对该数据对象进行修改。当事务 T 对某个数据对象 R 实现 S 封锁后，其他事务只能对 R 加 S 锁，而不能加 X 锁，直到 T 释放 R 上的 S 锁。这就保证了其他事务在 T 释放 R 上的 S 锁之前，只能读取 R，不能再对 R 进行修改操作。

2. 封锁协议

封锁可以保证合理地进行并发控制，保证数据的一致性。实际上，锁是一个控制块，其中包括被加锁记录的标识符及持有锁事务的标识符等。在封锁时，要考虑一定的封锁规则，例如，何时开始封锁、封锁多长时间、何时释放等，这些封锁规则称为封锁协议。对封锁方式规定不同的规则，就形成各种不同的封锁协议，通过封锁协议可以不同程度地解决数据的不一致性问题。

（1）一级封锁协议。事务 T 在修改数据 R 之前必须先对其加 X 锁，直到事务结束才释放。事务结束包括正常结束（COMMIT）和非正常结束（ROLLBACK）。一级封锁协议可以防止丢失修改，并保证事务 T 是可恢复的。使用一级封锁协议可以解决丢失修改问题。在一级封锁协议中，如果仅仅是读数据不对其进行修改，是不需要加锁的，它不能保证可重复读和不读"脏数据"。

（2）二级封锁协议。在一级封锁协议的基础上增加事务 T 在读取数据 R 之前必须先对其加 S 锁，读完后即可释放 S 锁。二级封锁协议除防止丢失修改，还可以进一步防止读"脏数据"。

（3）三级封锁协议。一级封锁协议加上事务 T 在读取数据 R 之前必须先对其加 S 锁，直到事务结束才释放。

三级封锁协议除防止了丢失修改和不读"脏数据"外，还进一步防止了不可重复读。

（4）三级协议的主要区别。什么操作需要申请封锁以及何时释放锁，见表 10-5。

表 10-5　三级封锁协议的区别

封锁协议	X 锁		S 锁		一致性保证		
	操作结束释放	事务结束释放	操作结束释放	事务结束释放	不丢失修改	不读"脏数据"	可重复读
一级封锁协议		√			√		
二级封锁协议		√	√		√	√	
三级封锁协议		√		√	√	√	√

3. 封锁粒度

封锁粒度指封锁的单位。根据对数据的不同处理，封锁的对象可以是这样一些逻辑单元：字段、记录、表、数据库等，封锁的数据对象的大小叫作封锁粒度。封锁粒度越小，系统中能够被封锁的对象就越多，并发度越高，但封锁机构复杂，系统开销也就越大。封锁粒度越大，系统中能够被封锁的对象就越少，并发度越低，封锁机构越简单，相应系统开销也就越小。在实际应用中，选择封锁粒度时应同时考虑封锁机构和并发度两个因素，对系统开销与并发度进行权衡，以求得最优的效果。封锁粒度一般原则如下：

（1）需要处理大量元组的用户事务，以关系为封锁单元。

（2）需要处理多个关系的大量元组的用户事务，以数据库为封锁单位。

（3）只处理少量元组的用户事务，以元组为封锁事务。

4. 死锁和活锁

封锁技术可有效解决并行操作的一致性问题，但也可产生新的问题，即活锁和死锁问题。

（1）活锁。当某个事务请求对某一数据进行排他性封锁时，由于其他事务对该数据的操作而使这个事务处于永久等待状态，这种状态称为活锁。

比如，事务 T1 封锁了数据 R 事务，T2 又请求封锁 R，于是 T2 等待。T3 也请求封锁 R，当 T1 释放了 R 上的封锁之后系统首先批准了 T3 的请求，T2 仍然等待。T4 又请求封锁 R，当 T3 释放了 R 上的封锁之后系统又批准了 T4 的请求…，T2 有可能永远等待，从而发生活锁状态。

避免活锁的简单方法是采用先来先服务的策略，按照请求封锁的次序对事务排队，一旦记录上的锁释放，就使申请队列中的第一个事务获得锁。

（2）死锁。在同时处于等待状态的两个或多个事务中，其中的每一个在它能够进行之前，都等待着某个数据，而这个数据已被它们中的某个事务所封锁，这种状态称为死锁。

比如，事务 T1 封锁了数据 R1，T2 封锁了数据 R2，T1 又请求封锁 R2，因 T2 已封锁了 R2，于是 T1 等待 T2 释放 R2 上的锁，接着 T2 又申请封锁 R1，因 T1 已封锁了 R1，T2 也只能等待 T1 释放 R1 上的锁，这样 T1 在等待 T2，而 T2 又在等待 T1，T1 和 T2 两个事务永远不能结束，形成死锁。

1）死锁产生的条件。

a．互斥条件：一个数据对象一次只能被一个事务所使用，即对数据的封锁采用排他式。

b．不可抢占条件：一个数据对象只能被占有它的事务所释放，而不能被别的事务强行抢占。

c．部分分配条件：一个事务已经封锁分给它的数据对象，但仍然要求封锁其他数据。

d．循环等待条件：允许等待其他事务释放数据对象，系统处于加锁请求相互等待的状态。

2）死锁的预防。

a．一次加锁法：一次加锁法是每个事物必须将所有要使用的数据对象全部一次加锁，并要求加锁成功，只要一个加锁不成功，表示本次加锁失败，则应该立即释放所有加锁成功的数据对象，然后重新开始加锁。

b．顺序加锁法：预先对所有可加锁的数据对象规定一个加锁顺序，每个事务都需要按此顺序加锁，在释放时，按逆序进行。

3）死锁的诊断与解除。如果在事务依赖图中沿着箭头方向存在一个循环，那么死锁的条件就形成了，系统就会出现死锁。选择一个处理死锁代价最小的事务，将其撤销以解除死锁。

数据的导入导出

10.3 数据的导入导出

数据的导入导出是数据库系统与外部进行数据交换的操作，即将其他数据库（如 Acess、Sybase 或 Oracle）的数据转移到 SQL Server 中，或者将 SQL Server 中的数据转移到其他数据库中。当然，利用数据的导入导出也可以实现数据库的备份和还原。

导入数据是从外部数据源（如 ASCII 文本文件）中检索数据，并将数据插入到 SQL Server 表的过程。导出数据是将 SQL Server 数据库中的数据转换为某些用户指定格式的过程。

在 SQL Server 2014 中，数据导入导出是通过数据转换服务（DTS）实现的。通过数据导入导出操作可以完成在 SQL Server 2014 数据库和其他类型数据库之间进行数据的转换，从而实现各种不同应用系统之间的数据移植和共享。

10.3.1 数据的导入

使用 SQL Server 管理平台将"F:\data\客户信息.xlsx"导入到 SQL Server 中 XUESHENG 数据库，具体操作步骤如下：

（1）右击"对象资源管理器"窗口中"数据库"的"XUESHENG 数据库"项，在弹出的快捷菜单中选择"任务"→"导入数据"命令，如图 10-27 所示。

（2）弹出"SQL Server 导入和导出向导"窗口，如图 10-28 所示。

图 10-27　"导入数据"命令

图 10-28　"SQL Server 导入和导出向导"窗口

（3）单击"下一步"按钮，打开"选择数据源"窗口，在该界面的"数据源"选择框指定数据源为 Microsoft Excel，在"Excel 文件路径"输入框输入（或单击该框右边的"浏览"按钮，激活"打开文件"窗口，在其中选择）要导入的文件的路径和文件名 F:\data\客户信息.xlsx，如图 10-29 所示。

（4）单击"下一步"按钮，打开"选择目标"窗口，在该界面的"目标"选择框指定数据源为 SQL Server Native Client 11.0，数据库为 XUESHENG，如图 10-30 所示。

图 10-29　选择数据源　　　　　　　　　　图 10-30　选择目标

（5）单击"下一步"按钮，向导进入"指定表复制或查询"界面，根据导入数据的需求选择，这里选择"复制一个或多个表或视图的数据"，如图 10-31 所示。

（6）单击"下一步"按钮，在"选择源表和源视图"界面选择"查询清单"表，如图 10-32 所示。

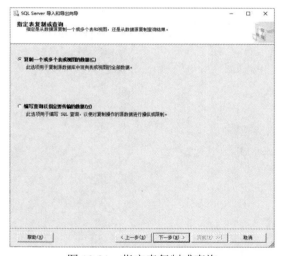

图 10-31　指定表复制或查询　　　　　　　图 10-32　选择源表和源视图

（7）在"选择源表和源视图"窗口单击"编辑映射"按钮，在弹出的"列映射"窗口中设置数据导入方式为向表中追加数据，如图 10-33 所示。

（8）在"运行包"窗口选择"立即运行"命令，单击"完成"按钮，如图 10-34 所示，向导进入"完成该向导"提示页。

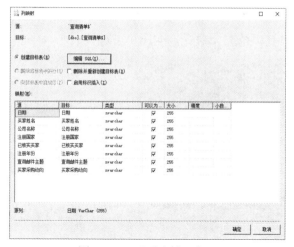

图 10-33　"列映射"窗口

图 10-34　"运行包"窗口

（9）在"完成该向导"提示页单击"完成"按钮，向导进入"执行成功"窗口，如图 10-35 所示。

图 10-35　"执行成功"窗口

（10）单击"执行成功"窗口的"消息"或"报告"按钮可查看关于本次导入的执行情况。关闭"执行成功"窗口，此时，指定的 Excel 表的数据已经导入到指定的 SQL Server 数据表中。

说明：数据导入的对象如果是其他数据类型，请在"选择数据源"窗口中选择对应的数据源文件，比如，Microsoft Access、Microsoft OLE DB 等。

10.3.2　数据的导出

下面以 SQL Server 中 XUESHENG 数据库导出数据到 Excel 为例，说明利用 DTS 导入导出向导导出数据的步骤。

（1）启动 SSMS，在"对象资源管理器"窗口中展开"数据库"节点。

（2）右击 XUESHENG，选择"任务"→"导出数据"命令，如图 10-36 所示。

图 10-36　"导出数据"命令

（3）打开"SQL Server 导入和导出向导"窗口，如图 10-28 所示。

（4）单击"下一步"按钮，打开"选择数据源"窗口，在"数据源"中选择 SQL Server Native Client 11.1，表示从 SQL Server 导出数据；也可以根据实际情况设置"身份验证"模式和选择"数据库"项目，数据库为 XUESHENG，如图 10-37 所示。

图 10-37　选择数据源

（5）单击"下一步"按钮，打开"选择目标"窗口，在"目标"中选择 Microsoft Excel，表示将把数据导出到 Excel 表中；也可以根据实际情况设置"Excel 文件路径"和选择"Excel 版本"等，如图 10-38 所示。

（6）单击"下一步"按钮，打开"指定表复制或查询"窗口，默认选择"复制一个或多个表或视图的数据"，也可以根据实际情况选择"编写查询以指定要传输的数据"，如图 10-39 所示。

图 10-38　选择目标　　　　　　　　图 10-39　指定表复制或查询

（7）单击"下一步"按钮，打开"选择源表和源视图"窗口，如图 10-40 所示。选中 XUESHENG 数据库中的 XSXX 表，单击"编辑映射"按钮可以编辑源数据和目标数据之间的映射关系，如图 10-41 所示。

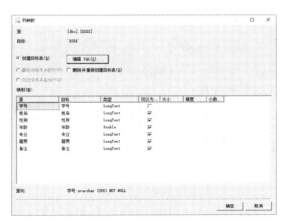

图 10-40　选择源表和源视图　　　　　图 10-41　"列映射"窗口

（8）单击"下一步"按钮，显示"查看数据类型映射"窗口，如图 10-42 所示。

（9）单击"下一步"按钮，显示"运行包"窗口，如图 10-43 所示。

图 10-42　查看数据类型映射　　　　　　　　　图 10-43　"运行包"窗口

（10）单击"下一步"按钮，打开"完成该向导"提示页。

（11）单击"完成"按钮，打开"执行成功"窗口，在 F:\data 文件夹中生成 XSXX.xls 文件。

数据的备份与还原

10.4　数据的备份与还原

数据库的数据安全对于数据库管理系统来说是至关重要的，任何数据的丢失和破坏都会带来严重的后果。数据库备份就是对 SQL Server 数据库或事务日志进行复制。数据库备份记录了在进行备份这一操作时数据库中所有数据的状态，以便在数据库遭到破坏时能够及时将其恢复。

10.4.1　备份和还原概述

备份是对 SQL Server 数据库或事务日志进行复制，数据库备份记录了在进行备份这一操作时数据库中所有数据的状态，如果数据库因意外而损坏，这些备份文件将在数据库还原时用来还原数据库。

还原就是把遭受破坏、丢失的数据或出现错误的数据库还原到原来的正常状态。

备份、还原工作需要 DBA 干预，恢复工作一般由 DBMS 自动进行。数据库备份、还原的主要意义在于使发生故障的 DB 得以恢复，但它对于某些例行工作（例如将数据库从一台服务器复制到另一台服务器、设置数据库镜像、机构文件归档等）也很有用。

1. 数据库备份的类型

SQL Server 2014 提供了十分丰富的数据备份类型。按照备份内容的横向关系，分为完整备份、差异备份、文件和文件组备份、事务日志备份四种。

（1）完整备份，备份整个数据库，包括事务日志（以便恢复整个备份）。完整备份代表备份完成时的数据库。通过包括在完整备份中的事务日志，可以使用备份恢复到备份完成时的数据库。在简单恢复模式下完成备份后，系统通过删除日志的非活动部分来自动截断事务日志。创建完整备份是单一操作，通常会安排该操作定期执行。完整备份的空间开销和时间开销都大于其他备份类型。

（2）差异备份，是基于所包含数据的前一次最新完整备份。差异备份仅备份自该次完整备份后发生更新的数据。因为只备份改变的内容，所以备份速度较快，可以多次执行，差异备份中同样也备份了部分事务日志。

（3）文件和文件组备份，备份一个或多个文件（或文件组）中所有的数据。可分别备份和还原数据库中的文件。这使用户可以仅还原已损坏的文件，而不必还原数据库的其余部分，从而提高恢复速度。例如，如果数据库由位于不同磁盘上的若干个文件组成，其中一个磁盘发生故障时，只需还原故障磁盘上的文件。

通常，在备份和还原操作过程中指定文件组相当于列出文件组中包含的每个文件。但是，如果文件组中的任何文件离线（例如由于正在还原该文件），则整个文件组均将离线。

（4）事务日志备份，保存前一个日志备份中没有备份的所有日志记录（即上次备份事务日志后对数据库执行的所有事务的一系列记录）。仅在完整恢复模式和大容量日志恢复模式下才有日志备份。

定期的事务日志备份是采用完整恢复模式或大容量日志恢复模式的数据库的备份策略的重要部分。使用日志备份可将数据库还原到特定的时间点（如故障点），即所谓时点还原。

创建第一个日志备份之前，必须先创建完全备份。还原了完全备份和差异备份（后者可选）之后，必须还原后续的日志备份。与差异备份类似，事务日志备份的备份文件和时间都会比较短。

2. 数据库备份的设备

（1）备份设备的相关概念。

1）备份文件（Backup File）：存储数据库、事务日志、文件/文件组备份的文件。

2）备份媒体（Backup Media）：用于保存备份文件的磁盘文件或磁带。

3）备份设备（Backup Device）：包含备份媒体的磁带机或磁盘驱动器。创建备份时必须选择将数据写入的备份设备。SQL Server 2014 可将数据库、日志和文件备份到磁盘和磁带设备上。磁带设备必须物理连接到运行 SQL Server 实例的计算机上，不支持备份到远程磁带设备上。

4）媒体集（Media Set）：备份媒体的有序集合。使用固定类型和数量的备份设备向其写入备份操作。给定媒体集可使用磁带机或磁盘驱动器，但不能同时使用两者。

5）媒体簇（Media Family）：备份操作向媒体集使用的备份设备写入的数据。由在媒体集中的单个非镜像设备或一组镜像设备上创建的备份构成。媒体集使用的备份设备的数量决定了媒体集中的媒体簇的数量。例如，如果媒体集使用两个非镜像备份设备，则该媒体集包含两个媒体簇。

6）备份集（Backup Set）：备份操作将向媒体集中添加一个备份集。如果备份媒体只包含一个媒体簇，则该簇包含整个备份集；如果备份媒体包含多个媒体簇，则备份集分布在各媒体簇之间。

7）保持期（Retention Period）：指出备份集自备份之日起不被覆盖的日期长度（默认值为0 天）。如果未等设定的天数过去即使用备份媒体，SQL Server 将发出警告。除非更改默认值，否则 SQL Server 不发出警告。

（2）创建备份设备。进行备份时，必须先创建备份设备（备份到本机磁盘除外）。SQL Server 将数据库、事务日志和文件备份到备份媒体上。

在备份操作过程中，将要备份的数据写入备份设备。可以将备份数据写入 1~64 个备份设备。如果备份数据需要多个备份设备，则所有设备必须对应于一种设备类型。

将媒体集中的第一个备份数据写入备份设备时，会初始化此备份设备。

可以使用 SSMS 或系统存储过程 sp_addumpdevice 将备份设备添加到数据库引擎实例中。这里只介绍使用 SSMS 创建备份设备。

例如，使用 SSMS 创建名为"备份设备-ZDF"的备份设备。具体操作步骤如下：

1）在"对象资源管理器"窗口中展开服务器树，选择"服务器对象"中的"备份设备"项，右击，在弹出的快捷菜单中选择"新建备份设备"命令，如图 10-44 所示。

图 10-44 "新建备份设备"命令

2）系统将弹出"备份设备"窗口，输入设备名称"备份设备-ZDF"，如图 10-45 所示。若要确定磁盘目标位置，单击"文件"按钮并指定该文件的完整路径，单击"确定"按钮，新备份设备图标出现在"服务器对象\备份设备"节点下。

图 10-45 "备份设备"窗口

3. **数据库备份的策略**

创建备份的目的是恢复损坏的数据库。但备份和还原数据需要调整到特定环境中，并且必须使用可用资源。因此可靠地使用备份和还原以实现恢复需要有一个备份和还原策略。设计良好的备份和还原策略可以尽量提高数据的可用性及尽量减少数据丢失，并应考虑到特定的业务要求。

设计有效的备份和还原策略需要仔细计划、实现和测试，需要考虑各种因素，包括用户的组织对数据库的生产目标（尤其是对可用性和防止数据丢失的要求）、每个数据库的特性（大小、使用模式、内容特性及其数据要求等）、对资源的约束（例如，硬件、人员、存储备份媒体的空间以及存储媒体的物理安全性等）。

备份策略确定备份的内容、时间及类型、所需硬件的特性、测试备份的方法及存储备份媒体的位置和方法（包含安全注意事项）。还原策略定义还原方案、负责执行还原的人员以及执行还原来满足数据库可用性和减少数据丢失的目标与方法。建议将备份和还原过程记录下来并在运行手册中保留文档的副本。

备份策略中最重要的问题之一是如何选择和组合备份类型。因为单纯地采用任何一种备份类型都存在一些缺陷。完整备份执行得过于频繁会消耗大量的备份介质，过于稀疏又无法保证数据备份的质量。单独使用差异备份和事务日志备份在数据还原时都存在风险，会降低数据备份的安全性。通常的备份策略是组合这几种类型形成适度的备份方案，以弥补单独使用一种类型的缺陷。

常见的备份类型组合如下所述。

（1）完整备份：每次都对备份目标执行完整备份；备份和恢复操作简单，时空开销最大；适合数据量较小且更改不频繁的情况。

（2）完整备份加事务日志备份：定期进行数据库完整备份，并在两次完整备份之间按一定时间间隔创建日志备份，增加事务日志备份的次数（如每隔几小时备份一次），以减少备份时间。此策略适合不希望经常创建完整备份，但又不允许丢失太多数据的情况。

（3）完整备份加差异备份再加事务日志备份：创建定期的数据库完整备份，并在两次数据库完整备份之间按一定时间间隔（如每隔一天）创建差异备份；在完整备份之间安排差异备份可减少数据还原后需要还原的日志备份数，从而缩短还原时间；再在两次差异备份之间创建一些日志备份。此策略的优点是备份和还原的速度比较快，并且当系统出现故障时，丢失的数据也比较少。

备份策略还要考虑的一个重要问题，即如何提高备份和还原操作的速度。SQL Server 2014提供了以下两种加速备份和还原操作的方式。

- 使用多个备份设备：可将备份并行写入所有设备。备份设备的速度是备份吞吐量的一个潜在瓶颈。使用多个设备可按使用的设备数成比例地提高吞吐量。同样，可将备份并行从多个设备还原。对于具有大型数据库的企业，使用多个备份设备可明显减少执行备份和还原操作的时间。SQL Server 最多支持 64 个备份设备同时执行一个备份操作。使用多个备份设备执行备份操作时，所用的备份媒体只能用于 SQL Server 备份操作。
- 结合使用完整备份、差异备份（对于完整恢复模式或大容量日志恢复模式）以及事务日志备份：可以最大程度地缩短恢复时间。创建差异数据库备份通常比创建完整数据库备份快，并减少了恢复数据库所需的事务日志量。

4. 数据库还原

备份和还原操作都是基于恢复模式的。恢复模式是数据库的一个属性，它用于控制数据库备份和还原操作的基本行为。例如，恢复模式控制将事务记录在日志中的方式、事务日志是否需要备份以及可用的还原操作。新数据库可继承 model 数据库的恢复模式。

使用恢复模式具有下列优点：简化恢复计划；简化备份和恢复过程；明确系统操作要求之间的权衡；明确可用性和恢复要求之间的权衡。SQL Server 2014 提供了三种恢复模式供用户选择。

（1）完整恢复模式。此模式完整记录所有事务，并保留所有的日志记录，直到将它们备份。

如果有一个或多个数据文件已损坏，则恢复操作可以还原所有已提交的事务。正在进行的事务将回滚。在 SQL Server 2014 中，用户可在数据备份或差异备份运行时备份日志。

在 SQL Server 2014 企业版中，如果数据库处于完整恢复模式或大容量日志恢复模式，用户可在数据库未全部离线的情况下还原数据库（页面还原：只有被还原的页离线）；而且，如果故障发生后备份了日志尾部（未曾备份的日志记录），完整恢复模式能使数据库恢复到故障时间点。

完整恢复模式支持所有还原方案，可在最大范围内防止故障丢失数据。它包括数据库备份和事务日志备份，并提供全面保护，使数据库免受媒体故障影响。当然，它的时空和管理开销也最大。

完整恢复模式是默认的恢复模式。为了防止在完整恢复模式下丢失事务，必须确保事务日志不受损坏。SQL Server 2014 极力建议使用容错磁盘存储事务日志。

（2）大容量日志恢复模式。此模式简略记录大多数大容量操作（例如，创建索引和大容量加载），但完整记录其他事务。

大容量日志恢复模式保护大容量操作不受媒体故障的危害，提供最佳性能并占用最小日志空间。但是，大容量日志恢复模式增加了这些大容量复制操作丢失数据的风险，因为最小日志记录大容量操作不会逐个事务重新捕获更改。只要日志备份包含大容量操作，数据库就只能恢复到日志备份的结尾，而不是恢复到某个时间点或日志备份中某个标记的事务。

大容量日志恢复模式下，备份包含大容量日志记录操作的日志，需访问包含大容量日志记录事务的数据文件。如果无法访问该数据文件，则不能备份事务日志，此时，必须重做大容量操作。

大容量日志恢复能提高大容量操作的性能，常用作完整恢复模式的补充。执行大规模大容量操作时，应保留大容量日志恢复模式。建议在运行大容量操作之前将数据库设置为大容量日志恢复模式，大容量操作完成后立即将数据库设置为完整恢复模式。

大容量日志恢复模式支持所有的恢复形式，但是有一些限制。

（3）简单恢复模式。此模式简略记录大多数事务，所记录信息只是为了确保在系统崩溃或还原数据备份之后数据库的一致性。

简单恢复模式下，每个数据备份后事务日志将自动截断（删除不活动的日志），因而没有事务日志备份。这简化了备份和还原，但这种简化的代价是增大了在灾难事件中丢失数据的可能性。没有日志备份，数据库只可恢复到最近的数据备份时间，而不能恢复到失败的时间点。

简单恢复模式对还原操作有下列限制：文件还原和段落还原仅对只读辅助文件组可用；不支持时点还原；不支持页面还原（页面还原仅替换指定的页，且只有被还原的页离线时方可进行还原操作）。

如果使用简单恢复，则备份间隔不能太短，以免备份开销影响生产工作；但也不能太长，以防丢失大量数据。

与完整恢复模式和大容量日志恢复模式相比，简单恢复模式更容易管理，但如果数据文件损坏，出现数据丢失的风险更高。因此，简单恢复模式通常仅用于测试和开发数据库或包含的大部分数据为只读数据的数据库，不适合不能接受丢失最新更新的重要的数据库系统。

10.4.2　备份数据库

在 SSMS 的"对象资源管理器"窗口中，创建 XUESHENG 数据库备份，操作步骤如下：

（1）在 SSMS 的"对象资源管理器"窗口中，依次展开节点到要备份的数据库 XUESHENG。

（2）右击 XUESHENG 数据库，在弹出的快捷菜单中选择"任务"|"备份"命令，出现图 10-46 所示的窗口。

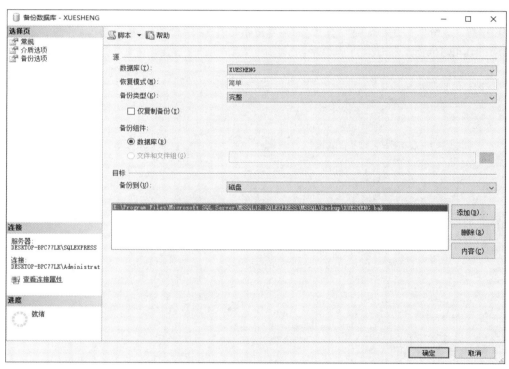

图 10-46　"备份数据库"窗口

（3）在"备份类型"下拉列表框中选择备份的方式。其中，"完整"执行完整的数据库备份；"差异"仅备份自上次完全备份以后，数据库中新修改的数据；"事务日志"仅备份事务日志。

（4）指定备份目的。在"目标"选项组中单击"添加"按钮，并在图 10-47 所示的"选择备份目标"对话框中，指定一个备份文件名。这个指定将出现在图 10-46 所示窗口中"备份到："下面的列表框中。在一次备份操作中，可以指定多个目的文件，这样可以将一个数据库备份到多个文件中。单击"确定"按钮。

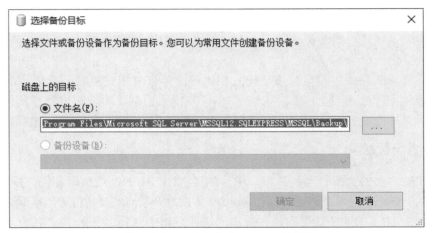

图 10-47　"选择备份目标"对话框

（5）在"备份选项"选择页中的"名称"文本框内，输入备份名称。默认为"XUESHENG-完整 数据库 备份"，如果需要，在"说明"文本框中输入对备份集的描述。默认没有任何描述，如图 10-48 所示。

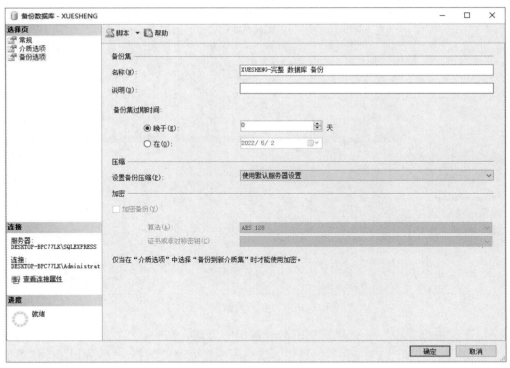

图 10-48　"备份选项"选择页

（6）在"介质选项"选择页中根据需要进行相关设置，如图 10-49 所示。

图 10-49　"介质选项"选项页

（7）返回到"备份数据库"窗口后，单击"确定"按钮，开始执行备份操作，此时会出现相应的提示信息。单击"确定"按钮，完成数据库备份。

10.4.3　还原数据库

数据库备份后，一旦系统发生崩溃或者执行了错误的数据库操作，就可以从备份文件中恢复数据库。将前面备份的数据库还原到当前数据库中，操作步骤如下：

（1）在 SSMS 的"对象资源管理器"窗口中，右击"数据库"，在弹出的快捷菜单中选择"还原数据库"命令，弹出图 10-50 所示的"还原数据库"窗口。

（2）在"目标数据库"下拉列表框里可以选择或输入要还原的数据库名。

（3）如果备份文件或备份设备里的备份集很多，还可以选择"目标时间点"，只要有事务日志备份存在，就可以还原到某个时刻的数据库状态。在默认情况下该项为"最近状态"。

（4）在"还原的源"选项组里，指定用于还原的备份集的源和位置。

如果选中"源数据库"单选按钮，则从 msdb 数据库中的备份历史记录里查得可用的备份，并显示在"选择用于还原的备份集"选项组里。此时，不需要指定备份文件的位置或指定备份设备，SQL Server 会自动根据备份记录找到这些文件。

如果选中"源设备"单选按钮，则要指定还原的备份文件或备份设备。单击"…"按钮，弹出"指定备份"对话框。在"备份媒体"下拉列表里可以选择是备份文件还是备份设备，选择完毕后单击"添加"按钮，将备份文件或备份设备添加进来后，返回图 10-51 所示的窗口。

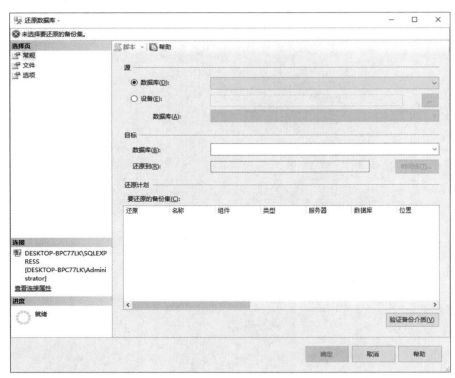

图 10-50　"还原数据库"窗口（一）

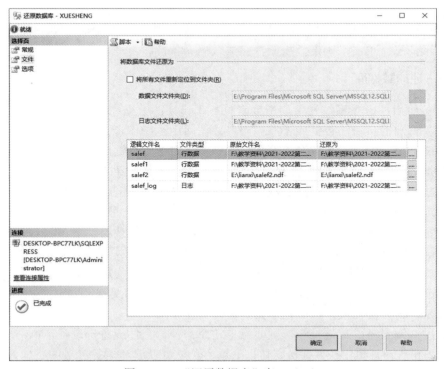

图 10-51　"还原数据库"窗口（二）

（5）在"选项"选择页中可以设置如下内容，如图 10-52 所示。

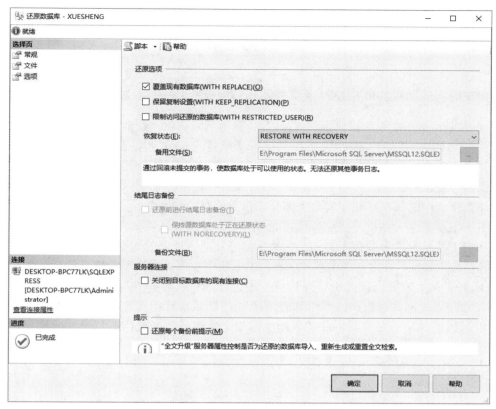

图 10-52 数据库文件还原"选项"选择页

1）还原选项。如果勾选"覆盖现有数据库"复选框，则会覆盖所有现有数据库以及相关文件，包括已存在的同名的其他数据库或文件；如果勾选"保留复制设置"复选框，则会将已发布的数据库还原到创建该数据库的服务器之外的服务器上，保留复制设置；如果勾选"还原每个备份之前进行提示"复选框，则在还原每个备份设备前都会要求确认；如果勾选"限制访问还原数据库"复选框，则使还原的数据库仅供 db_owner、dbcreator 或 sysadmin 的成员使用。

2）在"将数据库文件还原为"列表框里可以更改目的文件的路径和名称。

3）恢复状态。如果选中"回滚未提交的事务，使数据库处于可以使用状态。无法还原其他事务日志"单选按钮，则数据库在还原后进入可正常使用的状态，并自动恢复尚未完成的事务；如果本次还原是还原的最后一次操作，可以选中该单选按钮；如果选中"不对数据库执行任何操作，不回滚未提交的事务。可以还原其他事务日志"单选按钮，则在还原后数据库仍然无法正常使用，也不恢复未完成的事务操作，但可以继续还原事务日志备份或数据库差异备份，使数据库能恢复到最接近目前的状态；如果选中"使数据库处于只读模式。撤销未提交的事务，但将撤销操作保存在备用文件中，以便可使恢复效果逆转"单选按钮，则在还原后恢复未完成事务的操作，并使数据库处于只读状态；为了可继续还原后的事务日志备份，还必须指定一个还原文件来存放被恢复的事务。

（6）单击"确定"按钮，系统将按照设置对数据库开始执行还原操作，如果没有错误，将出现还原成功的对话框。

课程思政案例

案例主题：威瑞森发布《2021 年数据泄露调查报告》——人为违规是泄密的主要因素

威瑞森发布《2021 年数据泄露调查报告》，揭示网络钓鱼、勒索软件和 Web 应用攻击成为 2021 年数据泄露主要原因。报告基于全球 83 家贡献者的 5358 起数据泄露事件分析，着重描述了新冠肺炎疫情所致远程办公和云端迁移潮如何为网络罪犯开辟新的途径。威瑞森发现，61% 的数据泄露与凭证数据有关。与上一年的报告一脉相承，人为疏忽依然是安全的最大威胁。数据泄露调查报告中的每个行业在安全上都存在自身特有的细微差异。例如，金融和保险行业被盗数据中 83% 都是个人数据。医疗保健行业深受电子病历或纸质文件误投的困扰。而在公营产业中，社会工程是攻击者的技术之选。按地区划分，亚太地区的数据泄露通常出于金融动机，由网络钓鱼攻击造成。在欧洲、中东和非洲，Web 应用攻击、系统入侵和社会工程攻击是常态。

威瑞森《2021 年数据泄露调查报告》中还有以下一些数据值得深入思考：85% 的数据泄露涉及人的因素；61% 的数据泄露牵涉登录凭证；勒索软件出现在 10% 的数据泄露事件中，比上一年增加了一倍；在安全事件和数据泄露中，外部云资产被盗的情况比内部资产被盗更常见。

思政映射

威瑞森《2021 年数据泄露调查报告》说明，人为的违规操作是数据泄露主要原因，个人数据仍然是泄露的主要内容，勒索攻击未来会持续影响着关键行业。我们要利用有效的技术手段提升自身防护能力，强化数据保护的意识，对机密且重要的数据一定要加密及备份，数据传输则严格执行加密及保护策略，确保数据使用的安全性。

小　　结

1. 安全性管理对于一个数据库管理系统而言是至关重要的，是数据库管理中的关键环节，是数据库中数据信息被合理访问和修改的基本保证。它涉及 SQL Server 的认证模式、账号、角色和存取权限。

2. SQL Server 安全机制可分为：SQL Server 的登录安全性、数据库的访问安全性、数据库对象的使用安全性三个等级。用户在使用 SQL Server 时，需要经过身份验证和权限认证两个安全性阶段。

3. SQL Server 账号有两种类型：服务器登录账号和数据库用户账号。一个登录账号可以对应不同数据库中的多个用户。

4. 权限是指用户对数据库中对象的使用和操作权限，用户若要进行任何涉及更改数据库或访问数据库及库中对象的活动，则必须首先要获得拥有者赋予的权限，也就是说用户可以执行的操作均由其赋予的相关权限决定。

5．SQL Server 中的固定角色可以分为服务器固定角色和数据库固定角色。

6．数据的导入导出既能够实现数据库系统与外部进行数据的交换，又可以实现数据库的备份和还原。

习　　题

一、选择题

1．一个事务在执行时，应该遵守"要么不做，要么全做"的原则，这是事务的（　　）。

　　A．原子性　　　　　B．一致性　　　　　C．隔离性　　　　　D．持久性

2．实现事务回滚的语句是（　　）。

　　A．GRANT　　　　B．COMMIT　　　C．ROLLBACK　　　D．REVOKE

3．解决并发控制带来的数据不一致问题普遍采用的技术是（　　）。

　　A．封锁　　　　　B．存取控制　　　　C．恢复　　　　　　D．协商

4．如果事务 T 对数据对象 R 实现 X 封锁，则 T 对 R（　　）。

　　A．只能读不能写　　　　　　　　B．只能写不能读

　　C．既可读又可写　　　　　　　　D．不能读也不能写

5．在数据库技术中，"脏数据"是指（　　）。

　　A．未回退的数据　　　　　　　　B．未提交的数据

　　C．回退的数据　　　　　　　　　D．未提交随后又被撤销的数据

6．在数据库恢复时，对尚未做完的事务执行（　　）。

　　A．REDO 处理　　　　　　　　　B．UNDO 处理

　　C．ABORT 处理　　　　　　　　　D．ROLLBACK 处理

7．事务的一致性是指（　　）。

　　A．事务中包括的所有操作要么都做，要么都不做

　　B．事务一旦提交，对数据库的改变是永久的

　　C．一个事务内部的操作及使用的数据对并发的其他事务是隔离的

　　D．事务必须是使数据库从一个一致性状态变到另一个一致性状态

8．保护数据库，防止未经授权的或不合法的使用造成的数据泄漏、更改和破坏。这是指数据的（　　）。

　　A．安全性　　　　　B．完整性　　　　C．并发控制　　　　D．恢复

二、填空题

1．并发操作导致的数据库不一致性主要有_____、_____和_____三种。

2．实现并发控制的方法主要是_____技术，基本的封锁类型有_____和_____两种。

3．在 SQL Server 数据库管理系统中，假设用户 A 可以访问其中的数据库 MyDb，则用户 A 在数据库 MyDb 中必定属于_____角色。

4．在 SQL Server 数据库管理系统中，dbcreator 是一种_____角色，而 dbowner 是一种_____角色。

5．在 SQL Server 2014 中有_____、_____、_____和_____四种备份类型。

6．在 SQL Server 2014 中有_____、_____和_____三种数据库还原模式。

7．备份设备可以是_____、_____或_____。

三、简单题

1．什么是事务？事务的提交和回滚是什么意思？

2．在数据库中为什么要有并发控制？

3．简述在 SQL Server 2014 中进行数据备份的四种类型。

四、分析题

假如一个企业中使用办公系统的人员有经理、主管和普通员工三种类型的用户，为了保证数据的安全性，如何让每类用户只能查看自己权限范围的数据呢？请大家思考一下，如何帮助他们解决这个问题。

第 11 章　SQL Server 2014 综合实训

11.1　综合实训（一）

一、题目

使用 SSMS 创建一个"产品销售管理"数据库，在数据库中创建 custom、product、sale 三张数据表，然后分别按要求在数据表中设置约束、插入数据信息、使用 SQL 语句对数据表中的数据进行查询、创建登录名并设置访问数据库表的权限。

文件提交包括数据库文件和数据查询文件，以压缩包形式提交，压缩包命名为学号后两位+姓名+班级。

二、要求

1. 创建一个"产品销售管理"数据库，以自己名字的拼音首字母+产品销售管理为数据库的名字（比如：张三，则命名为 zs_产品销售管理，其他文件以 zs 作为参考改成自己的信息），数据库文件要求如下：

产品销售管理数据库文件

逻辑文件名	**_产品销售管理
系统文件名	D:\ ****_产品销售管理.mdf
初始大小	5MB
最大大小	8MB
文件增长大小	2MB
事务日志逻辑文件名	**_产品销售管理_log
事务日志操作系统文件名	D:\ ****_产品销售管理.ldf
初始大小	3MB
最大大小	5MB
文件增长大小	10%

2. 在数据库中创建 custom、product、sale 数据表，各表的表结构如下：

custom 表结构

列名	数据类型	长度	是否允许为空值	默认值	说明
客户编号	varchar	3	N		主键
姓名	varchar	10	N		
性别	char	2	N		只能为男或女

续表

列名	数据类型	长度	是否允许为空值	默认值	说明
地址	varchar	20	Y		
电话	varchar	20	Y		

product 表结构

列名	数据类型	长度	是否允许为空值	默认值	说明
产品编号	varchar	5	N		主键
产品名称	varchar	20	N		
单价	Decimal	(8,2)	N		
库存数量	int		N		10～1000 之间

sale 表结构

列名	数据类型	长度	是否允许为空值	默认值	说明
销售日期	Datetime		N		
客户编号	varchar	3	N		主键
产品编号	varchar	5	N		主键
销售数量	int		N		

3. 对数据库中三张数据表插入数据，具体信息如下：

custom 表

客户编号	姓名	性别	地址	电话
001	刘丽	女	北京	010-22221111
002	刘萍	女	北京	010-22223333
003	李东	男	北京	010-22225555
004	叶合	女	上海	021-22227777

product 表

产品编号	品名	单价	库存数量
00001	电视	2000.00	800
00002	空调	3000.00	500
00003	床	1500.00	300

sale 表

客户编号	产品编号	销售数量
001	00001	20
002	00002	15
003	00001	15

4．使用 SQL 语句完成如下查询，并保存 SQL 文件到 D 盘自己新建的文件夹，文件名以小题编号命名，如 4-1.sql，具体要求如下：

（1）查询地址是北京的客户信息。

（2）查询每个客户的销售数量。

（3）查询销售电视的客户信息。

（4）查询销售空调且销量大于 10 的客户信息。

（5）查询姓"刘"并且是女性的客户信息。

（6）查询产品的信息及销售情况。

（7）查询每个客户的销售总额。

5．使用 SSMS 新建一个以 SQL Server 身份验证的登录名，名字为 dl，并设置它可以查看 custom 表信息，修改 sale 表中的数据。

11.2　综合实训（二）

一、题目

使用 SSMS 创建一个数据库，数据库以自己姓名的拼音首字母命名，数据库模式如下：

雇员（雇员号，雇员名，性别，出生日期，薪金，电话）

商品（商品号，商品名，单价，类别，库存量）

销售（雇员号，商品号，数量，日期）

数据表各个字段的名字、数据类型、长度等根据需求自行决定，建立三个表之间的关联，要能实施参照完整性检查。然后在三个表中分别插入数据信息，按要求使用 SQL 语句对数据表中的数据进行查询，最后创建登录名并设置访问数据库表的权限。

文件提交包括数据库文件和数据查询文件，以压缩包形式提交，压缩包命名为学号后两位+姓名+班级。

二、要求

1．创建一个数据库，数据库文件要求如下：

数据库文件各选项的要求

逻辑文件名	例如：张三同学，则命名为 zs
系统文件名	D:\ **\zs.mdf
初始大小	6MB
最大大小	10MB
文件增长大小	5MB
事务日志逻辑文件名	zs_log
事务日志操作系统文件名	D:\ **\zs.ldf
初始大小	5MB
最大大小	10MB
文件增长大小	15%

2．按照关系模式在数据库中创建雇员、商品和销售表，各表字段数据类型自定，其他要求如下：

（1）"雇员号"字段为文本型，形如 E-001，E-002，…，应是大写字母。

（2）"类别"字段设置为查阅字段，商品类别只能是文具类、日用品类和电器类三类。

（3）"日期"字段的格式设置为"中日期"，销售日期为"2021-1-1"之前。

（4）"单价"为货币型，保留 2 位小数。

3．向各表分别插入满足题目需要的 10 条记录，雇员表插入 4 条记录，商品表插入 3 条记录，销售表插入 3 条记录。各字段的取值范围应该合理、有效，并且要与查询要求相呼应，即各查询的结果集不能为空。

4．创建一个简单查询，列出年龄在 20 至 30 岁之间的雇员销售商品的信息，包括雇员号、雇员名、商品名、单价、销售数量和金额，并按金额的降序排列，保存为 4.sql。

5．创建一个更新查询，用于将"商品"表中"文具"类商品的单价降价 15%，将"日用品"类商品的单价加价 5%，保存为 5.sql。

6．创建一个子查询，查找销售衬衫或西裤的员工信息，保存为 6.sql。

7．使用 SSMS 新建一个以 SQL Server 身份验证的登录名，名字为 cs2，并设置它可以查看雇员表信息，修改销售表中的数据。

附录 A "数据库原理及应用"模拟试卷 A

一、单选题（每小题 1 分，共 10 分）

1. 关系模型的数据结构是（   ）。
   A. 二维表   B. 树   C. 图   D. 队列

2. 下面关于关系的叙述，不正确的是（   ）。
   A. 关系中的每个属性都是不可再分的
   B. 关系中行的顺序无关紧要
   C. 关系中列的顺序无关紧要
   D. 关系中两个元组可以完全相同

3. 设关系 R 和 S 的元组个数分别位 6 和 8，则关系 R 和 S 笛卡儿积元组个数是（   ）。
   A. 14   B. 28   C. 48   D. 96

4. 删除数据库的命令动词是（   ）。
   A. DELETE   B. DROP
   C. MODIFY   D. UPDATE

5. 若属性 A 是基本关系 R 的主属性，则属性 A 不能取空置，这是（   ）。
   A. 用户完整性规则   B. 参照完整性规则
   C. 实体完整型规则   D. 自定义完整型规则

6. 一个数据表中可以定义（   ）个唯一键约束。
   A. 1   B. 2
   C. 3   D. 多个

7. 在 SQL Server 中，用户可以创建的角色是（   ）。
   A. 服务器角色   B. 数据库角色
   C. 服务器角色和数据库角色   D. 管理员角色

8. 在课堂教学中，学生与课程两个实体之间的联系是（   ）。
   A. 一对一   B. 一对多
   C. 多对多   D. 多对一

9. 实体之间的联系在不同的分 E-R 图中呈现不同的类型，属于（   ）。
   A. 结构冲突   B. 属性冲突
   C. 命名冲突   D. 联系冲突

10. 数据库应用系统开发中，绘制 E-R 图属于（   ）。
    A. 需求分析阶段   B. 概念模型设计阶段
    C. 逻辑结构设计阶段   D. 物理结构设计阶段

二、填空题（每小题 2 分，共 20 分）

1．在数据库的体系结构中，一个数据库有_____外模式。
2．在关系运算中，运算结果只要部分列的运算是_____。
3．关系数据库中，关系模式是型，_____是值。
4．每个数据库创建时至少包括两种文件类型：主数据文件和_____。
5．在数据查询中，分组查询使用的 SQL 子句是_____。
6．在数据表设置约束时，不对原有的数据进行约束，在设置时加入_____语句。
7．在数据管理系统中有两种账号：连接服务器的登录账号和_____账号。
8．数据库并发操作会导致四种问题：丢失更新、_____、不可重复读和产生幽灵数据。
9．关系的第三范式必须要消除部分函数依赖和_____。
10．MFC 模式把软件系统分为三个基本部分：模型、视图和_____。

三、判断题，判断下列各项叙述是否正确，对的填"√"，错的填"×"（每小题 1 分，共 10 分）

1．实体型是用实体名及其属性的集合来描述。 （   ）
2．两个关系进行并运算，属性的数量可以不相同。 （   ）
3．自然连接运算就是一种特殊的等值连接。 （   ）
4．在 SQL 语言中，数据涉及条件查询必须使用 WHERE 子句。 （   ）
5．在同一个数据表进行数据查询时，使用子查询比连接查询速度更快。 （   ）
6．一个数据表的外码只能是一个属性。 （   ）
7．设置域完整性约束可以保证数据表之间数据的一致性。 （   ）
8．在数据库管理系统中，管理员可以修改连接服务器的验证模式。 （   ）
9．在关系数据库中，对关系模式的基本要求是满足第一范式。 （   ）
10．数据字典是各类数据描述的集合。 （   ）

四、简答题（每小题 3 分，共 15 分）

1．简述数据库管理系统的主要功能。
2．简述专门的关系运算有哪些。
3．简述数据表中聚集索引与非聚集索引的区别。
4．简述数据库管理系统中安全级别认证的步骤。
5．简述数据库系统开发的一般步骤。

五、应用题（每小题 5 分，共 30 分）

在企业数据库中有部门、职工、工资三个数据表，关系模式分别为:
部门（部门号，名称，负责人，电话）
职工（部门号，职工号，姓名，性别，出生日期）
工资（职工号，基本工资，津贴，奖金，扣除）
请使用 SQL 语句完成以下要求：
1．查询员工的姓名及工资信息。

2．查询 1991 年 10 月 1 日以后出生的职工信息。

3．查询姓"林"的女员工信息。

4．查询有 50 名以上（含 50 名）职工的部门信息，并按职工人数降序排列。

5．使用子查询语句查找"销售部"员工的信息。

6．为职工表增加一个"联系电话"列，数据类型为 char(11)，不允许为空。

六、分析题（共 15 分）

设某医院病房计算机管理中心数据库有四个实体集，信息如下：

科室：科名、科地址、科电话、医生姓名。

病房：病房号、床位号、所属科室名。

医生：姓名、职称、所属科室名、年龄、工作证号。

病人：病历号、姓名、性别、诊断、主管医生、病房号。

其中，一个科室有多个病房、多个医生；一个病房只能属于一个科室；一个医生只属于一个科室，但可负责多个病人的诊治；一个病人的主管医生只有一个。

1．根据数据库信息的描述绘制 E-R 图。

2．将绘制的 E-R 图转换成关系模式，并标注每个关系的主码与外码。

附录 B "数据库原理及应用"模拟试卷 B

一、单选题（每小题 1 分，共 10 分）

1. 下面关于数据库特点，描述错误的是（ ）。
   A．共享性高
   B．冗余度大
   C．数据结构化
   D．数据独立性高

2. 下面关于关系与关系模式的叙述，正确的是（ ）。
   A．关系数据库中，关系是型，关系模式是值
   B．关系模式是随时间不断变化的
   C．关系是稳定的
   D．关系是关系模式在某一时刻的状态或内容

3. 设有两个同目的关系 R 和 S，则关系 R 和 S 并运算元组个数是（ ）。
   A．两个关系元组之和
   B．两个关系元组之积
   C．小于或等于两个关系元组之和
   D．小于或等于两个关系元组之积

4. 查询数据的命令动词是（ ）。
   A．SELECT
   B．CREATE
   C．ALTER
   D．GRANT

5. 在学生数据表中，设置性别只能输入"男"或"女"，这是（ ）。
   A．用户定义完整性
   B．参照完整性
   C．实体完整型
   D．外键约束

6. 数据表中建立索引的作用是（ ）。
   A．节省存储空间
   B．提高查询速度
   C．便于管理
   D．方便插入数据

7. 下面选项不属于事务特性的是（ ）。
   A．原子性
   B．一致性
   C．隔离性
   D．更新性

8. 数据字典是属于数据库设计的（ ）阶段。
   A．需求分析阶段
   B．概念结构设计阶段
   C．逻辑结构设计阶段
   D．物理结构设计阶段

9. 将 E-R 图转换为关系模式中，联系本身也要单独转换为关系的联系类型是（ ）。
   A．$1:1$
   B．$1:M$
   C．$N:M$
   D．$N:1$

10. 下面选项不属于数据库引擎组件的是（ ）。
    A．协议
    B．报表
    C．关系引擎
    D．存储引擎

二、填空题（每小题 2 分，共 20 分）

1．在数据库的体系结构中，要保证数据与程序的物理独立性，需要修改_____。
2．关系代数运算分为传统的集合运算和_____。
3．在关系模式中，不是候选码中的属性为_____。
4．数据库中的数据文件都存储在_____文件组。
5．在数据查询中，用于排序的 SQL 子句是_____。
6．在外键约束设置时，为保证实现级联更新，在设置时要加入_____语句。
7．SQL Server 提供了两种类型的数据库角色：固定数据库角色和_____数据库角色。
8．在运行多个事务时，如果一个事务完成后，再开始另外一个事务，此为事务的_____。
9．各分 E-R 图之间的冲突有三种类型：属性冲突、结构冲突和_____。
10．概念模型设计可分三步完成：设计局部概念模型，设计全局概念模型和_____。

三、判断题，判断下列各项叙述是否正确，对的填"√"，错的填"×"（每小题 1 分，共 10 分）

1．内模式是数据在数据库中的内部表示，一个数据库只有一个内模式。　　（　　）
2．选择运算的结果显示满足条件的元组。　　（　　）
3．关系就是二维表，二维表就是关系。　　（　　）
4．在视图中，不能插入不符合视图条件要求的记录。　　（　　）
5．在数据表中，使用删除命令可以删除表中所有的记录。　　（　　）
6．一个数据表的主键必须具有唯一性，可以为空。　　（　　）
7．在数据表中，只有先定义好主键或唯一键才能设置外键约束。　　（　　）
8．在一个数据库对象中可以存在多个共享封锁，但只能存在一个排他型封锁。（　　）
9．在 E-R 图绘制中联系用矩形表示。　　（　　）
10．E-R 图转换而来的关系模式已经达到要求，不需要进一步优化。　　（　　）

四、简答题（每小题 3 分，共 15 分）

1．简述关系模型的优点。
2．简述关系代数中传统的集合运算有哪些。
3．简述主数据文件与次要数据文件的区别。
4．简述数据库中解决死锁问题的方法。
5．简述数据库系统 C/S 模式与 B/S 模式的区别。

五、应用题（每小题 5 分，共 30 分）

在学生数据库中有 Student、Course、Sc 三个数据表，关系模式分别为：
Student(sno,sname,sex,sage,sdept)
Course(cno,cname,credit)
Sc(sno,cno,grade)
请使用 SQL 语句完成以下要求：
1．查询学生的信息及考试情况。

2．查询年龄在 20～22 岁的男生信息。

3．查询姓名中包含"龙"的学生考试的平均分。

4．查询软件工程、物联网工程、大数据技术三个专业的学生信息。

5．使用子查询语句查找选修了课程号为 c001 的学生信息。

6．为 Student 表增加一个 sadd 列，数据类型为 char(20)，不允许为空。

六、分析题（共 15 分）

设某学校图书管理数据库具体信息如下：

（1）可随时查询书库中现有书籍的品种、数量与存放位置。所有类别书籍均可由书号唯一标识。

（2）可随时查询书籍借还情况，包括借书人单位、姓名、借书证号、借书日期和还书日期。我们约定：任何人可借多种书，任何一种书可为多个人所借，借书证号具有唯一性。

（3）当需要时，可通过数据库中保存的出版社的电报编号、电话、邮编及地址等信息了解相应出版社并增购有关书籍。

我们约定：一个出版社可出版多种书籍，同一本书仅为一个出版社出版，出版社名具有唯一性。

根据以上情况和假设，试做如下设计：

1．根据数据库信息的描述绘制 E-R 图。

2．将绘制的 E-R 图转换成关系模式，并标注每个关系的主码与外码。

参考文献

[1] 陈志泊．数据库原理及应用教程（微课版）[M]．4 版．北京：人民邮电出版社，2017.
[2] 何玉洁．数据库原理与应用[M]．3 版．北京：机械工业出版社，2017.
[3] 陈漫红．数据库原理与应用技术（SQL Server 2008）[M]．北京：北京理工大学出版社，2016.
[4] 祝红涛，王伟平．SQL Server 数据库应用课堂实录[M]．北京：清华大学出版社，2016.
[5] 王珊，萨师煊．数据库系统概论[M]．5 版．北京：高等教育出版社，2014.